JN295598

川の蛇行復元

水理・物質循環・生態系からの評価

中村太士 編

技報堂出版

はじめに

　自然界に直線の川はない．自然の川は蛇行するが，現在の日本にあるほとんどの河川は，直線化されている．自然がまだ残っている北海道も例外ではなく，大河，石狩川は，捷水路工事(ショートカット)により，流路延長が100 km程度短くなっている．

　蛇行河川の特徴と変貌を理解するためには，日本の河川管理の歴史と蛇行河川の地形・生物地理学的特徴を知る必要がある．まず，河川管理の歴史について明治以降の時間軸に沿って述べ，次に，自然的特徴について，流域の空間軸に沿って述べることにする．

　日本が多くの蛇行河川を失った歴史は，近代的な土木技術が発達した明治時代，1896(明治29)年の河川法の制定にさかのぼる．それ以前，明治初期の河川管理方法は，オランダ技術に代表される低水工事と呼ばれるものであった．低水工事とは，舟運による物資輸送を可能にするため，また，安定して取水や灌漑ができるようにするため，川の水位が低い時期にも澪筋が乱れないように調節し，安定した水位や水深を確保するために実施される工事のことである．その後，物資の輸送が舟運から鉄道や道路などの経路に変わると，低水工事の重要性が低下し，多発した大河川の氾濫と時期を同じくして，高水工事の必要性が叫ばれるようになった．高水工事とは，洪水時に河川の氾濫を抑え，河水を一時貯留したり，より速く海まで流したりするように計画された工事のことである．1896年に制定された最初の河川法は，高水工事による治水に重点を置いた法整備であり，フランスへの海外留学から帰ってきた若い技術者たちによって，築堤を中心にした洪水防御工事が実施され，河川は徐々に直線化されていった．

　蛇行していた北海道の河川が，捷水路工事と築堤工事によって直線化され，大きな変貌を遂げたのは，戦後の高度経済成長期，1950~1960年代であろう．

北海道におけるこの時代の捷水路工事は，治水目的のほか，河川の両側に広がる泥炭地を乾燥化し田畑として利用する目的もあった．捷水路工事は流路延長を短くし，河床勾配を急にするため，一般的に流速が増大し河床が掘れて低下する．この低下した河床に連動して，周辺地域の地下水位も下がり，農地として利用することが可能になるのである．

こうした歴史的背景を経て，日本の蛇行した河川は直線化され，治水の安全度は向上し，周辺地域の集約的な土地利用が可能になった．しかし，その一方で，1970年代から川の水質環境の悪化が顕在化した．水質汚染については，その後の排水規制・下水道整備によって改善が図られた．現在，BOD (Biochemical Oxygen Demand：生物化学的酸素要求量)で見る限り，日本の河川の水質状況は大幅に改善されている．水質問題が解消され次に見えてきたのは，蛇行と直線河道の違いに代表される構造的な欠陥である．この問題はいまだ解決されず，蛇行河川や氾濫原(増水時に河水があふれ浸水する範囲)に依存しながら生育・生息していた生物種の多くは姿を消した．かつて，北海道の多くの河川に生息していたと考えられる日本最大の淡水魚イトウ (*Hucho perryi*)は，主に平野部を流れる蛇行河川に生息し産卵もしていたが，直線化とともにほとんどの河川から姿を消した．さまざまな生物種は，蛇行した河川の構造やその水文・水理条件に適応し生存してきた．そのため，直線化によってその環境を失うことは，すなわち絶滅を意味する．

こうした状況に歯止めをかけようと，国は1991(平成3)年「多自然型川づくり」に関する通達を出し，川の生物に配慮した河川管理を目指すことを宣言した．この新たな考え方は，ヨーロッパのスイスやドイツで実施されていた「近自然河川工法(Naturnaher Wasserbau)」を参考にしながら，日本独自の技術を発展させるものであった．通達には「河川が本来有している生物の良好な生育環境に配慮し，あわせて美しい自然景観を保全あるいは創出する事業の実施をいう」と明記されていたが，この思想・理念を現場で実践することに生物知識のない土木技術者は頭を抱えた．そのため，多自然型護岸に代表されるように，コンクリートで護岸せず石張りにするといった，工種・工法に偏った川づくりが多く実施された．その後，治水計画上ぎりぎりの河道断面から環境を考えることには無理があるとの発想から，多自然型川づくりも変化

した．蛇行流路をショートカットした場合に残される旧川部分を埋め戻して土地利用するのではなく，親水機能を持つ散歩や川遊びができる水辺を創出するため，本川に接合して河川敷を拡幅させ，緩傾斜護岸を施す工事が実施されるようになった．そのため多自然型といえば「複断面で芝生緩傾斜護岸」と言われるようになり，こうして造成された河畔公園は全国に広がった．総じていえば，過去の多自然型川づくりの多くは，修景と公園造成の役割を果たしたが，生物に対する機能や効果は極めて薄かったと言わざるをえない．明確な目標と事前事後調査の重要性，そして工種・工法に偏重しない計画論が議論されるようになったのはごく最近のことである．

1997(平成9)年に河川法が改正され，「河川環境の整備と保全」が内部目的化された．2002年に「自然再生推進法」が制定されるに至り，かつての多自然型川づくりから脱却し，川の構造そのものを，生物が生育・生息できる環境に復元する議論がなされるようになった．その中の1つに，本書のテーマである「川の蛇行復元」がある．欧米発展国では1990年代に同様の議論がなされ，Restoration(復元，再生)が環境問題を解決する1つの手段として技術論的にも発達し，それを支える科学の1分野である応用生態工学も定着した．これが川の蛇行復元を考えるうえでの歴史的な軸である．

もう1つの軸である流域の視点から蛇行河川を見てみたい(図)．河川は，上流から下流に向かってさまざまな景観を示す．水源地となる上流域の渓流では，谷壁斜面が両側から迫り，川は側方方向の規制を受ける．河床材料は大きく，人頭大の大礫からこぶし程度の礫で構成され，これらがかみ合って階段状(ステップ・プール)の河床形態を発達させる．氾濫原は，狭窄部で挟まれた谷底平野には発達するが，そのほかの区間ではわずかに形成される程度である．こうした氾濫原や谷壁斜面下部に成立する渓畔林は，カツラ(*Cercidiphyllum japonicum*)やトチノキ(*Aesculus turbinata*)，サワグルミ(*Pterocarya rhoifolia*)などの広葉樹によって構成され，渓流に覆い被さるように生育する．渓流に被さった樹冠は日射を遮断するため，夏季，川の中の藻類生産は制限を受ける．このため，河川内の水生昆虫類は，渓畔林から供給される落葉に強く依存し，これを分解しながら生息する．こうした水生昆虫を捕食する山地上流域の魚類は，北海道ではアメマス(*Salvelinus leucomaenis leucomaenis*)

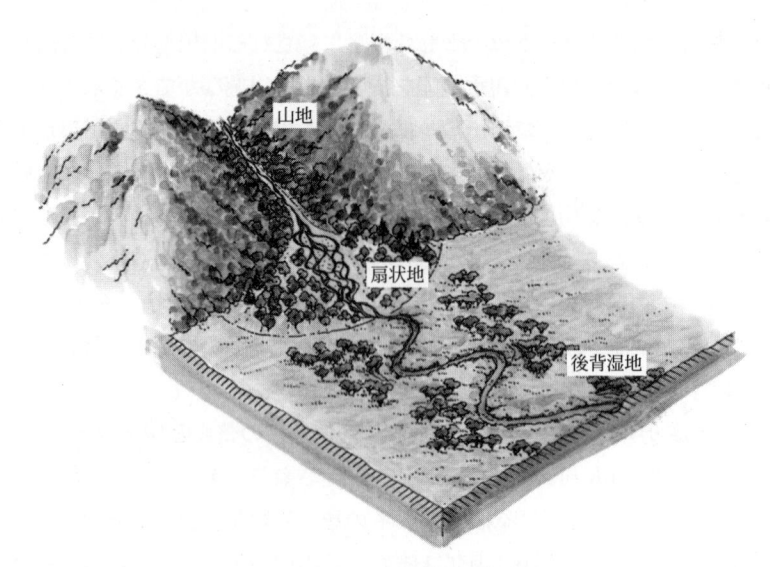

図　流程に沿った河川景観の変化

やオショロコマ(*Salvelinus malma*)，サクラマス(*Oncorhynchus masou*)などのサケ科魚類に代表される．

　河川が谷壁斜面による規制から解放され，扇状地に入ると，砂州や砂礫堆が形成され，澪筋が幾つもできる網目状の流路形態になる．地形学では網状流路(braided channel)と呼ぶ．網状流路を形成する河床材料は砂利や玉石が多く，瀬や淵，早瀬といった流路単位が形成され，サクラマスやウグイ(*Tribolodon hakonensis*)，礫間にはフクドジョウ(*Noemacheilus barbatulus toni*)やハナカジカ(*Cottus nozawae*)などが生息する．河畔はヤナギ類(*Salix* spp.)やドロノキ(*Populus maximowiczii*)，ケヤマハンノキ(*Alnus hirsuta*)などの先駆性樹種が優占する．

　さらに下流に下り，扇状地の末端を過ぎると，勾配は緩やかになり，河川は網状の形態から蛇行の形態へと変化する．蛇行河川の両側には自然堤防が形成され，自然堤防の背後には湿地帯が発達する．河床は砂で構成され，ウキゴリの仲間(*Gymnogobius*)や砂質を好むカワヤツメ(*Lethenteron japonicum*)，流速の緩い場所ではイトヨ属(*Gasterosteus*)やトミヨ属(*Pungitius*)，そして深い淵にはイトウが生息する．自然堤防上にはハルニレ(*Ulmus davidiana* var.

japonica)やヤチダモ(*Fraxinus mandshurica*)が生育し，その背後の湿地帯にはハンノキ(*Alnus japonica*)，そしてさらに地形面が低くなり地下水位が高くなる場所では，スゲ類(*Carex*)・ヨシ(*Phragmites australis*)などの湿地草原が広がる．蛇行帯を過ぎると河川は海に近づき河口域となる．ここでは三角州(デルタ)が発達し，河川は枝分かれしながら分流し，干潟に特有の生物が生育・生息する．

　本書で述べる蛇行河川が最も典型的に見られるのは，扇状地末端より下流に形成される自然堤防帯もしくは後背湿地帯と呼ばれる区間である．歴史的には捷水路工事と水田開発により，人為的影響を強く受けてきた地域である．このため，自然蛇行河川は，北海道にわずかに残っているだけで，そのほとんどがすでに日本の国土から消失した．

　本書で中心的に取り上げる標津川も同様で，かつては大きく蛇行し，広大な後背湿地を擁していたが，現在は捷水路工事，築堤，護岸工などによって単調な直線的河道に変化している．それとともに，ハルニレやヤチダモからなる成熟した河畔林も伐採され，かつて生息していたイトウやシマフクロウ(*Ketupa blakistoni*)も姿を消した．地元地域では，生物相豊かなかつての標津川を望む声が大きくなり，行政もそれに応える形で2000(平成12)年より「標津川流域懇談会」，2001年より「標津川技術検討委員会」を設置し，地域住民や学識経験者らの意見を交えながら，洪水の危険から地域を守りつつ，標津川をできるだけ自然な姿に戻そうとする「自然復元川づくり」の取り組みを始めた．この標津川技術検討委員会には，河川工学，魚類，植生，水質などのさまざまな分野の研究者が参加し，自然環境の復元に関する技術的な検討を行った．また，2004年には河川生態学術研究会に標津川研究グループとして参画し，数々の研究を実施してきた．編者は，この技術検討委員会ならびに研究グループの座長として，全体の取りまとめを行ってきた．本書は，その成果を中心に，海外そして日本の他河川における事例を含めて，蛇行河川が持つ物理・化学・生物的特徴，再生技術について解説したものである．

　本書は8章によって構成されている．第1章では，世界最大の蛇行河川ならびに氾濫原湿地の復元事業であるアメリカ合衆国のキシミー川の事例，ヨーロッパ最大の蛇行河川ならびに氾濫原湿地の復元事業であるデンマークの

スキャーン川の事例,さらに標津川と同様な方式で直線化によって切り取られた蛇行流路跡地を再度連結して蛇行河川の復元を試みたスロバキアのモラバ川の事例,そして2010(平成22)年に日本最初の蛇行流路と氾濫原湿地の復元が実施された釧路川の事例について,復元事業の背景と事業内容,ならびに事業評価の考え方について紹介した.

第2章では,本書で中心的に取り上げた標津川流域について,地質・地形的特徴,流域の土地利用と治水事業の歴史的変遷,ならびに蛇行流路の復元を含む「自然復元川づくり」に至った経緯とその考え方などを整理した.

第3章では,蛇行河川の水理学的特性と2つの流路を持つ蛇行試験地の流量・流砂量配分,そして河岸や河床侵食に伴う河道の安定性の問題について解説した.第2章でも述べているように,標津川技術検討委員会では,現状の社会的制約条件(土地利用など)の中で,治水上の安全度と蛇行河川の再生を両立するためには,現状の直線河道を維持しながら,切り取られた旧川を連結する2way方式が妥当であるとの結論に至った.河道閉塞を起こさずに2本の流路を自律的に維持するためには,これまでの河川工学では検討されてこなかったさまざまな状況を吟味する必要があった.その一端をこの第3章で解説した.

第4章では,直線化された標津川といまだ自然蛇行が残る当幌川との比較から,蛇行河川の自然堤防および氾濫原湿地に発達する植物群落の特徴を明らかにした.まず,湿地草本群落も含めた氾濫原植生の特徴とその立地環境との関係について説明し,次いで標津川の河畔林の歴史的変遷とそれに基づいた復元目標の設定について解説した.

第5章では,水生動物,特にカワシンジュガイとサケ科魚類に焦点を当て,蛇行河川とのつながりについて解説した.カワシンジュガイは,環境省のレッドデータブック(RDB)カテゴリーで絶滅危惧Ⅱ類(VU)に指定されている.かつて標津川にも広範囲に生息していたと考えられるが,現状では自然蛇行が残る一部の支流において確認されるだけであり,直線化された本川ではほとんどその姿を見ることはできない.また,生存が確認されている支流においても稚貝は確認できないなど,繁殖がうまくいっていない可能性が示唆されている.この章では,まずサケ科魚類との宿主–寄生関係を含むカワシンジ

ュガイの生態について解説し，次いで蛇行試験区への成貝の移植実験について3年間に及ぶ追跡結果を報告した．さらに，蛇行河川におけるサケ科魚類の遡上行動とエネルギー消費について，最新のバイオテレメトリー手法（電波発信機などを対象動物に装着し，発せられる電波を受信して位置情報などを取得する手法）を用いた調査結果を報告した．ここでも，遡上するサケ科魚類の親魚は，直線河道と蛇行河道のどちらを選ぶのか，といった興味深いテーマが設定されている．

第6章では，流域の生態系機能として重要な窒素の循環について，標津川流域における膨大な統計資料と詳細な現地観測により，その実態を明らかにした．また，自然の蛇行や氾濫原湿地が残る別寒辺牛川（べかんべうしがわ）流域と改変が進んだ標津川流域の脱窒能（だっちつのう）（窒素を除去する能力）を比較し，自然の河畔林や湿地が持つ高い能力を明らかにした．

第7章では，蛇行河川と直線化された河川では何が違うのかについて，川の地形形成と水生動物の生息環境とのつながり，氾濫原に生育する河畔林と川の動物相とのつながり，そして蛇行河川に棲む生物同士のつながりの視点から明らかにした．これによって，蛇行河川は特定生物種の生息環境に対して影響を与えているだけでなく，食う食われる関係を通して，生態系のつながりにも影響を与えていることが明らかになっている．

第8章では，蛇行河川の復元において得るもの失うものを，植物，底生動物，魚類の観点から明らかにした．蛇行河川の復元については，賛否両論がある．その大きな理由の1つは，分離された蛇行流路，すなわち捷水路工事によって人為的に形成された河跡湖が，40年程度経過した今，生物相豊かな止水域生態系として生まれ変わっているためである．人為的な河跡湖が数多く残る景観はかつての標津川とは異なるものであるが，そこに成立した現在の生物相の保全に力点を置くべきか，過去に失った蛇行河川の生態環境を本川との連結によりもう一度取り戻すべきかは，研究者間でも意見が分かれるところである．当然のことながら，地域でもさまざまな意見がある．自然再生は産声をあげたばかりの分野であり，連結するかしないかにとどまらず，持続的に生態系プロセスを維持できるかなど，さまざまな未解決の課題を抱えている．本章では，標津川下流の蛇行復元予定区と試験区における植物相，

はじめに

さらに人為的河跡湖と直線河道,蛇行試験地における底生動物相と魚類相に焦点を当て,蛇行復元事業が生物相に与える影響について考察した.

以上のように,本書は,曲がった川の持つ意味について,物理,化学,生物の観点から調査研究した成果をまとめたものである.本書を読んでいただければわかるように,蛇行した河川とそのダイナミズムは,生物多様性や生態系機能から見ても,直線化された河川とは大きく異なる.豊かな生態系を育むためには,曲がった川が必要なのである.今後,氾濫原における土地利用計画を見直し,河川の側方方向の変動を許容できる環境を創ることができるならば,治水上の安全度確保と生物多様性の保全は,矛盾なく成立できると考える.本書が,蛇行河川の生態系に関する科学的知見の集積にとどまらず,未来の再生事業に活かされることがあるならば,編者としては望外の喜びである.

中村太士

目　次

はじめに ･･ i

第 1 章　世界の蛇行復元　　　　　　　　　　　　　　　　1

1.1　米国　キシミー川 ･･･････････････････････････････1
1.2　デンマーク　スキャーン川 ･････････････････････････9
1.3　スロバキア　モラバ川 ････････････････････････････15
1.4　日本　釧路川 ･････････････････････････････････18

第 2 章　標津川の蛇行復元の経緯　　　　　　　　　　　29

2.1　流域および河川の概要 ･･････････････････････････29
2.2　標津川での治水事業と流路変遷 ･･･････････････････33
2.3　自然復元川づくりへの取り組み ･････････････････････36

第 3 章　蛇行河川の水理　　　　　　　　　　　　　　　43

3.1　蛇行河道と直線河道における流れと
　　　河床形状の相違点 ････････････････････････････43
3.2　標津川における過去と現在の河道の違い ･･････････････51
3.3　標津川蛇行復元試験地における
　　　2 way 方式の試み ･･････････････････････････････56
3.4　2way 方式による蛇行復元技術の課題 ･････････････78

第4章 氾濫原植生の特徴と歴史的変化，そして植生復元　　83

4.1 氾濫原植生の特徴 …………………………………………83
4.2 河畔林の歴史的変遷と復元 ………………………………98

第5章 蛇行河川と水生動物　　123

5.1 蛇行河川に棲む希少淡水二枚貝，
カワシンジュガイ：分布，生態と保全 ……………123
5.2 蛇行復元がサケ科魚類の遡上行動および
エネルギー消費に与える影響 ……………………141

第6章 農業流域の物質循環
―窒素循環の河川水質への影響を中心にして　　165

6.1 はじめに ……………………………………………………165
6.2 流域の窒素収支の概要 ……………………………………167
6.3 窒素フローの見積もり方法 ………………………………169
6.4 河川窒素流出量の見積もり ………………………………174
6.5 標津川流域の窒素フローとNNI ………………………175
6.6 河川窒素流出とNNIの関係 ……………………………177
6.7 有機態成分流出 ……………………………………………179
6.8 窒素循環と流域の窒素管理 ………………………………180
6.9 流域の脱窒能：蛇行河川と後背湿地の重要性 ………183
6.10 土地利用の河川水窒素濃度への影響 …………………187
6.11 おわりに …………………………………………………193

第7章 蛇行河川における陸域・水域生態系のつながり　197

- 7.1 蛇行河川の底生動物はどこに棲んでいるのか？……197
- 7.2 蛇行河川の魚はどこに棲んでいるのか？…………201
- 7.3 蛇行河川における倒木の役割－倒木投入実験………206
- 7.4 蛇行河川で羽化した底生動物は何によって捕食されるのか？……………………………………214

第8章 蛇行復元によって得るもの，失うもの　231

- 8.1 蛇行復元による植物への影響を予測する…………231
- 8.2 底生動物の変化……………………………………237
- 8.3 魚類相の変化………………………………………243

おわりに………………………………………………255
索　引…………………………………………………256

第1章
世界の蛇行復元

1.1 米国 キシミー川

【復元事業実施の背景と事業内容】

　キシミー川は，フロリダ州南部を流れる平均河床勾配が1万分の1程度の極めて緩い流れの蛇行河川である．かつてはキシミー湖とオクチョビー湖の間，166 km を，幅3〜6 km の氾濫原湿地を形成しながらゆったりと流れていた(**写真 1.1**)．毎年4〜11月まで，水位が高くなると河川水は自然堤防を越え，幅3 km 程度，氾濫原深く浸水していた．これにより，さまざまなタイプの湿地生態系が形成され，植物，水鳥，魚類，底生動物，両生類にとって貴重な生息場になっていた．

写真 1.1 直線化される前のキシミー川の姿

しかし，1920年代ならびに1940年代に洪水被害が多発し，1960年代には洪水対策，農地開発，運河開発などを目的に河川改修（運河化）が行われた（**写真1.2**）．その結果，166 km あった河川は 90 km に短縮され，水深 9 m の直線運河が生まれ，周辺の乾燥化によって農地開発が可能になった（Koebel, 1995；Whalen et al., 2002）．

この河道直線化に伴い，洪水は軽減されたが，周辺域に分布する 8 000 ha に及ぶ湿地帯を失い，それとともに，水質，鳥類，魚類，そして湿原に生息する動物相の深刻な劣化が次々と明らかになった．そのため，NGO などの諸機関が改善の要請を行い，改修後 5 年しか経っていない 1976 年には，キシミー川復元法（Restoration Act）が制定された．1983 年に州議会は，州政府に復元プログラムの策定開始勧告を行い，南フロリダ水管理局と陸軍技術者部隊

写真1.2
キシミー川の改修工事

のパートナーシップによる復元実証プロジェクトが開始された．これは事業実施に向けて，再湿地化の実地試験を行ったもので，その結果，湿地植物群落の復元が可能であることを実証し，適切な水文状態（冠水期間など）の復元が湿地回復にとって，最も重要であることを明らかにした．

その後，復元方法についての複数案の比較と評価基準の決定，さらにカルフォルニア大学による水理模型実験が行われ，評価が行われた．その結果，運河のできるだけ多くの部分を埋め戻し，昔のキシミー川の状態に近い地形を復元する案が最良であるとの結論に達している．州知事もこのプロジェクトを積極的に支持し，1999年からキシミー川復元プロジェクトが開始された．かつての河道掘削の際に掘り出した土砂を，再び中流部の35 kmの区間にわたって埋め戻す方法が採用された．終了は2012年を予定しており，69 kmの蛇行河川と104 km^{2}の氾濫原湿地が再生されることになる．写真1.3は，復元された蛇行河川と埋め戻された直線河道の状況である．これにより運河が埋め戻され旧川を復元した状況がわかる．このプロジェクトでは，絶滅危惧種のアメリカトキコウ(*Mycteria americana*)，ハクトウワシ(*Haliaeetus leucocephalus*)，タニシトビ(*Rostrhamus sociabilis*)などを含む約320種の魚類・野

写真1.3 復元された蛇行河川と埋め戻された直線河道(キシミー川)

生動物のハビタットの復元が期待されている.

　直線化された運河沿いのほとんどの土地所有者は,氾濫原が排水・干拓されたあとに新しく造り出された牧草地で牛を飼う牧場主であった.事業主体である南フロリダ水管理公社は,直線河道の埋め戻しと並行して,氾濫原を確保するため,かつての氾濫原の境界を示す樹林帯と樹林帯の間の土地を買収した(約2 800 ha).住民は氾濫域外へと移動し,これによって生命・財産を失うことなく,事業実施前と同じ治水レベルで自然の洪水サイクルが復元されることになった.プロジェクト総額は5億ドルで連邦政府,州政府が50％ずつ負担し,建設費47％,用地取得費37％となっており,農地の買収を積極的に行っている.

　キシミー川はエバーグレイズ水系に含まれている.エバーグレイズは1947年に国立公園に指定された総面積606 688 haに及ぶ世界的にも貴重な大湿地帯である.さまざまな貴重種やクロコダイル(*Crocodylus*),マナティ(*Trichechus*),フロリダパンサー(*Puma concolor coryi*)などの絶滅危惧種も生息しており,世界文化遺産,国際生物圏保護区,ラムサール条約にも指定されている.かつてはキシミー湖からオクチョビー湖,エバーグレイズ湿原にわたる北から南への緩やかな水流があったが,現在では直線化された河川や排水システムによって湿原の大部分が失われた.この失われた水文条件を回復し,過去に成立していた湿地生態系を再生するため,2000年水資源開発法により「エバーグレイズ総合再生計画」が承認されている.

【事業評価の考え方】

　世界の,そして米国の多くの復元事業が,単一種の重要な生息場所の再生にその目的が置かれているのに対して,キシミー川の再生プロジェクトは,生態系を構成するさまざまな要素はもちろんのこと,そのつながりを含めた生態系プロセス全体を復元しようとするものである(Dahm et al., 1995；Toth et al., 1995).目標は,開発以前の元々あった生態系の構造と機能の復元であり,評価のためのモニタリング項目は,水文,河川地形,水質(Colangelo and Jones, 2005),藻類,植生(Wetzel et al., 2001；van der Valk et al., 2009),水生無脊椎動物(川の底生動物)(Harris et al., 1995),両生類,および,は虫類,魚類(Trexler, 1995),鳥類(Weller, 1995)に及ぶ.評価の考え方は,リファレン

スサイトと復元事業を実施した区域の上記項目を比較することにより行っている．ここでリファレンスサイトとは，人為的影響を受ける前の自然生態系が残されている場所で，復元事業の目標となるサイトである．しかし，ほとんどの国や地域で，手つかずの自然が残されている場合はまれで，多くは土地開発によって失われている．こうした場合，目標像を描くために，他地域でいまだ手つかずの自然が残されている場所を選ぶか，空中写真やこれまでの文献によって人為的改変を受ける前の生態系を推測するか，どちらかである．キシミー川の再生事業でも評価項目ごとに，リファレンスサイトは異なっている (South Florida Water Management District, 2006)．リファレンスサイトを設定することによって，復元する生態系の目標を決める手法は，標津川の自然再生事業でも同様に行われている．

　こうしたリファレンスサイトにおけるデータから数値目標を含む再生目標を設定し，検討している．まず，水文環境については，再生された蛇行河川において，①まったく流水がない状態は作らない，②月の流量変動が過去の季節変動パターンを反映し，年変動（変動係数）1.0以下を確保する，③180日，川の水位が平均地表面を上回り，110 cm程度，変動する，④173日程度の長い減水期を確保し，雨季の水位から乾季の水位に下がる速度が，30 cm/30日を上回らないようにする，⑤年間の85％程度，主流路の平均流速が0.2～0.6 m/sに収まる，など具体性の高い目標が設定されている．

　河川地形については，再生された蛇行河川において，①元河床材料の上の堆積物の厚さが65％（澪筋では70％）減り，こうした堆積物がなくなる箇所の割合が165％増えること，②蛇行の角度が70度の河川では，内側に寄州が形成されること，を期待している．

　水質については，①0.5～1.0 m深の日中の溶存酸素濃度が，雨季1～2 mg/L以下から3～6 mg/Lに増加し，乾季2～4 mg/Lから5～7 mg/Lに増加すること．さらに，日平均溶存酸素濃度が，90％以上の日で2 mg/Lを超えること．そして，50％以上の日で，河床からの深さ1 m以内の溶存酸素濃度が1 mg/Lを超えること，②再生された蛇行河川における平均濁度が，同様なフロリダ州の河川の濁度（3.9 NTU）と大きく違わないこと，総浮遊砂濃度が3 mg/Lを超えないこと，などが目標値として設定されている．

植生については，①水際植生帯の幅が屈曲部では内岸から5m以下，直線部では河岸から4m以下に減少する，②水際植生帯における抽水植物の総平均被度が80%を超え，浮葉植物，マット状の植生の総平均被度が10%以下になる，③2012年までに湿地植生が再生された氾濫原の80%以上を被覆する，④広葉湿性植物が氾濫原の50%以上を被覆する，⑤湿地草原性植生が少なくとも17%程度被覆すること，を予想している．

水生無脊椎動物については，①流下昆虫は，鞘翅目(Coleoptera)，ハエ(双翅)目(Diptera)，カゲロウ目(Ephemeroptera)，トビケラ目(Trichoptera)の昆虫が顕著に多くなる，②濾過食者が，年間平均密度，生物量，生産量において最も高い値を示す，③広葉湿地植生における種数と種多様性は，それぞれ65，2.37以上になる，④砂質の河床に典型的なタクサ(分類群)によって占められる，ことを予想している．

両生類とは虫類については，①牧草地から復元された広葉湿地植生には，少なくとも24タクサの湿地両生類とは虫類が生息する，②そこには，少なくとも7か月間，幼生の両生類が生息する，と予想している．

魚類については，①再生した湿地帯における小型魚類(全長＜10cm)の平均密度が18個体/m^{2}以上，②蛇行河川における相対優占度が，アミア(bowfin)が1%以下，フロリダ・ガー(Florida gar)が3%以下，レッドブレスト・サンフィッシュ(redbreast sunfish)が16%以上，サンフィッシュ(sunfish)が58%以上，③再生された氾濫原に生息する魚類のうち，本流とはつながっていない主流路以外の2次流路，河跡湖，ワンドなど(off-channel)に生息する魚種50%を超え，12タクサ以上となり，幼魚が30%以上を占めると予想している．

鳥類については，①再生された氾濫原における乾季の渉禽類の密度が30.6個体/km^{2}以上，②冬季のガンカモ類の密度が3.9個体/km^{2}以上，種数が13以上を予想している．

以上のように，各分類群に対してこれほどまでに具体的な数値目標を設定していることは注目に値する．今後は，モニタリングを続け，再生事業の結果が上記目標値を満たしているかどうかを検証しながら，より良い方向に向かう順応的管理(コラム参照)を目指している．

コラム　順応的管理（Adaptive Management）

「順応的管理」という言葉が，生態系を管理したり修復したりする場合によく使われるようになった．2002（平成14）年に制定された自然再生推進法においても，基本理念の1つに順応的管理が位置づけられている．順応的管理とは，米国を中心にして広まった生態系の保全と自然資源の管理の両立を目指した考え方で，英語の「Adaptive Management」の和訳である．

順応的管理では，自然を扱う政策・技術の実現性や未来予測の不確実性を認め，モニタリングによる評価と検証を繰り返し，政策を順次見直し，計画や技術に改良を加えながら管理する．これまでの伝統的管理が，政策や技術に不確実性を認めず，評価や検証のプロセスがほとんどなかったのと対照的である．

国内では，これまで明確に順応的管理を位置づけた事業やモニタリング調査を行っているとしている例はあまりなかったが，釧路湿原の自然再生事業や知床世界自然遺産科学委員会における管理方針には，この順応的管理が強く謳われている．しかし，どのような基準を持って管理方策の変更へフィードバックをするのか，それとも放置してよいのかといった，基準や目安，適切な指標の整備は十分ではない．このため，個別地域で効果的な方法を試行するなどして，今後検討を積み重ねて行く必要がある．

順応的管理におけるモニタリングでは，モニタリング調査を実施する前に，「許容される可逆的な変動幅」を設定し，手直しを行う際のフィードバック基準を定めることが肝要である．これを怠ると延々とモニタリングを継続するのみで，順応的管理によって対策内容を見直すことはできない．図は，事業（施工）実施後の環境の変化と，モニタリングの実施時期，手直しなどをイメージしたものである（中村ら，2008）．経過観察▲とは河川水辺の国勢調査のように定期的に実施されるもの，それ以外の△とは，工事や手直しの実施直後に生態系変化

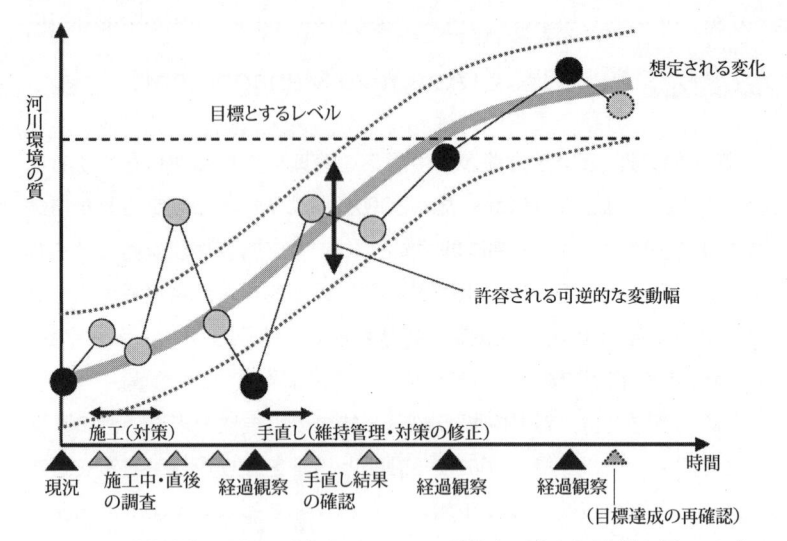

図　施工(対策)後の環境の変化とモニタリング調査の進め方(中村ら編, 2008)

の監視をやや密に行うものとしている．この例では，最初の経過観察時点で許容される変動幅を逸脱したため，手直しの策を実施している．

　また，順応的管理は万能ではない．順応的管理によって図にあるような変動を，技術的もしくは計画的修正を加えながら，ある程度の許容幅に抑えることは可能である．しかし，全体的な方向性(図の「想定される変化」)や目標とするレベル(図の横破線)を順応的管理で定めることはできない．全体的方向性や目標は，地域がどのような自然を回復したいのかという明確なビジョンと，それに向けた管理指針が決められて初めて成り立つものである．そのためには，まず，地域の未来像をよく議論し，地域住民の中で共有する必要がある．また，未来像は総論的・抽象的なもの(自然を守りたいなどの願望)ではなく，地域エリアのどこをどうしたいのかなど，具体的に地図化することが重要である．(中村太士)

1.2 デンマーク スキャーン川

【復元事業実施の背景と事業内容】

　デンマーク，ユトランド半島のほぼ中央を流れるスキャーン川(Skjern River)は，流域面積2 500 km²，主流路延長95 km，支川を合わせた総延長150 kmの大河川である．河畔には，かつて広大な氾濫原湿地が広がっていた．1960年代，農産物の自給率の向上を目指して，この河川は直線化され，広大な氾濫原は排水工事によって農地化された．1970年代，集約的農業によって日本同様に水環境が悪化し，スキャーン川固有のサケ科魚類の漁獲数が大幅に減少した．また，泥炭質土壌を排水したため，地盤沈下が進行し，鉄や硫黄分を多く含む土壌が酸化され，黄土(ochra)と呼ばれる汚染物質が生成・流出するようになった．同時に，栄養塩も農地から大量に流出し，下流にあるリンコウビン・フィヨルドの水質を悪化させ，藻類の大発生と海草類の絶滅を招いた(関，2003)．

　このような状況に対して，1980年代，NGOや市民グループ，政府は改善策を模索し始めた．その結果，デンマーク国会は，1987年にスキャーン川19 km，氾濫原面積2 200 haを対象とした河川復元プロジェクトを決定した(図1.1)．しかし，2 200 haのプロジェクト範囲は，およそ300戸の農家が所有する私有地であったため，合意形成は決して容易なものではなかった．政府

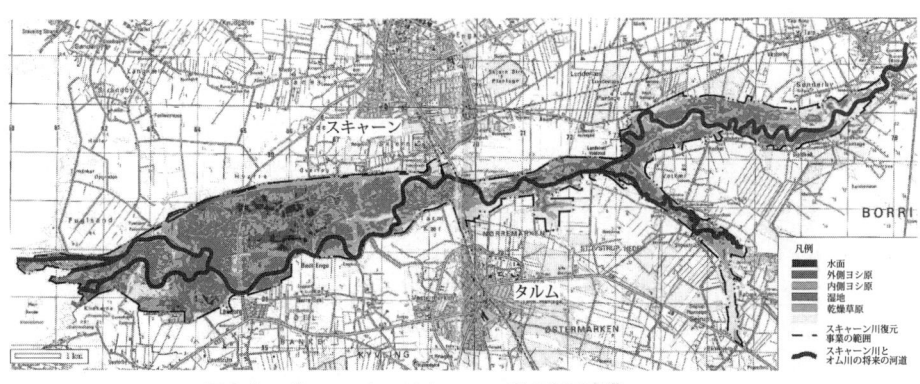

図1.1　デンマーク，スキャーン川の復元事業
着色された区域が再生範囲．

は，周辺優良農地との交換など，土地整理対策によってほとんどすべての土地を買い上げる方法，さらに，立ち退きに応じることが難しい農家に対しては，事業推進のための新法を作り，耕作をしない，施肥を行わない，草刈を義務として実施する，市民の立ち入りを認めるなどの条件を提示し，補償金を支払い，土地所有を認める方法で大方の合意を得ている．しかし，最初の西側地区プロジェクトでは，立ち退きに応じない8戸の農家に対して土地強制収用まで実施しており，その剛腕な手法には驚かされる．

　結局，プロジェクト決定後，12年の歳月をかけて地元説明会，生物・物理調査，土地整理などを実施し，1999年に再蛇行化と氾濫原の復元を目的とした事業を開始し，2002年に一応，終了した（写真1.4，1.5）．改修工事の具体的内容としては，直線河道に沿って造られた堤防の撤去，新しい蛇行流路の掘削，排水路および直線河道の埋め戻しである（写真1.6）．また，蛇行流路の横断形状は，1～2年に1度の規模の洪水流量を流せるように川幅と水深が決定されている．蛇行流路の掘削によって発生した土砂は，270万m^3に及んだが，多くは直線河道の埋め戻し土砂として使用された．

　プロジェクトの基本的な目的は，国際的に重要な自然湿地ならびに蛇行河川を再生することにあるが，その結果としてレジャー，観光の振興，河口フィヨルドの水環境の改善（氾濫原による水質浄化機能に期待），黄土問題の改善（河床低下を防ぎ，地下水位が上昇することによる酸化抑制），魚類の産卵環境の改善，などを期待している．本プロジェクトの総事業費は，

写真1.4　復元された蛇行河川（写真上部）とかつての直線河道（スキャーン川）

写真 1.5 再生されたスキャーン川と湿地氾濫原

写真 1.6 埋め戻された直線河道．橋のある箇所がかつての直線河道跡．

3 700万ユーロであり，その3分の1が土地取得のために使われている．

本プロジェクトの実施にあたっては，治水上の制約条件も加えられた．洪水リスクを復元事業によって上げることはあってはならず，具体的には150年に1度の規模の洪水まで，安全に流下させることが義務づけられた．さらに，プロジェクト範囲外の農地については冠水させずに，以前と同様の排水を可能にすること，また鉄道や高速道路の橋には影響を与えないことなどが定められている．

自然再生では受動的再生（passive restoration）と能動的再生（active restoration）という言葉が使われる．まずは受動的再生，すなわち自然が自ら回復するのを妨げている人為的要因を取り除くことを重視する．護岸などの人為的制限要因を取り除いてやれば川は自ら変化し，最も安定した自然のシステムへと

回復するはずである．人間はあくまでもその手助けをし，仕上げは自然に任せる考え方であり，優先的にこの受動的再生を検討することが肝要である．受動的再生の考え方を実行するとなると，現在の土地利用を見直し，いかに土地区画を配置し直すかがカギになる．河川や氾濫原の復元は河川が自由に変動できる空間を与えることにほかならないからであり，ヨーロッパでは「Space for rivers」をスローガンに復元事業が実施されている．スキャーン川での自然再生を支える基本的な理念は，かつての氾濫原空間を確保し，河川が自由に蛇行できるように河道を規制している堤防を撤去し（ただし，プロジェクト周辺の生産農地との堤防は撤去しない），後は自然に任せれば，河川は氾濫と侵食，土砂堆積という自然のプロセスを通じて，豊かな動植物，そして健全な生態系を形づくるという考え方である．まさしく受動的再生の考え方であり，Space for rivers である．

【事業の評価：モニタリング結果】

スキャーン川のプロジェクトでは，事業実施後，その効果についてのモニタリング調査が実施されている．その主な項目は，①プロジェクトの範囲内における栄養塩の流入・流出量と貯留量，②川の地形変化，③大型無脊椎動物（川の底生動物），④魚類，⑤水生植物，⑥湿地植生，⑦両生類，⑧カワウソ，⑨渡り鳥・繁殖鳥，である（Pedersen et al., 2007a）．

プロジェクト範囲における栄養塩貯留量は，プロジェクト流入観測地点と流出観測地点における総流下量の差分から求めている．その粗い推定値によると，窒素貯留量が約 200 トン/年，リン貯留量が約 5～20 トン/年であった．この量は，プロジェクト範囲に供給される栄養塩の量の 10% 以下であり，スキャーン川を経てリンコウビン・フィヨルドに至る栄養塩の流出過程では，流域全体における栄養塩の供給源の大きさが重要であり，蛇行流路と氾濫原湿地による浄化機能には限界があることが明らかになっている．

河川地形の変化については，流路延長が 19 km から 26 km に伸び，河川断面積が平均で 30% 程度減少した．その結果，46 か所の蛇行が形成され，水深，流速，底質の空間的多様性は高まった．一方，プロジェクト初期のモニタリング結果では，河床や河川形状が不安定で，侵食や堆積による変化が頻繁に起こっている．この点は，標津川蛇行試験区の地形変化と同様であり，

スキャーン川の復元地区でも，新たな平衡状態に到達するまでに数年間はかかると予想されている．

底生動物群集は，復元事業実施後，急速に実施前の密度や種数に戻っており，2000年と2003年のモニタリング結果を比べると，総種数(ジャックナイフ法による推定)は86種から95種へ増加していることが報告されている(Pedersen et al., 2007b)．復元実施前は，ブユ科(Simuliidae)の底生動物が優占していたが，実施後はユスリカ(*Chironomidae*)の仲間や，カクスイトビケラ科(Brachycentridae)，ヒラタカゲロウ科(Heptageniidae)の底生動物が優占している．底生動物が非常に早く回復することは，ほかの復元事業でも報告されており，標津川の蛇行復元試験地でも同様である．おそらく，復元地区上流域が供給源となり，個体が流下することによって素早く補償されるのだと考えられる．

スキャーン川は，アトランティックサーモン(*Salmo salar*)が自然産卵し，十分な個体群が維持されているデンマーク唯一の川である．再生事業の評価にあたっては，スモルト個体(海水への適応が完了した稚魚)に電波発信機を装着し，その死亡率を算出している．その結果，サケの約50％，ブラウントラウト(*Salmo trutta*)の約25％が死亡し，河川内では増加したカワウ(*Phalacrocorax carbo*)やアオサギ(*Arde a cinerea*)，さらにカワカマス(*Esox lucius*)に捕食されていることが明らかになっている．結局，再生事業後の死亡率は，サケに関しては2000年の0.3%/kmから2002年の0.7%/km，ブラウントラウトに関しては0.3%/kmから1.1%/kmに増加していることが明らかになっている(Pedersen et al., 2007a)．また，2002年に実施されたヤツメウナギ(*Petromyzon marinus*, *Lampetra fluviatilis*)の調査では，新たに造られた河道では密度が低くなっていた．こうした泥成分を好む魚類については，河岸際の水生植物が回復するにつれて，密度も高くなることを予想している．

水生植物については，復元事業前には平均で34％程度の被度があったのに対して，復元事業後には24％に減ったことが報告されている(Pedersen et al., 2007b)．この理由は，イネ科(Poaceae)草本が除去された箇所において水際の生育場所が減ったことがあげられる．一方，総種数は2000年の28種から2003年には40種に増加し，優占種もドジョウツナギ属(*Glyceria*)やヨシ属

(*Phragmites*)のイネ科草本からコカナダモ(*Elodea canadensis*)，エゾミクリ(*Sparganium emersum*)などの水草に変わっている．河岸侵食を防ぐために設置された人工マットが，側方からの植物の侵入を妨げている可能性も指摘されている．地形変化がいまだ続いている状況では，水際以外の河川中央部に水草が定着するのは難しく，さらなる時間が必要であることが指摘されている．

湿地植生については，もともとあった耕作地の草本群落が，水草やイグサ(*Juncus effusus*)の仲間に置き換わっている．イグサの群落は，2000年には面積比率にして2％程度で氾濫原湿地にはまばらに生育していたのであるが，2003年には26％まで広がり，氾濫原植生のモザイク構造を特徴づけるまでになっている．そのほかにも，ツルヨシ(*Phragmites japonica*)群落が，再生事業後，面積比率にして8％から21％に顕著に拡大している．また，湿地性の植物は，2000年には1種のみであったが，2003年には，23種まで増加している．これらの変化によって，2000年に確認された植物種の14％が2003年に確認されたのみで，耕作地の人為的影響の強い植物相は，かつての湿地性の植物相へ短期間に大きく変化したことが明らかになっている(Pedersen et al., 2007a)．一方で，過去30年続けられてきた農地利用とそれに伴う栄養塩類の集積は，貧栄養下に特徴的に見られる植物の定着を遅らせる可能性があることも指摘されている．

両生類については，ヨーロッパアカガエル(*Rana temporaria*)が2000年において10〜20個体程度しか生息が推定されていなかったのに対して，再生事業後の2003年には，1100〜1740個体が生息していることが推定されている．もう一種類のヌマアカガエル(*Rana arvalis*)についても25〜50から110〜120まで推定個体数が増加している．一方，ヨーロッパヒキガエル(*Bufo bufo*)については，再生事業の効果は認められていない(Pedersen et al., 2007a)．

ユーラシアカワウソ(*Lutra lutra*)は，デンマークにとっては，保護の必要な重要種として位置づけられている．モニタリングの結果，1999〜2000年では19か所の観測地点の内12か所で確認されたユーラシアカワウソが，2003〜2004年では20か所の内18か所で確認されており，生息数の増加が認められている(Pedersen et al., 2007a)．

最後に鳥類に関しては，再生事業実施前後で120種から220種に増加した

こと，さらに貴重種であるコウノトリ（*Ciconia ciconia*）やオオハクチョウ（*Cygnus cygnus*）などの移動性の水鳥類も観察されるようになっている．再生された氾濫原湿地や蛇行河川は，移動性鳥類，特にカモ類の採餌場所やねぐらとして機能している．

1.3 スロバキア モラバ川

【復元事業実施の背景と事業内容】

　ドナウ川の最も大きな支流の1つであるモラバ川は，オーストリアとスロバキアの国境を流れる流路延長70 kmの河川である．国境は東西冷戦時代に「鉄のカーテン（Iron Curtain）」と呼ばれ，1989年にその状況は改善された．一方で，世界各国の国境地帯と同様，皮肉なことに，軍事的に重要な場所には自然が残されている．モラバ川国境沿いも同様で，氾濫原湿地が広範囲に残されており，中央ヨーロッパでは貴重な生態系を維持している．

　モラバ川では，1950年代，洪水の防止ならびに周辺地域の農地利用拡大のために河川の捷水路事業（ショートカット）が実施され，河道は直線化と護岸がなされ，蛇行流路は本川から切り離されて池のような止水域へと変化した（写真1.7）．これにより河道延長は50 kmに短縮されている．河床では，商業目的で土砂浚渫が実施され，本川河床は2 m程度低下し，氾濫原の地下水位は1 m程度低下した．河床低下に伴い河岸崩壊も至るところで発生し，流入した土砂は下流域へ浮遊砂となって流出している．氾濫原には細粒の土砂が堆積

写真1.7　モラバ川における河道の直線化　蛇行河川の跡が，湖沼として残っている．

するようになり,旧蛇行流路の止水環境は悪化し,氾濫原の洪水流下能力は低下した.このような背景と現状は,標津川や釧路川をはじめ,北海道の多くの河川と酷似している.

　一方で,軍事的境界域であったこの地域の自然は開発からまぬがれ,ドナウ川の氾濫原植生と比べても,高い自然の森林植生が残っていた.このため,旧河道の止水環境を本川とつなげることによって回復させるプロジェクトが1995年より始まった(渡邊,2002).方法は,直線化された河道を残したまま,旧蛇行流路の上流入口を開ける方法で,4つの旧蛇行流路に通水した.これによって生息場所の多様性が上がり,本来の生物相がよみがえることを期待した.

【事業の評価:モニタリング結果】

　この方法による蛇行流路の再生は,失敗に終わっている.4つの復元箇所ともに河岸満水幅流量のときでさえ,蛇行流路の流速は0.1 m/s以下に低下し,連結された蛇行流路入口で大規模な土砂堆積が起こり蛇行流路は埋没する結果となっている(写真1.8).2年後のモニタリング結果では,43 000 m^3

写真1.8 本川に接続された蛇行流路の入口にたまっている土砂

の土砂が連結された1つの蛇行流路に堆積していた(Holubova and Lisicky, 2001). 筆者がスロバキア水環境調査研究所の研究者に現地案内された際，聞いた説明では，当初，この計画には，河川工学の専門家が参画しておらず，生態系(魚類)の研究者のみで決定されたため，こうした問題が生じたということであった．標津川試験区の場合，モラバ川と同様に直線流路を残したまま，旧蛇行流路を連結した．その際，洪水時における蛇行流路入口での土砂堆積はシミュレーションなどによって予測されたため，直線河道に低い堰を設けて分流するようにした．

連結前，蛇行流路は溶存酸素が欠乏しており，魚類などの大量死が懸念されていた．連結後，蛇行流路に生息・生育する生物群集の構造が大きく変化したことが報告されている．蛇行流路と本川は，洪水時にはつながっていたため，魚類の種数は変わらなかったが，コイ科(Cyprinidae)の魚類など，湖沼性の魚類個体数は減少している．大型の水生植物の種数は，ヒルムシロ属(*Potamogeton*)，セイヨウコウホネ(*Nuphar luteum*)，オニビシ(*Trapa natans*)などを中心に13種から5種まで減少している(Holubova and Lisicky, 2007).

底生無脊椎動物の種構成も，止水性から流水性に変化しており，これらの種構成の変化は，止水から流水への変化のみならず，それに伴う底質(底泥の状態)の変化によって起こったと推測されている．カゲロウ目(Ephemeroptera)では，キリバネトビケラ属(*Limnephilus*)とヒゲナガトビケラ科(Leptoceridae)は個体数の減少が見られたが，流水性の種が新しく出現した(コカゲロウ科(Baetidae)，ヒラタカゲロウ科(Heptageniidae)，ヒメシロカゲロウ科(Caenidae))．そのほかの止水性の底生動物群(海綿動物，扁形動物，ヒル)の減少はそれほど大きくなく大部分が残存し，動物相は流水性の種が加わることによって増加した．流水環境を好むミミズ類の個体数も増加している．

動物プランクトンについては，連結後，蛇行流路の個体数と種数の大幅な減少が起こったが，甲殻類の一部(ミジンコ科(Daphniidae))が蛇行流路に入り，動物相を豊かにしていた(Holubova and Lisicky, 2001).

このように，旧蛇行流路を使った当初の再生事業は失敗に終わったが，現在，河川工学の研究者も計画立案に参加し，模型実験や数値計算などを利用

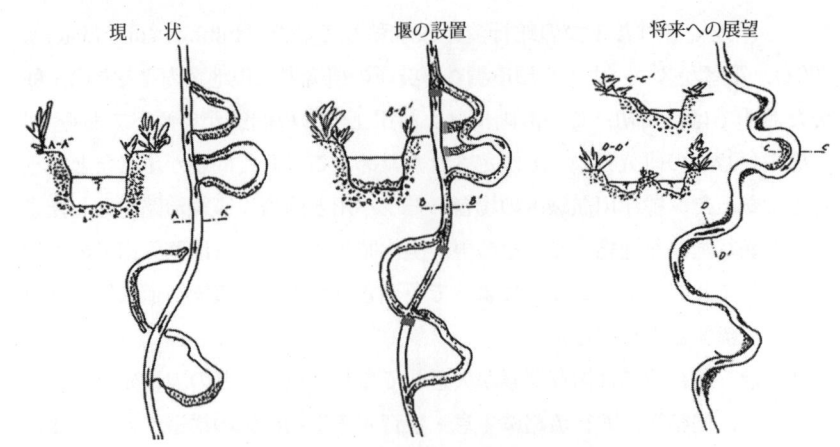

図 1.2 モラバ川の現状と復元事業による将来への展望
堰の設置により，蛇行流路への通水が検討されている．

し，堰の設置を伴う新たな蛇行復元計画を進めている（図 1.2）．その計画は，標津川の蛇行復元計画と酷似している．

1.4 日本 釧路川

【復元事業実施の背景と事業内容】

　釧路川流域の末端には，面積約 190 km^2 に及ぶ日本最大の湿原である釧路湿原がある（写真 1.9）．北海道の多くの低地平野部では，約 1 万年前から 6 000 年前までの間，気温の上昇に伴って海水面が上昇し，陸地に海が入りこむ縄文海進が起こった．約 6 000 年前には最も奥地まで海水が進入し，そのころ，釧路湿原は海の底であったことがわかっている．その後，徐々に海水が引き（海退），約 4 000 年前には湾の口の部分が砂嘴によって閉ざされ淡水化された湖となった．その後，徐々に湿地性の植物が定着し，また，周辺から土砂が流れ込み，泥炭層が次第に発達して現在の釧路湿原ができ上がったと考えられている．このため，湿原北東部の塘路湖には，海水に生息する甲殻類であるクロイサザアミ（*Neomysis awatschensis*）が遺存種として生きている．そのほかにも氷河期の遺存種であり釧路地方の湿原にのみ分布するクシロハ

1.4 日本 釧路川

写真 1.9 釧路湿原の全景

ナシノブ(*Polemonium acutiflorum*)などの植物や，タンチョウ(*Grus japonensis*)，オジロワシ(*Haliaeetus albicilla*)をはじめとする鳥類，イトウ(*Hucho perryi*)，キタサンショウウオ(*Salamandrella keyserlingii*)，エゾカオジロトンボ(*Leucorrhinia intermedia ijimai*)などの希少な野生動植物が生育・生息している(写真 1.10，1.11)．

　釧路湿原は，ハンノキ(*Alnus japonica*)が優占する湿原周辺部，ハンノキが散在しヨシ(*Phragmites australis*)やスゲ類(*Calex*)が優占する低層湿原，さらに高山性植物を含むミズゴケ類(*Sphagnum*)が優占する高層湿原，そしてその中を蛇行する釧路川とその支流によって見事な景観が構成されている．1980(昭和 55)年に「特に水鳥の生息地として国際的に重要な湿地に関する条約」，通称ラムサール条約の登録湿地になり，1987 年に第 28 番目の国立公園に指

写真 1.10
タンチョウのつがい

写真 1.11
日本最大の淡水魚イトウ

定された.

　釧路湿原の開拓の歴史は比較的早く，1880年代にさかのぼる．当初は周辺丘陵地帯からの木材搬出が主たる産業であった．1920(大正9)年には釧路川の大洪水により多くの犠牲者が出て，釧路川を直線化するなどの治水工事が本格的に始まり，湿原の農地化が少しずつ始まった．1940年代後半からは，戦後復興に伴って湿原周辺で森林の伐採が進められ，戦後の食糧不足と農産物の安定供給を目指し，1960年代から，国の方針でこの地域を食糧生産基地とするため，大規模な農地開発と河川改修が行われた．

　釧路川流域で現在直面している最も重要な課題は，最下流部に位置する釧路湿原の急激な面積減少である．1947年には約2.5万haあった湿原は，1996年の調査では約1.9万haにまで減少し，この50年間で2割以上も消失して

いる．この多くは，湿地の農地化や市街地化開発による直接的なものであり，久著呂川（くちょろがわ）や雪裡川（せつりがわ）などの支川周辺に広がっていた湿原はほとんど開拓され，農地に変わった．しかし，水はけが悪いために，農地化が困難で利用できない所も見受けられた．また湿原の南側からは，市街地の拡大に伴って湿原を埋め立てて住宅地や道路，資材置き場などに使用する面積も増大し，景観を損なうだけではなく，キタサンショウウオの生息地を狭めるなどの影響が出ている．

一方で湿原が乾燥化するなどの質的な変化も異常な速さで進行している．その背景には上流の河川や丘陵地の変化がある．流域の急速な農地化とともに，人工林に転換される場所も増え，自然林も著しく減少した．また，森林伐採や裸地の出現，管理されていない作業道からの土砂の流出が激しくなった．さらに上流域での河川の直線化と河床低下なども手伝って，湿原内には多量の土砂が流入するようになっている．これによりヨシやスゲ類の湿原内でハンノキが異常に成長したり，範囲が拡大している (Nakamura et al., 2004)．

こうした状況のなか，1997(平成9)年の河川法改正を契機として，1999年に学識者からなる「釧路湿原の河川環境保全に関する検討委員会」が設置され，釧路湿原と釧路川の環境保全が議論され，その中の施策の1つとして茅沼（かやぬま）地区旧川復元事業が計画された．

釧路川茅沼地区では，治水対策および周辺の農地利用を目的に1973(昭和48)年から1984年にかけて河道が直線化された．しかし，現状は，釧路川左岸側の湿原の一部が農地として利用されているだけで，右岸側の湿原域は利用されていない．さらに，右岸側の湿原域は，釧路川が直線化されたときに掘削した残土が積みあげられ，小さな堤防ができており，洪水氾濫を防いでいる．その結果，陸域では乾燥化が進行し，ヨシ群落がハンノキ林に変化した箇所もあり，水域ではイトウなど蛇行河川特有の希少魚類とその生息場が減少している．

事業内容は，直線化に伴い切り取られた旧川と本川河道をつなぎ，直線化された1.6 km区間の右岸残土を撤去して直線河道を埋め戻し，2.4 kmの蛇行河川を復元するものである．全流量を復元河道へ流し，マウンド状となっている右岸掘削残土を撤去することにより洪水氾濫頻度を上げ，直線河道を

写真1.12　釧路川本川茅沼地区の全景

　元々の地盤高程度へ埋め戻すことにより地下水位も復元でき，氾濫原湿地も再生可能になる(**写真1.12**)．この方法は，先に紹介した米国キシミー川の復元方法とほぼ同様である．

【事業効果の予測】

　釧路川の蛇行河川復元の目標は以下の4つである．①湿原河川本来の魚類などの生息環境の復元，②氾濫原の再生による湿原植生の再生，③湿原景観の復元，④湿原中心部への土砂流出などの負荷の軽減である．釧路川の蛇行再生事業は，2010(平成22)年に通水されたばかりであり，いまだモニタリング結果は得られていない．そのため，委員会において検討された事業実施により予測される効果について述べることにする．評価は，茅沼地区直下流に人工的改変を受けていない区間を設定し，これをリファレンスサイト(目標区)として評価を行う予定である．評価項目は，**表1.1**のとおりであり，各目標に対して長期的なモニタリング調査を行い，事業効果を検証する予定である．

　魚類の生息環境の復元については，現地調査結果や水理計算結果に基づき，

1.4 日本 釧路川

表1.1 期待される効果と評価項目

期待される効果	指　　標	評価項目
魚類などの生息環境の復元	物理環境	水深，水面幅
		底質
		流向流速分布
		水温，濁度（平常時）
		樹冠被覆率
	生物環境	魚類の生息状況
		底生動物の生息状況
湿原植生の再生	植　　生	広域植生分布
		群落組成
	水　環　境	地下水位
		冠水頻度
		土壌
湿原景観の復元	景観写真	現場写真
湿原中心部への土砂流出の軽減	浮遊砂量	氾濫原浮遊砂堆積量
		水位，濁度（洪水時）

　物理環境や生物環境について復元後の旧川とリファレンスサイトを比較して魚類の生息環境の復元効果を把握した．1999年，2001年の魚類調査結果によると，河道直線部と比較してリファレンスサイトでは，サイズの大きな魚が生息しており，特に水深が重要と考えられた．また，イトウの生息が確認された淵は，流速が小さく樹冠被覆率が大きいという知見もあり，水深や流速など物理環境や樹冠被覆率についても比較を行っている．リファレンスサイトと現在の直線河道，復元後の蛇行河川において，水深や流速などの物理環境の比較を行った結果，復元後の蛇行河川では，推定された水深や水面幅，河床勾配，樹冠被覆率がリファレンスサイトの値に近づくことが把握できた（表1.2）．

　湿原植生の再生については，当該地区周辺における冠水頻度および地下水位，各植生の生育環境を考慮して植生分布を予測し，湿原植生の変化を予想している．過去10年分（1994～2003年）の日流量データより，2次元洪水氾濫

表1.2　復元後の蛇行河川とリファレンスサイトとの特性比較

項　目	直線河道区間 (KP32.0〜KP33.2)	旧川復元区間 (KP32.0〜KP33.2)	リファレンスサイト* (KP28.0〜KP31.0)
水深(m)	0.7	1.2	1.7
流速(m/s)	0.6	0.9	0.7
水面幅(m)	64	29	30
河床勾配	1/1 600	1/1 850	1/2 500
河岸植生	・ヤナギが分布 ・樹冠被覆率は低い	・ヤナギ，ハルニレ，ヤチダモなどが分布 ・樹冠被覆率は高い	・ヤナギ，ハルニレ，ヤチダモなどが分布 ・樹冠被覆率は比較的高い

＊リファレンスサイト：評価対照区(人工的な改変の影響を顕著に受けていない区間)

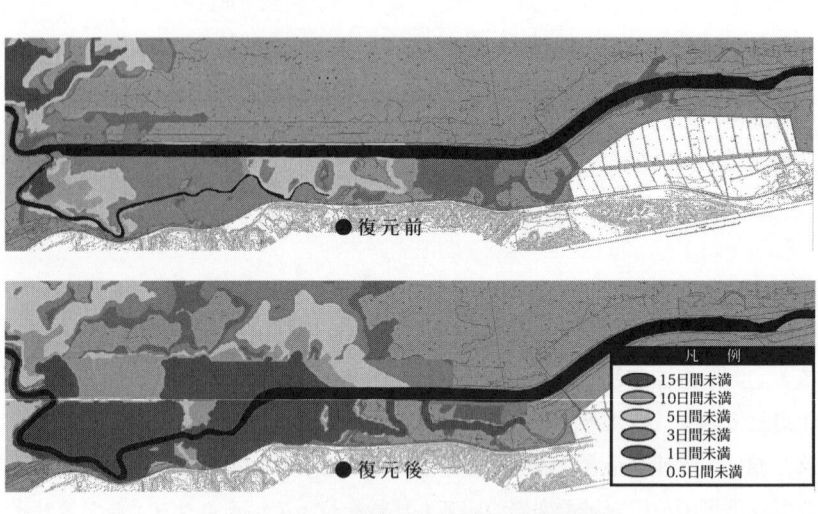

図1.3　蛇行復元前後の氾濫頻度分布図(予想)

計算を行い，氾濫頻度の分布図を作成している(図1.3)．これによると，蛇行復元後は，現在の直線河道の左右岸を中心に氾濫頻度が増えることが明らかになっている．また，旧川から旧オソベツ川までの範囲において，蛇行復元前後の地下水位の予測計算を行った結果，現況では直線河道の河川水位が低いため，それに引っ張られる形で周辺区域の地下水位も下がっているが，

蛇行復元後は一様に地下水位が高くなることが示されている．この蛇行復元後の氾濫頻度および地下水位に対して，湿原植生の変化を予想した結果，蛇行を復元することにより，約 100 ha のヨシ・スゲ類の群落もしくはヨシが優占するハンノキ林の回復が見込まれている．

　湿原景観については，カヌー搭乗者を視点場として，復元後の旧川のフォトモンタージュを作成し，河道直線部およびリファレンスサイトの景観の比較を行い，湿原景観の復元効果を把握している．その結果，復元後の旧川では河川水位が上昇し，周辺では湿地林の回復が見込まれることから，リファレンスサイトの景観に近づくと予想している．

　湿原中心部への負荷の軽減については，浮遊砂に着目し，本事業による湿原中心部への土砂流入量の軽減効果についてシミュレーションを行い，定量的に予測している．その結果，直線河道の右岸沿いに残っていた掘削残土を撤去するに伴い，氾濫区域が右岸沿いに拡大しており，氾濫面積も大きくなることがわかった．河川流量–流入浮遊砂量の関係式を用いて，浮遊砂を含む 2 次元氾濫計算を行い，流量別の氾濫原湿地への土砂流入量の把握を行った結果，蛇行復元後は右岸氾濫域の中心部および河岸沿いを中心に土砂が堆積することが予想された．また，この氾濫原への土砂堆積に伴い，下流域に位置する湿原中心部への 年間土砂流入量が 3 割程度，削減されると予測している．

　2010（平成 22）年 2 月，旧川と本川が連結され，2.4 km の蛇行河川が復元された（**写真 1.13**）．筆者は，すでに米国研究者 3 人を現地に案内したが，皆，今年通水したという事実に驚いていた．重機による周辺生態系への影響がほとんど認められなかったからである（**写真 1.14**）．もともと旧川にあった枕木も，掘削後，元あった場所に戻され，河畔林にも最大限の配慮がなされた．復元された蛇行河川には，すでに多くの釣り人たちが糸を垂れており，魚が戻ってきたことをうかがわせる．また，復元流路でカヌーを楽しむ子供たちも多く，新聞でも湿原植生が回復していると報じられた．

写真1.13　復元された蛇行河川（釧路川）

復元された蛇行河川　　　　　　　リファレンスサイト

写真1.14　復元された蛇行河川の景観とリファレンスサイトの景観

《引用文献》
1) Colangelo, D. J. and B. L. Jones(2005)：Phase I of the Kissimmee River restoration project, Florida, USA：Impacts of construction on water quality, Environmental Monitoring and Assessment 102(1-3), pp.139-158.
2) Dahm, C. N., K. W. Cummins, et al.(1995)：An Ecosystem View of the Restoration of the Kissimmee River, Restoration Ecology 3(3), pp.225-238.

3) Harris, S. C., T. H. Martin, et al.(1995): A Model for Aquatic Invertebrate Response to Kissimmee River Restoration, Restoration Ecology 3(3), pp.181-194.
4) Holubova, K. and M. J. Lisicky(2001): River and environmental processes in the wetland restoration of the Morava river, River Basin Management(Progress in Water Resources), R. A. Falconer and W. R. Blain, Southampton, UK, WIT Press 5, pp.179-188.
5) Koebel, J. W.(1995): An Historical-Perspective on the Kissimmee River Restoration Project, Restoration Ecology 3(3), pp.149-159.
6) Nakamura, F., Kameyama, S. and Mizugaki, S.(2004): Rapid shrinkage of Kushiro Mire, the largest mire in Japan, due to increased sedimentation associated with land-use development in the catchment, Catena 55, pp.213-229.
7) 中村太士，辻本哲郎，天野邦彦 監修(2008)：川の環境目標を考える―川の健康診断―，技報堂出版，122pp.
8) Pedersen, M. L., J. M. Andersen, et al.(2007a): Restoration of Skjern River and its valley: Project description and general ecological changes in the project area, Ecological Engineering 30(2), pp.131-144.
9) Pedersen, M. L., N. Friberg, et al.(2007b): Restoration of Skjern River and its valley.
10) 関 健志(2003)：スキャーン川復元プロジェクト，Civil Engineering Consultant 221, pp.28-31.
11) Short-term effects on river habitats, macrophytes and macroinvertebrates, Ecological Engineering 30(2), pp.145-156.
12) South-Florida-Water-Management-District(2006): Kissimmee River Restoration Studies(Executive Summary), West Palm Beach, South Florida Water Management District.
13) Toth, L. A., D. A. Arrington, et al.(1995): Conceptual Evaluation of Factors Potentially Affecting Restoration of Habitat Structure within the Channelized Kissimmee River Ecosystem, Restoration Ecology 3(3), pp.160-180.
14) Trexler, J. C.(1995): Restoration of the Kissimmee River - a Conceptual-Model of Past and Present Fish Communities and Its Consequences for Evaluating Restoration Success, Restoration Ecology 3(3), pp.195-210.
15) van der Valk, A. G., L. A. Toth, et al.(2009): Potential propagule sources for reestablishing vegetation on the floodplain of the Kissimmee River, Florida, USA Wetlands 29(3), pp.976-987.
16) 渡邊康玄(2002)：欧州における川の自然再生への取り組み事例調査報告，北海道開発土木研究所月報 593.
17) Weller, M. W.(1995): Use of 2 Waterbird Guilds as Evaluation Tools for the Kissimmee River Restoration, Restoration Ecology 3(3), pp.211-224.
18) Wetzel, P. R., van der Valk, A.G., Toth, L. A.(2001): Restoration of wetland vegetation on the Kissimmee River floodplain: Potential role of seed banks, Wetlands 21(2), pp.189-198.
19) Whalen, P. J., L. A. Toth, et al.(2002): Kissimmee River restoration: a case study, Water Science and Technology 45(11), pp.55-62.

第2章
標津川の蛇行復元の経緯

2.1 流域および河川の概要

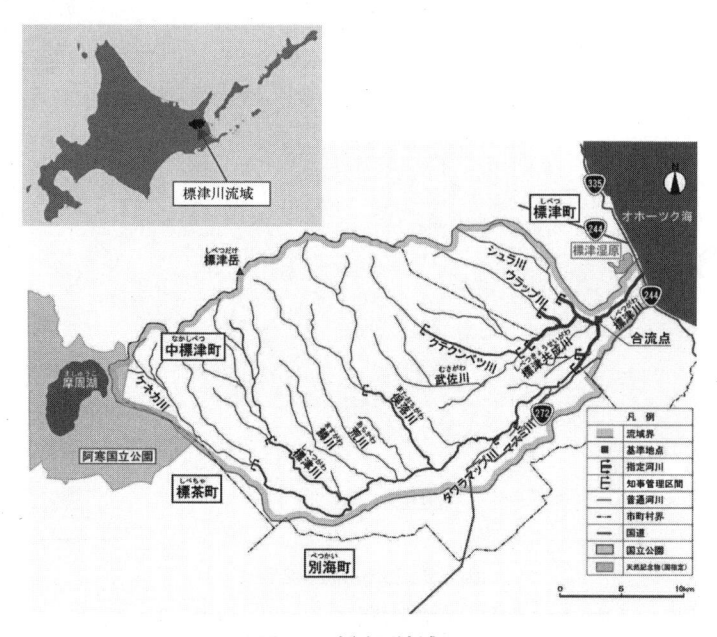

　標津川は，北海道東部のオホーツク海側に位置し，その源は中標津町北部に位置する標津岳（標高 1 061 m）に発している（図 2.1）．中標津町でケネカ川，鱒川，荒川，俣落川などの支川を合流しながら，酪農地帯である根釧台地を

図 2.1　標津川流域図

流下し，中標津市街地より下流で平野部に入る．さらに武佐川を合流し，標津町においてオホーツク海に注ぐ．幹川流路延長 78 km，流域面積 671 km^2 の二級河川である．

標津川の河床勾配は，源流部からケネカ川合流点間(以下，上流部)が 1/100 以上，ケネカ川合流点から標津共成川合流点付近間(以下，中流部)が 1/500 〜1/800 程度，さらに標津共成川合流点付近から河口部間(以下，下流部)が 1/900〜1/2 500 程度である．

標津川流域北部の地形は，標津岳をはじめとする標津火山地で，上流部(標高およそ 100 m 以上)では砂礫層に，中流部(標高およそ 20〜100 m)ではローム層に厚く覆われた台地が広がっている(図 2.2)．山麓から南東に向かっては，緩傾斜面が東部オホーツク海まで続いており，下流部の沿川には標高 20 m 以下の低地が形成されている．

標津川流域の地質は，流域北部の山地が新第三紀〜第四紀の火山岩類から

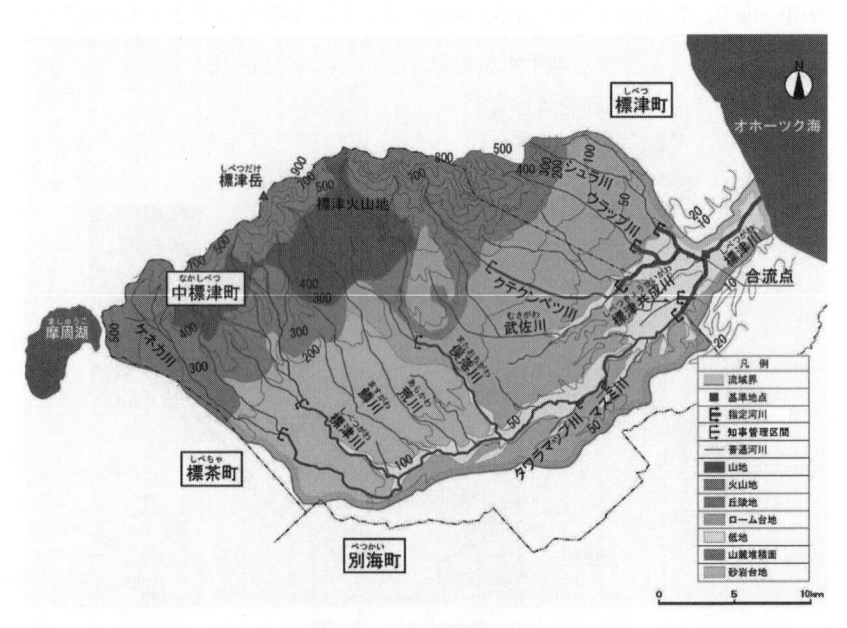

図 2.2　標津川流域地形図

(出典：「土地分類図 北海道 VIII (釧路根室支庁)」(財)日本地図センター)
図中の数値は標高値を示す．カラー版は北海道開発局釧路開発建設部 HP 参照．

構成され，山麓から台地一帯は第四紀の火山灰，軽石層に広く覆われている．河川沿いの地質は砂，礫，粘土といった未固結堆積物から構成されており，下流部の低地には泥炭層も広がっている．年間降水量は約1 100～1 200 mm，年平均気温は約5.5℃程度である．

流域西部の一部分が阿寒国立公園に属しているほか，標津川下流では国の天然記念物に指定されている標津湿原が流域に接するなど，優れた自然環境が残っている．

流域の自治体は，中標津町，標津町，別海町(べつかいちょう)，標茶町(しべちゃちょう)の4町に及ぶが，流域面積のほとんどを標津町と中標津町が占めていて，両町の人口は2005(平成17)年の国勢調査で約3万人となっている．

現在の流域土地利用は，森林53%，農地40%，原野4%，市街地3%で，標津川流域の開拓が本格的に始まった明治末期以降，農業形態が大きく変化し，広大な牧草地に変化した(図2.3)．特に，昭和20年代まで標津川下流域に広がっていた湿性草地は，昭和40年代から始まった大規模な草地開発事業や捷水路(しょうすいろ)工事などによる地下水位の低下と洪水の疎通能力の増大などにより牧草地へと変化した(図2.4)．

流域の産業は農業と漁業が中心で，酪農は1956(昭和31)年に集約酪農地

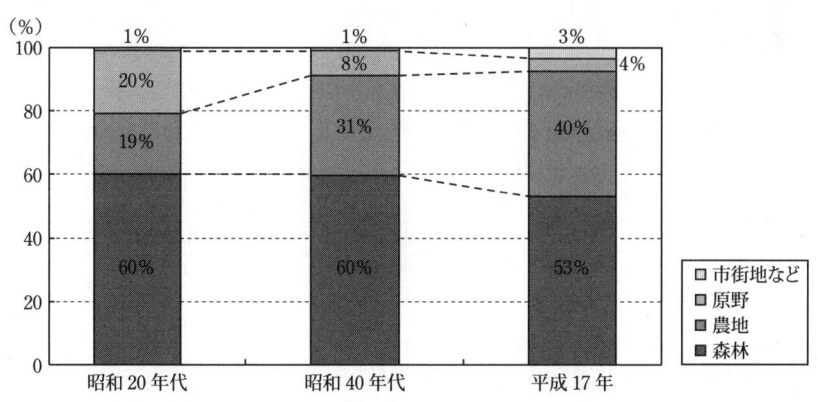

原野：野草地*・湿性草地，農地：畑地・牧草地など，森林：自然林・植林・河畔林など
＊野草地：湿性草地以外の自然草地や，森林伐採後にササなどが繁茂してきた箇所．

図2.3　標津川流域の土地利用状況

第 2 章 ● 標津川の蛇行復元の経緯

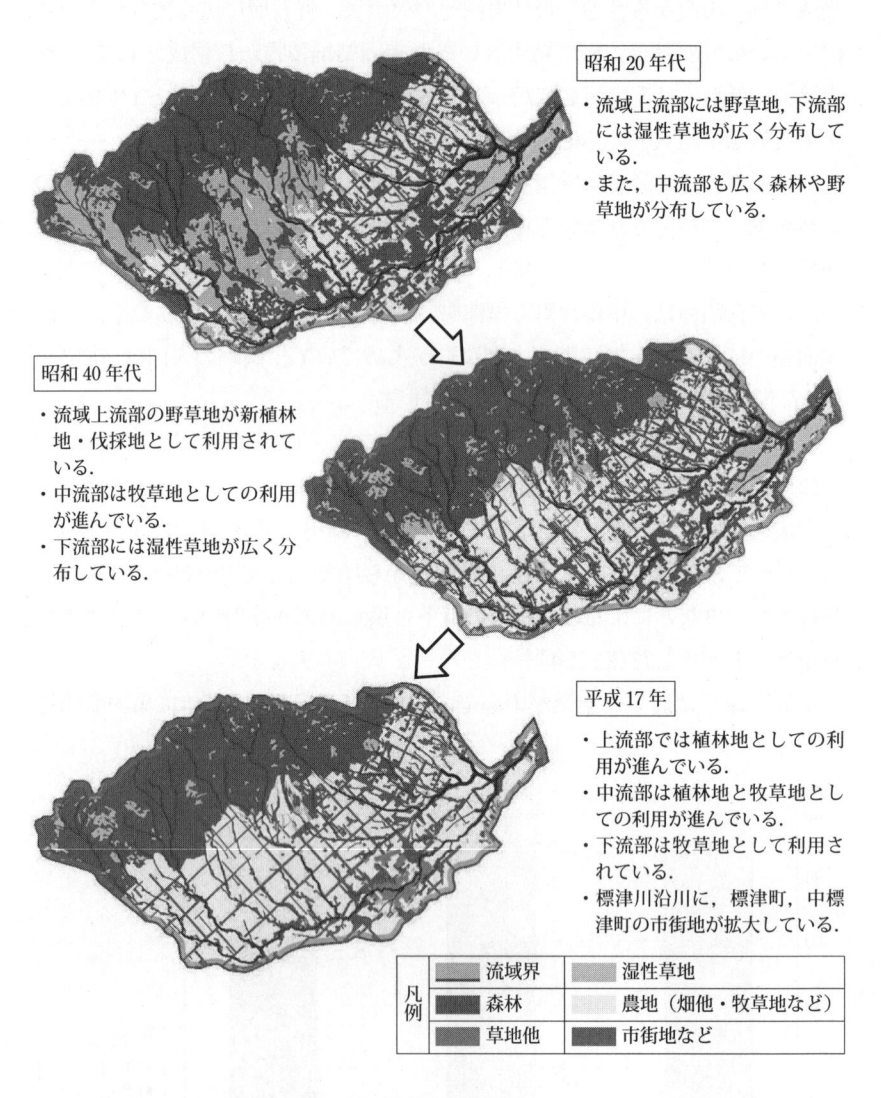

昭和 20 年代
- 流域上流部には野草地, 下流部には湿性草地が広く分布している.
- また, 中流部も広く森林や野草地が分布している.

昭和 40 年代
- 流域上流部の野草地が新植林地・伐採地として利用されている.
- 中流部は牧草地としての利用が進んでいる.
- 下流部には湿性草地が広く分布している.

平成 17 年
- 上流部では植林地としての利用が進んでいる.
- 中流部は植林地と牧草地としての利用が進んでいる.
- 下流部は牧草地として利用されている.
- 標津川沿川に, 標津町, 中標津町の市街地が拡大している.

凡例	流域界	湿性草地
	森林	農地（畑他・牧草地など）
	草地他	市街地など

＊昭和 20 年代：米軍撮影空中写真をもとに作成
　昭和 40 年代, 平成 17 年：国土地理院空中写真をもとに作成

図 2.4　土地利用の経年変化図
カラー版は北海道開発局釧路開発建設部 HP 参照.

域[1]に指定されて以来,経済規模の拡大と近代化が進められた.昭和 40 年代からは大規模な草地開発事業が行われ,湿性草地は広大な牧草地に生まれ変わった.農地の 98％は牧草地であり,現在では,両町を合わせ 5 万頭以上の乳用牛が飼養されている.

また,標津川は根室管内におけるサケ・マスの重要な増殖河川であり,下流部の標津町は古くからサケを中心とした漁業の町として有名で,国内有数の秋サケの水揚げ高を誇っている.近年では年間 10〜30 万尾が捕獲され,さらに加工から流通までの一貫した取り組みがなされているなど,地域経済に大きく寄与している.

2.2 標津川での治水事業と流路変遷

標津川の改修は,1922(大正 11)年に始まり,1934(昭和 9)年には標津川の河口から 33.6 km までの区間が準用河川[2]に指定されて,北海道の開拓上重要な河川とされたが,整備は部分的な改修にとどまっていた.このため,戦前までの標津川は,幾つもの蛇行を繰り返す原始河川に近い状態で,下流域には未開の大規模な湿原が広がっていた.

標津川流域が位置する根室支庁は,1869(明治 2)年の開拓史根室出張所設置以降から入植が始まり,1956(昭和 31)年には根釧パイロットファームの入植が開始され,1973 年から 1983 年にかけて根室市,別海町,中標津町で新酪農村建設事業が行われるなど,先進的大型酪農経営に向けた整備が行われてきた地域である.

戦後,標津川流域も国営開拓適地として着目され,洪水氾濫を防ぎ,同時に河川水位を低下させ湿地の排水を促進することにより農地開発可住地の創

---

1 集約酪農地域:農林水産大臣は,その区域内の農業の発達を図るため酪農を振興することが相当と認められる一定の区域で,生乳の円滑な供給に資するため生乳の濃密生産団地として形成することが必要と認められるものを,その区域を管轄する都道府県知事の申請に基づき,集約酪農地域として指定することができる.
2 準用河川:旧河川法(明治 29 年 4 月 8 日法律第 71 号)では,主務大臣が公共の利害に重大な関係があると認定した河川を適用河川と称し,知事が認定し同法が準用される河川を準用河川という.

写真 2.1 捷水路工事風景

出を図るため，緊急開拓河川改修費（1945～1946年）により，下流部（河口より0.6～2.2 km）の河道の捷水路工事（ショートカット）と幹線排水工事が実施された（**写真2.1**）．これによって周辺地域の地下水位は下がり，農地改良効果は良好であり，大規模な土地利用可能地が造成された．

その後，河川改修を前提とした開発事業の可能性が認められ，1953（昭和28）年に特殊河川[3]に指定され，改修が本格化した．このとき，計画高水流量は，1947年9月15日洪水を契機として，武佐川合流点において910 m^3/s と定められた．

当初，標津川の河口から武佐川合流点，および支流のシュラ川・ウラップ川を含む武佐川が特殊河川の対象として採択され，その後，武佐川合流点から標津川上流4.6 kmの区間まで指定区域が拡大され事業が進められた．標津川の河川改修は，捷水路工事により地下水位の低下と洪水の疎通能力を増し，左右岸の築堤および護岸により氾濫防止および河岸決壊防止を図ること，周辺地域の排水を進め開拓事業を推進することを目標に事業が行われてきた．

1965（昭和40）年には指定河川[4]に指定され，合流点地点における基本高水のピーク流量を910 m^3/s とし，引き続き，捷水路工事，築堤などを実施した．捷水路工事は1980年ごろまで実施され，その後，築堤や護岸などの改修工事が続けられている．また，標津川流域周辺は，1960年代から大規模な草地開

---

3 特殊河川：戦後の緊急開拓事業を支援する目的で1947(昭和22)年に「緊急開拓河川改修費」により全額国費で事業を進め，翌1948年には「特殊河川改修費」に改めて，その促進を図った．その後，1965年の新河川法の施行に伴い，北海道の特例として指定河川に指定された．

4 指定河川：北海道の区域内の二級河川のうち，河川法施行令第41条第1項の規定により，北海道の総合的な開発のため特に必要があると認めて指定した河川で，改良工事，維持または修繕の全部または一部，およびこれに必要な諸権限を北海道知事に代わって国土交通大臣が行う．なお，標津川は道州制特区推進法に基づき2010(平成22)年4月1日より北海道へ移譲された．

発事業が行われ，蛇行河川の背後に後背湿地帯を形成していた広大な湿性草地は牧草地に開拓された．

その一方で，捷水路工事により川の流れが一様に平瀬化するなど単調化し，蛇行河川が本来持っていた河川環境の多様性が大きく減少した．また，下流部の湿原隣接地において，耕作放棄地も点在した(**写真 2.2**)．

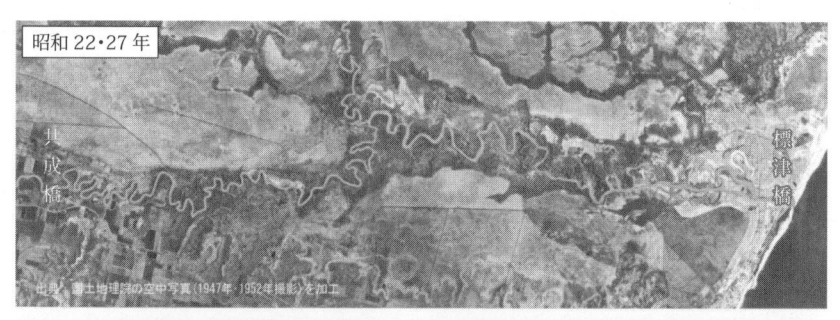

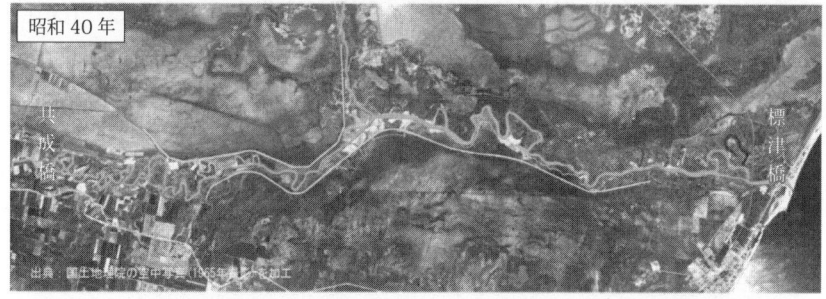

写真 2.2　標津川の流路変遷(河口〜共成橋区間)

2.3 自然復元川づくりへの取り組み

　標津川では 1932(昭和 7)年以降，農地開発など地域の産業を推進するために河川改修が行われてきたが，近年，時代の変化とともに，河川環境に対する標津川流域の住民の意見も従来とは大きく変化してきた．流域の主力産業である漁業と農業を結ぶ河川に対して，現状の直線河道から自然蛇行河川への復元の要望，河川に生息する魚類相に対する配慮などの地域要望が高まった．また流域の自治体では，河畔林を森林と農地，河川をつなげる重要な要素と位置づけ，河畔林を軸にしたまちづくり計画が策定され，植樹活動も盛んに行われるようになった．

　このような背景の中，2000(平成 12)年 11 月に流域住民・行政・学識者からなる「標津川流域懇談会」が設立され，標津川の将来のあるべき姿について話し合われ，2003 年 6 月に「提言」が取りまとめられた．

　この提言では標津川の川づくりにあたって取り組むべき内容として 6 項目が謳われている(図 2.5・図 2.6)．

　この提言が取りまとめられるまでにはさまざまな議論がなされ，とりわけ蛇行河川の復元など"川の持つ本来の機能の復元"について多くの議論がなされた．このような議論のなかで，昔の自然な姿の川にできる限り戻して行くという新しい川づくりに取り組むことになった．ただし，その実現に向けては治水安全度を維持することが前提であり，蛇行復元と治水の両立を達成

標津川の川づくりにあたって取り組むべき 6 つの内容

① 流域の視点からの川づくり
② 洪水に対する安全性の確保
③ 生物が生息しやすい多様な環境の保全・復元
④ 農業と漁業をむすぶ河川環境の創造
⑤ 川を通した人々のつながり
⑥ 川に親しみ川に学ぶ

標津川流域懇談会「標津川―これからの川づくりのあり方―」より

図 2.5　標津川の川づくりにあたって取り組むべき 6 つの内容

2.3 自然復元川づくりへの取り組み

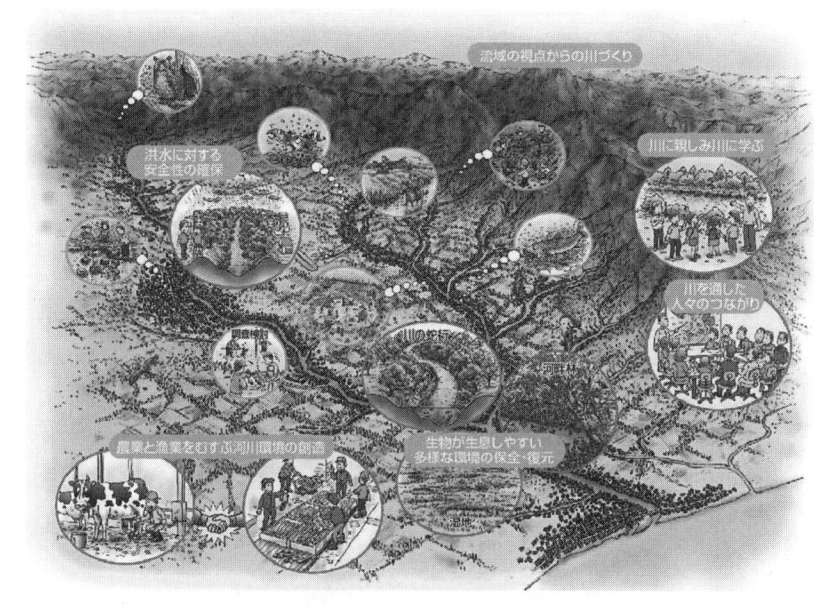

図2.6 川づくりのイメージ

するための技術的な課題も多く，河川工学的，生態学的，物質循環の視点から，さまざまな検討をする必要があった．

そこで北海道開発局釧路開発建設部では，標津川沿川に三日月湖状に残った旧川を利用して蛇行復元の試験を行うこととした（**写真2.3**）．2001（平成13）年3月にさまざまな分野の学識者からなる「標津川技術検討委員会」が設立され，これまで標津川蛇行復元試験地や標津川流域でさまざまな調査や検討が行われてきた．

武佐川との合流点より下流部（**写真2.4**）で実施する予定の自然復元川づくり計画を検討するにあたり，技術検討委員会では，まず満たさなければならない最低条件を設定した．それは，①洪水流下能力の確保，②氾濫原生態系の保全と復元，③低水時蛇行流路の変形の容認，④堤防安全性の確保，⑤出水時の下流への影響の最小化，⑥堤内地の地下水位の維持，などである．基本的にこれらの条件を満足できるすべての計画案を検討することになった．

●第 2 章●標津川の蛇行復元の経緯

写真 2.3　自然復元試験地

写真 2.4　自然復元川づくり整備区間（サーモン橋から下流）

2.3 自然復元川づくりへの取り組み

標津川の自然復元川づくりで検討された方式は3つある(図2.7)．1つは，現在の直線河道と旧蛇行河道をともに利用する方式である．平常時の流量のほとんどを旧蛇行流路に流し，一部を直線河道維持(樹林化を防ぐ)のために流す方式である．2つ目は，旧蛇行河川を拡幅し，旧蛇行河川のみで平常時および洪水時の流量を流す方式(旧蛇行河川に切り替えられた直線河道は埋め戻す)であり，第1章で紹介した米国キシミー川や釧路川の蛇行河川再生と同様の方式である．3つ目は，現在の直線河道の低水路護岸を取り払い，直線河川が自ら蛇行を開始するのに任せる(もちろん監視しながら)方式である．この場合，蛇行発達に伴い一部区間，旧蛇行河道(河跡湖)と連結される可能

(1) 2 way 案
(平水時は主に旧川を流し，洪水時に旧川と本川の両方を流す)

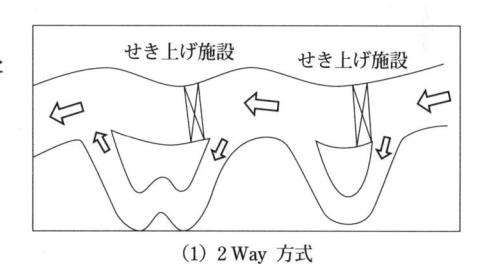

(1) 2 Way 方式

(2) 1 way 案
(本川は埋め戻し，旧川だけを流す)

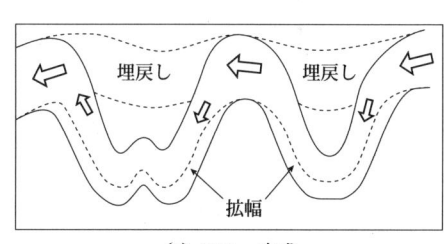

(2) 1 Way 方式

(3) 護岸はずし案
(護岸を取り払い，川自らの蛇行に任せる)

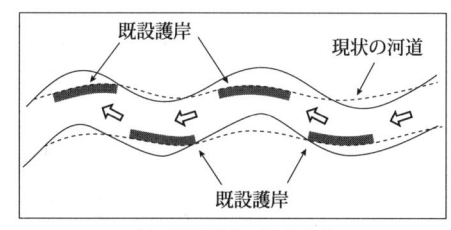

(3) 既設護岸の撤去方式

図2.7 3つの検討案

性はある．洪水時の流量については，すべての案で同様であり，河道内で流下できるように河積を確保する．

　以上の3案を，治水面や自然復元の目標との整合，施工による周辺影響などを考慮のうえ検討し，標津川における最適案を選定した．検討概要は下記のとおりである．

(1) 2way案(図2.8)は，通常時は分流堰により流水を蛇行河道に導くことで旧川の河道形状を利用した蛇行の流れが復元できるため，自然復元試験地で見られるような深場，浅場の形成が期待できる．一方，洪水時には今までと同様に直線河道に流すことができるため治水安全度が確保できる．また，旧蛇行河道は現在の直線河道との接続のための河床掘削が必要であるが，河岸はほぼ現況の形状で利用するため，改修以前に近い景観となり，施工による周辺環境への影響が少ないと判断される．

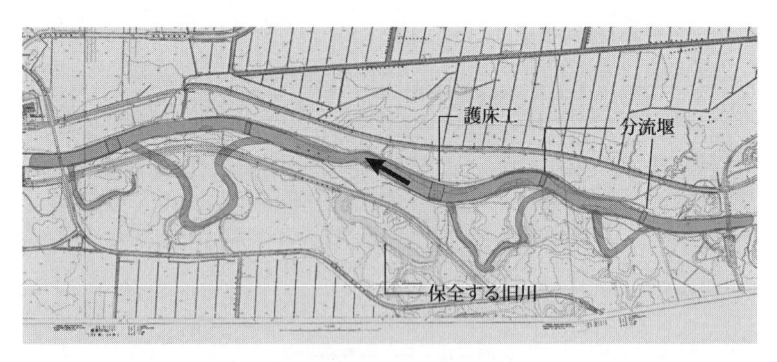

図2.8　2way案

(2) 1way案(図2.9)は，旧川を利用して蛇行を復元し，直線部である現在の河道を埋め戻す案である．検討の結果，流下能力確保の観点から現況低水路の1.5〜2倍(100〜150m程度)に拡幅しなければならない．このため，現在の周辺環境に与える影響が大きいことや，拡幅した河道に土砂がたまりやすくなり河道の維持が困難となると判断される．また，河道が大きく拡幅されるため目標である深場の形成が困難となることが予想される．

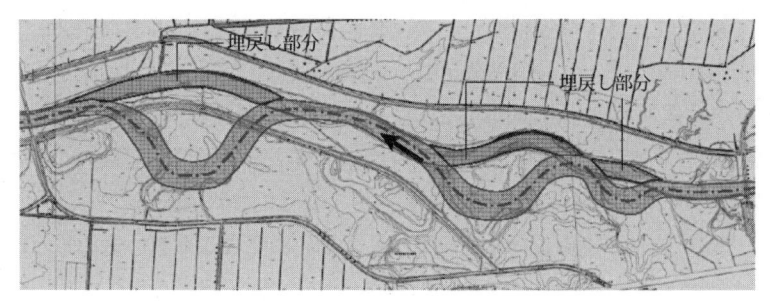

図 2.9　1 way 案

(3) 護岸はずし案(図 2.10)は，既設の護岸を撤去することで，自然の力で蛇行を復元する案である．しかし，標津川の右岸には標津町市街地があり右岸堤防防護のため，護岸を撤去することができるのは左岸側に限られる．現在得られている知見や予測手法により左岸の護岸のみを撤去した場合の将来予測を行ったところ，大きな蛇行の発達は見込めないと予測された．

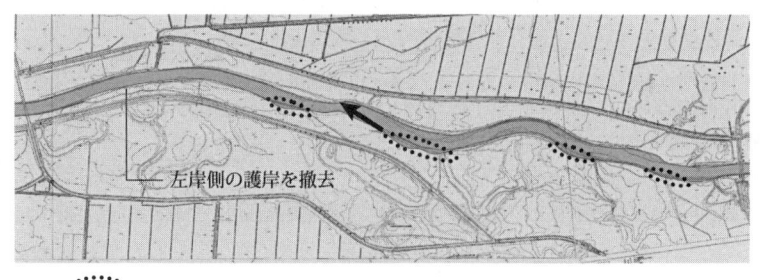

：部分的に侵食を受ける範囲

図 2.10　護岸はずし案

以上の検討により，標津川では(1) 2 way 案による蛇行の復元を最適案とした．

この検討結果は，2007(平成 19)年 6 月に策定した「標津川自然復元川づく

41

り計画」に「緩流域・深場の復元」や「浅場・水際域の復元」のための手段として盛り込まれた．またこの自然復元川づくり計画は翌 2008 年 7 月に策定された「標津川水系河川整備計画（指定河川）」にも反映された（図 2.11）．なお，河川整備計画では，「自然復元川づくりの実施にあたっては学識経験者から助言を得ながら，地域住民の意見を聴いたうえで具体的な対策を検討する」としており，蛇行復元の実施に向けては今後も議論を重ねながら進めることとなった．

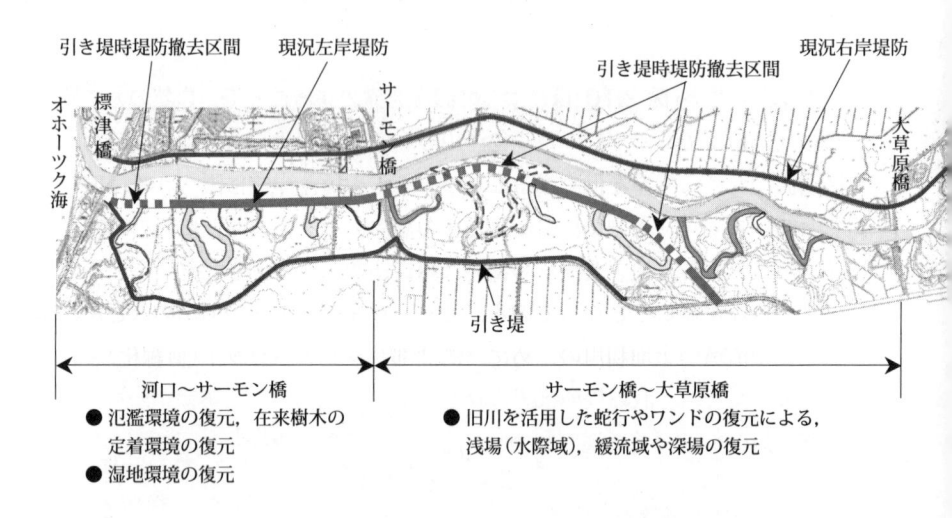

図 2.11 「自然復元川づくり」整備図（出典：「標津川水系河川整備計画（指定河川）」）

《引用文献》
1) 北海道開発局（2008）：標津川水系河川整備計画（指定河川）．
2) 標津川技術検討委員会（2007）：標津川自然復元川づくり計画．
3) 標津川流域懇談会（2003）：標津川流域懇談会提言．

第3章
蛇行河川の水理

3.1 蛇行河道と直線河道における流れと河床形状の相違点

　河川は本来，流域の地形特性や流れの特性により河岸を侵食するとともに土砂を堆積させて，自由に形を変化させて地形を造る．また，土砂のみならず栄養塩類なども下流へ運搬するため，河川を含む流域の自然環境は，河川に大きく依存することとなっている．しかしながら，現在の河川のほとんどは，治水や流域の土地利用のために，湾曲部がショートカット（直線化）されたり，河岸が侵食される場所は護岸などによって保護され，形状が大きく変化しない状況となっている．また，出水時に洪水流が氾濫していた場所は，堤防によって狭められたりしている．その結果，河川の姿ひいては河川環境は，近年大きく変化した．言い換えると，河川環境は，河道の平面形状によっても大きく影響を受けることとなる．この章では，河道の平面形状の違い，すなわち直線河道と蛇行河道における流れと河床形状に着目し，どのような違いがあるかを見ることとする．

3.1.1　流れの一般的な特性

　流れは，一般的に河床の勾配，河床の抵抗および河道の曲がりによって規定される．勾配が急であれば流速は速くなり，河床の抵抗が大きければ流速は遅くなる．この関係は，一般にマニングの式（経験式）として式(3.1)で表わされる．

$$u = \frac{1}{n} i^{1/2} h^{2/3} \tag{3.1}$$

ここで，u：流速[m/s]，i：水面勾配(河床勾配)，h：水深[m]，n：マニングの粗度係数[s/m$^{1/3}$]である．

また，水深は，流量が与えられている場合，流速が遅くなると大きくなり，速いと小さくなる．この関係は，連続の式として式(3.2)で表わされる．

$$Q = Au \tag{3.2}$$

ここで，Q：流量[m^3/s]，A：流水面積[m^2]であり河道が矩形の場合，川幅B[m]と水深h[m]の積で表わされる．

しかしながら，局所的な流れはその場その場の勾配や水深で決定されるわけではなく，周辺の状況にも影響を受けるため，必ずしも上記のように単純に変化はしない．たとえば，上流に流れを阻害するようなもの(構造物や巨石など)があった場合には，その背面では，流速が極端に小さくなったりする．

河道が曲がっている場合には，河道の湾曲に伴う遠心力が流水に作用するため，複雑な流れを生じさせる．この流れは「2次流」あるいは「らせん流」と呼ばれるものである．流れが曲がっている場合，流水には流速の2乗に比例した遠心力が曲がりの外側方向に働く．このため，流れは河道の横断方向外側に向かう流れとなり，外側の水位が上昇する．この水位の上昇は，重力の存在によりある限界を持っているため，外側に向かう流れは抑制されることになる．一方，流速は通常水深方向に異なっており，河床近傍の流速は，河床による抵抗のため，水面付近に比べ遅い．このため，湾曲部のある平面上の位置においては，河床近傍に働く力よりも水面付近の流れに働く力のほうが大きくなる．したがって，水面近傍の流れを外側に向かわせる力が底面近傍のそれに勝ることとなる．水面の上昇による抑制効果は相対的に遠心力の小さい底面近傍で働くことになる．以上より，水面近傍の流れが外側に，底面近傍の流れが内側に向かう流れとなって，横断面内で循環した流れ，2次流を形作る．これに縦断方向の流れが存在するため，らせん流が形成されることになる．図3.1に概念図を示した．

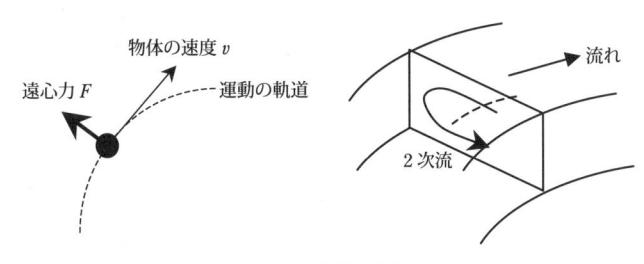

図 3.1　2 次流の概念図

3.1.2　土砂の移動

河川における土砂の移動には，大きく分けて 3 つのパターンが存在する．河床を転がったり跳躍したりしながら移動するものを「掃流砂」，河床から水中に巻き上げられ流れに乗ったあと河床に沈降することを繰り返すものを「浮遊砂」，1 度巻き上げられると流速がほぼ 0 になるような箇所でしか沈降しないものを「ウォッシュロード」と呼んでいる．このパターンの違いは土砂の水中での沈降速度の違いによって生じるが，粒径が大きいほど沈降速度が大きく，相対的に粒径の大きいものが掃流砂，小さいものが浮遊砂となって移動する．また，ウォッシュロードは非常に粒径の細かい土砂で一般にシルトや粘土といったもので構成されている．なお，流れの常時存在するような場所ではウォッシュロードとなるような土砂は存在しない．

このような土砂の移動は，流れと密接に関係している．流れは，河床から抵抗力を受けるが，その反作用として河床は流れから流下方向に力を受ける．この力が土砂を下流へ移動させる駆動力となる．河床形状がどのように変化するかを理解するためには，この土砂を移動させる力を理解する必要がある．一般に，土砂を下流へ移動させる力は，河床の単位面積当たりの力として表現され，「掃流力」と呼ばれるものである．掃流力が大きいほど土砂の移動を活発化させる．掃流力は，水深と水面勾配に比例するが，流速にも結び付けられ，流速が速いほど掃流力も大きくなる傾向がある．しかしながら土砂の移動については，土砂の粒径が大きいほど大きな掃流力を必要とするため，通常河床材料の粒径を含む量で無次元化された無次元掃流力 τ_* で議論される．無次元掃流力が大きいほど移動する土砂の量が多くなり，移動できる土砂の

粒径も大きくなる．無次元掃流力 τ_* は，式(3.3)で表現される．

$$\tau_* = \frac{hi}{sd} \tag{3.3}$$

ここで，h は水深，i は水面勾配，s は砂粒子の水中比重（一般に1.65），d は砂礫粒子の粒径である．河川の上流で平均的な河床を構成する砂礫の大きさが下流のそれよりも大きい理由として，上流では下流に比べ勾配が急であり掃流力も大きいことがあげられる．すなわち，勾配が大きい場合，河床に存在する砂礫が受ける掃流力が大きいため，小さい砂礫は，そこに留まることができない．

また，河床高の変化は，簡単に考えると，ある場所に上流から流入する土砂の量と下流に流出する土砂の量の差によって決定される．具体的には，ある箇所に上流から流入する土砂よりも下流に流出する土砂が多い場合には河床が洗掘（低下）され，逆の場合には堆積（上昇）する．言い換えれば，上流の掃流力と下流の掃流力の差によって河床高が変化することになるが，構造物などで強制的に土砂の移動が妨げられるような場合には，単純に上下流の掃流力差で議論することはできない．堰の下流など上流からの土砂供給が少ない場合は河床が低下し，ダム湖内など下流に土砂が多く流出しない場合は河床が上昇する．

3.1.3 河床形態

　河床の洗掘・堆積は，基本的に前項の無次元掃流力の変化で引き起こされるが，河床の不安定性からも河床は変化する．河床をまっ平らにならしてどこも同じ無次元掃流力になるようにすると，本来であれば河床は洗掘も堆積もしない．しかし，ある条件で水を流すとさまざまな模様の地形が形成される場合がある．川幅規模で形成される模様を「中規模河床波」とよび，水深規模の模様を「小規模河床波」と呼んでいる．ここでは，標津川の特徴である中規模河床波に限定して説明を行うこととする．

　中規模河床波は，川幅と水深の比（川幅水深比：川幅/水深）がある一定以上の値のときに形成される．中規模河床波の特徴として，流れを蛇行させるとともに，河床の洗掘・堆積を生じさせる．また形成される中規模河床波は，

3.1 蛇行河道と直線河道における流れと河床形状の相違点

川幅と水深の比が大きくなるに従って，単列砂州(交互砂州)から複列砂州さらには網状砂州へと変化する．図 3.2 に単列砂州と複列砂州の形状特性と流れの特性の模式図を示す．また，どのような水理量(水深や勾配など)でどのような砂州が形成されるのかを判別する砂州の領域区分について，図 3.3 に代表例として黒木・岸(1984)の図を示す．

洗掘部が河岸に存在する箇所では，流れの集中とも相まって河岸侵食が生じる．単列砂州が形成される場合は，この河岸侵食により砂州波長に応じた蛇行(1つの蛇行に 1組の砂州)が形成され，波状の蛇行が形成される．さらに蛇行が進行すると，1つの蛇行に 1組以上の砂州が形成され，蛇行形状も形が

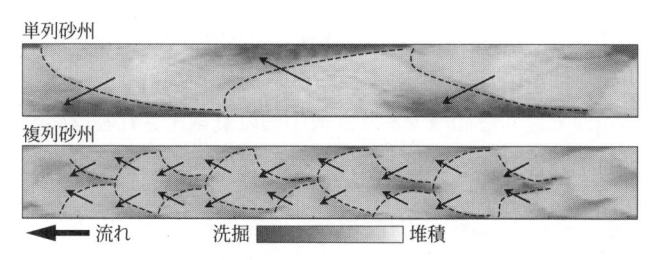

図 3.2 中規模河床形態の河床と流れの模式図

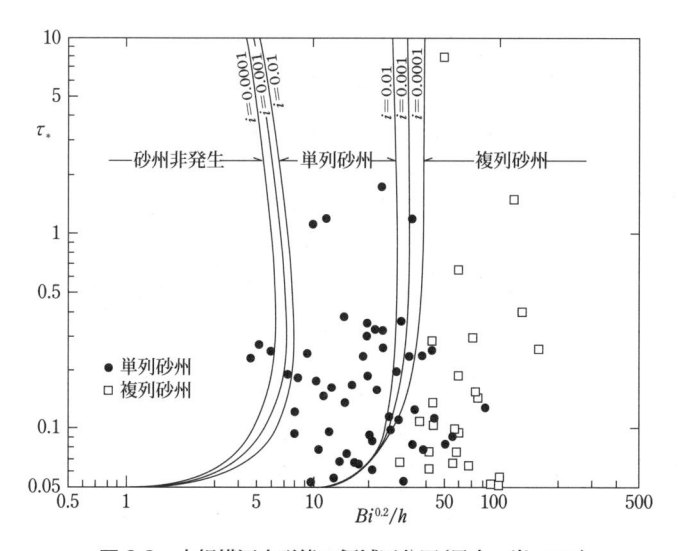

図 3.3 中規模河床形態の領域区分図(黒木・岸, 1984)

47

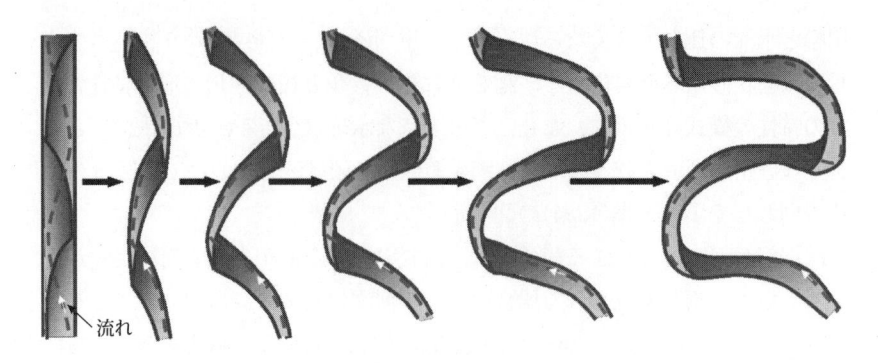

図3.4 単列砂州による直線河道から蛇行河道への変遷(木下，1961に一部加筆)

崩れ耳たぶのような形状になる．図3.4にその模式図を示す．なお，次節「3.2 標津川における過去と現在の河道の違い」において詳しく述べるが，標津川は単列砂州が発達する領域であり，人工的に直線化される以前の中流域では複雑な蛇行形状を呈していた．

3.1.4 瀬淵構造と中規模河床形態

　出水時に形成された中規模河床波は，平常時には瀬や淵となることや，出水時の砂州の破壊・形成が河床撹乱を生じさせることから，河川環境の観点からもその動態が極めて重要である．ここでは瀬淵構造と中規模河床形態の関係について，実際のデータおよび河川水理学の基礎的な知見から整理し，定量的な関係を見ることとする．河川生態学で扱われている瀬淵構造は平常時の流れの状態を表現し，河川工学で取り扱われている中規模河床形態は一般に洪水時に形成されるため，両者が扱っている流れの状態が大きく異なっている．このため，両者の関係を議論する場合には，このことに特に留意する必要がある．

　河川生態学の分野における瀬淵の分類は，一般に人間の視覚的な区分を採用しており，水深が相対的に深く流速が遅い波立たない場所を淵，水深が浅く流速が相対的に速く白波が立つ場所を早瀬，水深が比較的浅くしわのような波の存在する流速の速い淵から早瀬に移行する箇所を平瀬として区分している．この区分は視覚的な判断によるものであるが，水深と流速がおおよそ

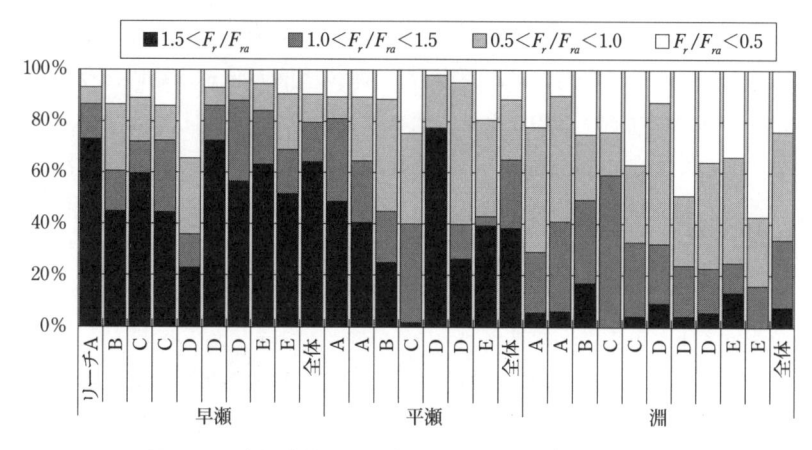

3.1 蛇行河道と直線河道における流れと河床形状の相違点

図 3.5 目視で判断された瀬淵区分とフルード数との関係

の指標として利用されている．このことを考慮し，野上・渡邊・長谷川(2002)は，ある区間の相対的なフルード数を用いて，人間の視覚によって区分された瀬淵との対応を確認している．その結果を用い，Watanabe et al.(2004)は，サクラマスの越冬場における瀬淵構造を明らかにすることを目的として，川幅10m程度の小河川において，視覚的に判断した瀬淵と物理量であるフルード数との比較を行っている．この比較は，視覚的な瀬淵の区分が相対的な流れの状況から行われていることに着目し，リーチスケール60～250mごとに区切って行われている．具体的には各調査区間をそれぞれ横断方向に4区分，縦断方向に2～5m間隔で区切った領域において，それぞれのフルード数 F_r を各リーチの平均フルード数 F_{ra} で基準化した値 F_r/F_{ra} を用いている．なおリーチはA～Eの5区間であるが，各リーチに複数の瀬淵が存在していた．その結果の一例を図 3.5 に示すが，早瀬で $F_r/F_{ra}>1.5$，平瀬で $1.5>F_r/F_{ra}>0.5$，淵で $1.0>F_r/F_{ra}$ の領域が多くなっていることがわかる．このように，目視による瀬淵構造の区分が，ある程度定量的に評価できることが示されている．

3.1.5 直線河道と蛇行河道の違い

ある地点から別の地点へと水が流れる場合，曲がって(蛇行させて)流れる

より直線で流れるほうが流下距離は短くなる．このため，任意の2地点を直線水路と蛇行水路で同時に結んだ場合，水面の勾配は直線水路のほうが蛇行水路よりも急になる．このことは，流れの特性の項で説明したように，同じ流量が流れた場合，水路幅が同じであれば，直線水路のほうが水深は浅く流速は速い．模式的に適当な値を入れて試算した一例を図3.6に示す（図3.6の表中の水深および流速については，蛇行河川の値を1とした場合の比を示している）．また，水深が浅くなり水位が下がると，河川周辺の地下水位も影響を受けて下がることとなる．

このように流れが直線河道と蛇行河道とでは，同じ流量が流れた場合でも大きく異なる．この結果，「3.1.2 土砂の移動」のところで述べたように，河床に存在する砂礫の大きさも異なることになる．また，川幅と水深の比も異なることから，河床形態も異なる場合がある．

さらに，河道が湾曲していると，「3.1.3 河床形態」に述べたように，外側への流れの集中によって河岸が侵食を受けることになるが，そのほかにも河床に特徴的な形状をもたらす．「3.1.1 流れの一般的な特性」の項で述べたように，遠心力の作用により2次流が生じ，河床近傍の流れは外側から内側に向かって流れることとなる．このため，河床の土砂は流れによって外側から内側に運ばれることとなり，外側の河床が洗掘を受け内側の河床が上昇する．中規模河床波が形成されない条件でも湾曲河道の内岸側に寄州と呼ばれる堆積地形が形成されるが，この要因が2次流によるものである．これを模式的に表したものが図3.7である．

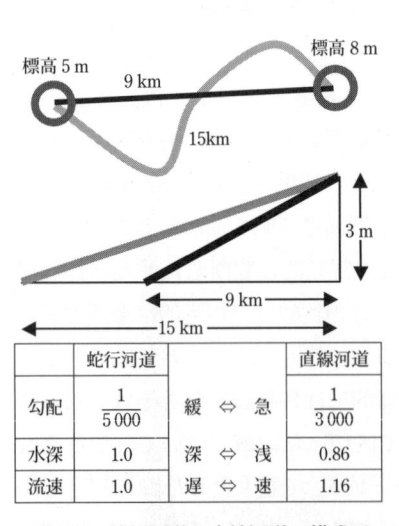

	蛇行河道			直線河道
勾配	$\dfrac{1}{5\,000}$	緩 ⇔ 急		$\dfrac{1}{3\,000}$
水深	1.0	深 ⇔ 浅		0.86
流速	1.0	遅 ⇔ 速		1.16

図3.6　蛇行河道と直線河道の模式図

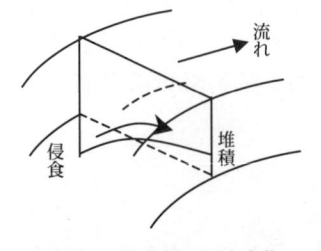

図3.7　湾曲部の河床変化

3.2 標津川における過去と現在の河道の違い

3.2.1 標津川河道変遷の概要（標津川水系河川整備基本方針参考資料, 2007）

標津川の改修は，北海道の開拓を目的に1932(昭和7)年に始まったが，部分的な改修にとどまっていた．このため，戦前までの標津川は図3.8に示されるように，蛇行した原始河川に近い状態であり下流域には大規模な湿原が広がっていた．

戦後すぐに，流域が国営開拓適地として下流部(河口より0.6～2.2 km)の直線化が行われ，その後上流でも，1980(昭和55)年ごろまで直線化が行われてきた．なお，その間大規模な草地開発事業が行われ，広大な湿地が草地に変貌し，図3.9に見られる現在の河道へと変化した．

3.2.2 標津川における河道状況の変化

長谷川(2001)は，標津川における河道状況の変化を把握するため，過去5回

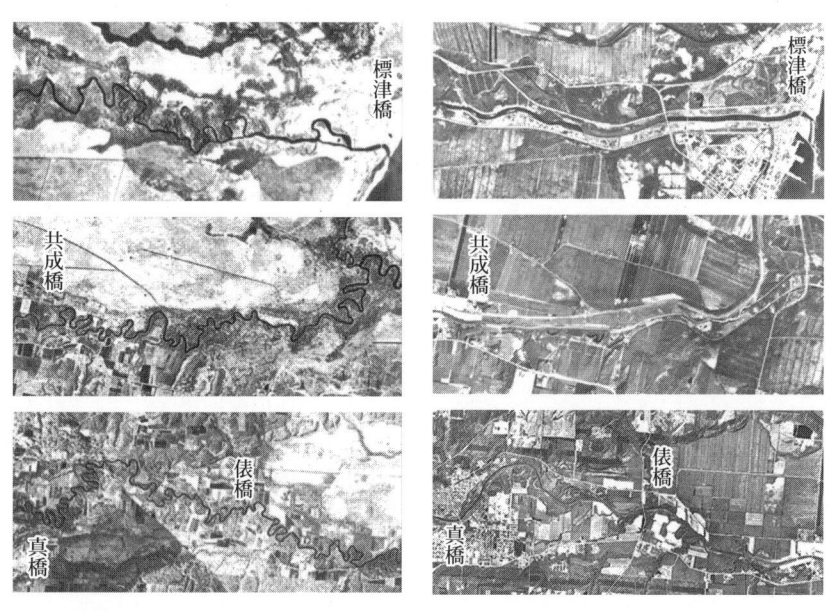

図3.8 昭和22・27年の標津川　　図3.9 平成7年の標津川

(1947〜1952年,1965年,1978年,1985年,1995年)撮影されている空中写真を用いて,河口から10.2 km上流の地点までの半蛇行数と捷水路数を確認している.その結果が表3.1である.前項のとおり改修工事が1932(昭和7)年から開始され,戦後すぐに最初の河道の直線化のための捷水路工事が行われている.また,1965年から1978年にかけては多数の捷水路工事が実施されている.

図3.10は,河道の直線化が実施される前と2000(平成12)年における河口から武佐川の合流点までの平均河床高の縦断図である.蛇行河道の捷水路工事による直線化に伴い,河道延長も約18 kmであったものが約10 kmと半分程度になっている.河道の直線化は,同じ標高の地点を最短で結ぶこととなるため,同区間の平均河床勾配も大きく変化し1/1 930から1/1 230へと変化

表3.1 河口から上流10.2 kmまでの半蛇行数と捷水路数の変遷

空中写真撮影年	半蛇行数	捷水路数
1947〜52年	90	7
1965年	59	15
1978年	21	31
1985年	22	31
1995年	18	32

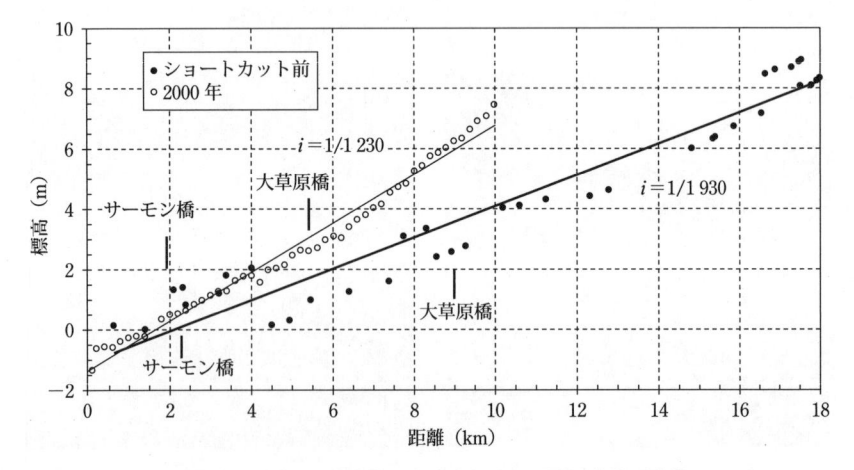

図3.10 河口から武佐川合流点までの平均河床高の変化

している.

　かつて蛇行していた標津川の河道状況は空中写真でしか知ることができず，河床の形状などは詳しく知ることができない．しかし，これまで述べてきたように，現在よりも平均流速が遅く，蛇行に伴い河床の起伏が大きかったことが想定される．また，勾配が急になったことにより河床が侵食されて低下し，同時に河川水位，地下水位も低下したことにより，湿原から畑作が可能な土地へと変化した．

3.2.3　標津川における直線河道と蛇行河道の形状の違い

　蛇行河道と直線河道の違いについて，標津川のデータを用いて具体的に比較を行う．過去に蛇行していた河道の横断形状を直接計測したものは存在しないことから，比較的当時の形状を保っていると思われる旧川 H および J の蛇行部における横断形状と，その直近の直線河道である現況河道の横断形状とを比較したものが図 3.11（標津川技術検討委員会，2004）である．各断面の水深は，流量として平水位になる 20 m^3/s を与えて，不等流計算により算出している．旧川では，大きく蛇行していることから，「3.1.5 直線河道と蛇行河道の違い」で述べたように湾曲外側の河床が大きく洗掘され，内岸に向かって傾斜した河床を形成している．一方，ほぼ直線河道である現況の河道は，外岸部の洗掘は見られるもののその程度は小さくほぼ平坦な河床形状となっている．このように，蛇行の程度が大きかったかつての標津川は，場所による水深の変化が極めて大きかったものと推察される．

　直線河道と蛇行河道における流況の違いを議論する前に，流況および流況に大きく影響を与える河道の状況とを比較することにする．水深，川幅，流速および川幅水深比の縦断的な違いを見たものが図 3.12（標津川技術検討委員会，2004）である．比較の範囲は旧川 D（下流）から旧川 H（上流）までの約 5 km の区間である．なお，各水深および流速は，図 3.11 と同様の条件で不等流計算を行い，断面平均値を算出したものである．また，現況河道は蛇行河道に比べて距離が短いため，旧河道の位置に合わせて点線で引き伸ばしている．縦断的に見た場合でも，現況河道の流速および水深は変化が乏しいことが示されている．直線河道の水深が小さくなっている理由としては，勾配が

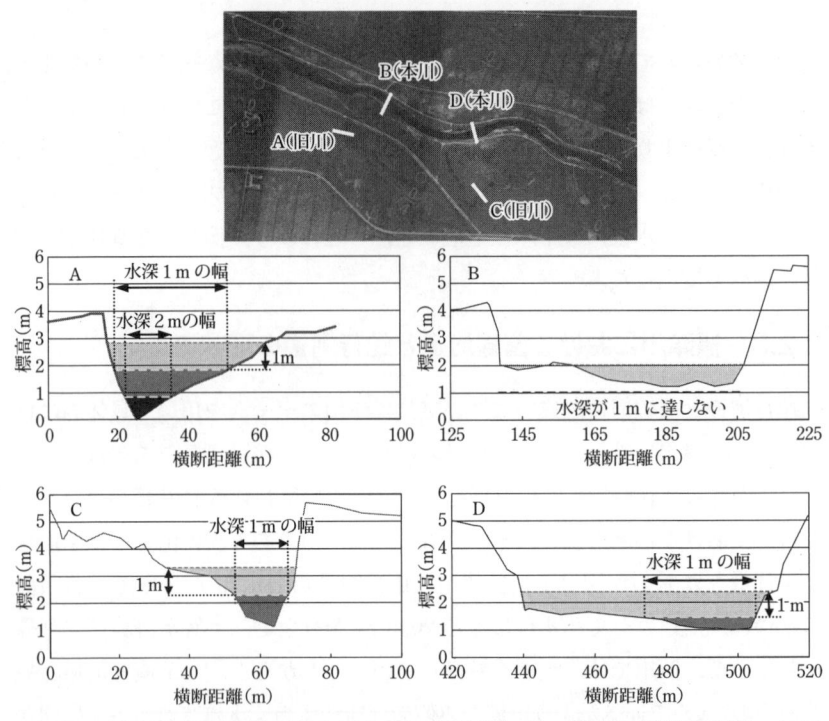

図 3.11 直線河道(現況河道)と蛇行河道(旧川)の横断形状の違い(標津川技術検討委員会, 2004)

旧河道に比べて急になったことによるほか，河道改修による川幅の拡幅による影響も含まれている．平水位時の値であり直接河床形態の判断とはならないが，直線河道と蛇行河道では川幅水深比に 2 倍ほどの違いがあり，砂州の形態も大きく異なることが想定される．

　また，蛇行河道と直線河道では，河床勾配および水深が大きく異なることから，土砂の移動を支配する掃流力も大きく異なる．このため，河床に存在する砂礫の大きさも，蛇行河道に比べ粗粒化する．標津川の下流域(河口から約 10 km まで)においては，蛇行河道では粒径が 1 mm 以下であったものが直線河道では数 mm から 10 mm 程度まで大きくなっている．このように，勾配や粒径が大きく変化したため，河道形態もその属性が大きく変化したと考えられる．図 3.13 は，河床材料の粒径と勾配をパラメータにとって河川の特性を示す河道形態を区分したものである(標津川技術検討委員会, 2004)．図

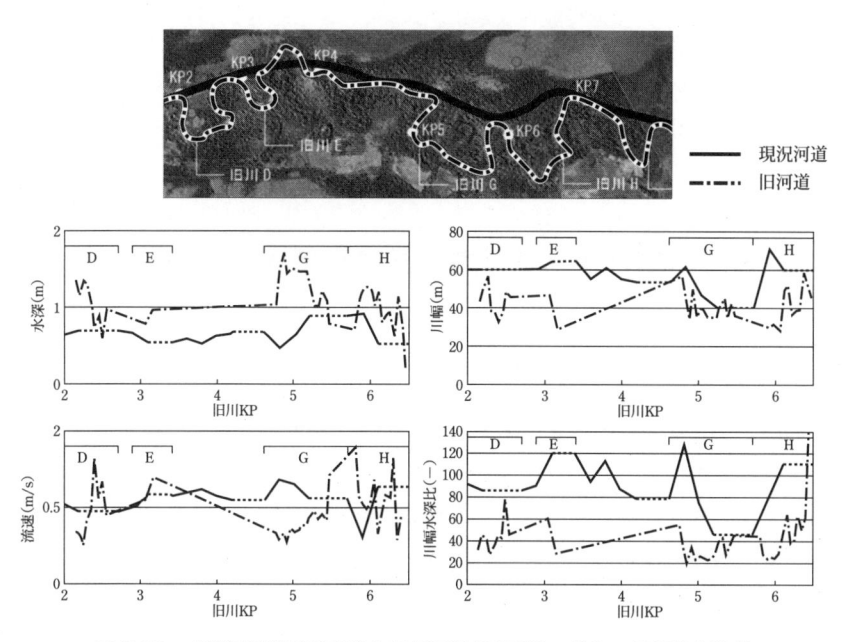

3.2 標津川における過去と現在の河道の違い

図 3.12 直線河道(現況河道)と蛇行河道(旧河道)の流れの縦断分布比較

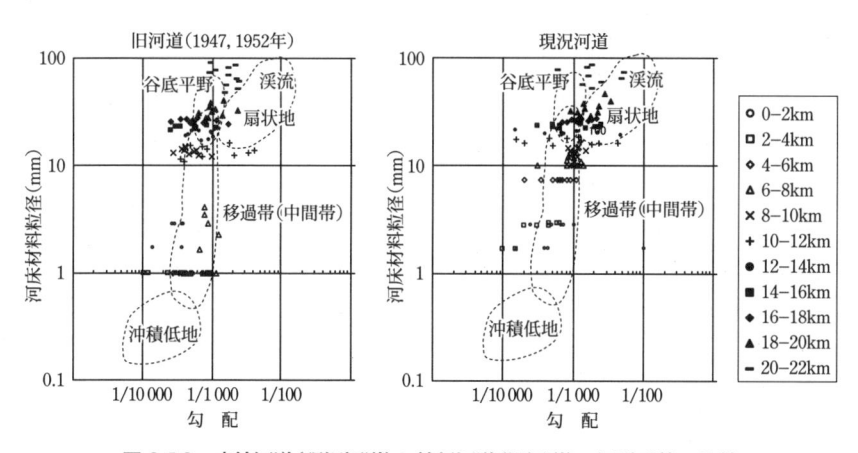

図 3.13 直線河道(現況河道)と蛇行河道(旧河道)の河道形態の比較

には，一般的な河道形態がどのような位置にプロットされるかについても記してある．標津川下流部において，直線化される前の河道形態が直線化されることによって変化していることがわかる．特に，この節で述べた河口から

上流2〜7kmまでの区間では，同じ移過帯(中間帯)ではあるものの，かつて沖積低地に近い形態であったものが谷底平野・扇状地に近い形態に移行している．このように，蛇行河川の直線化は，河川の特性そのものを変化させたと考えられる．

3.3 標津川蛇行復元試験地における2way方式の試み

　標津川試験地の蛇行復元は，今ある直線河道を残して途中から昔の蛇行河道に枝分かれさせる，いわゆる「2way方式」によって行われることになった．その際，小さな流れのときに確実に蛇行河道に水が流れるようにし，大水のときには直線河道でも十分な流れを確保して洪水氾濫が起こらないようにすることが大きな課題になった．このため，直線・蛇行河道の分岐部直線河道側に低い分流堰を設け，流れの自動調節を図ることにした．しかし，このような蛇行復元計画は世界的にもめずらしいものであり，参考になる事例がほとんど見つからなかった．こうした事情のため，実際に進めるうえで以下のような技術的によくわからないことがいろいろと出てきた．

(1) 設置する分流堰は上げ下げのできない固定堰であり，直線河道と蛇行河道に分かれる流量は人手を介さずに配分される．この配分割合はどのように決まるのであろうか．上流の流量がさまざまに変わるとき，配分割合はどう変化するのであろうか．

(2) また配分された流れに従って流砂量(時間当たりに流される土砂の量)も配分されることになる．直線河道と蛇行河道に分かれる流砂量の割合はどのように決まるのであろうか．上流の流量がさまざまに変わるとき，この配分割合はどう変化するのであろうか．

(3) 河道の分かれ目のところで土砂が堆積してどちらかの河道が閉塞したり，逆に河道が侵食されたりすることがないか．

(4) 同じく，直線・蛇行河道の合流部において土砂が堆積しどちらかの河道が閉塞したり，逆に河道が侵食されたりすることがないか．

(5) 蛇行河道において水生生物が好む流れを実現するとともに，直線河道において植生が入り込み洪水流下の妨げになることを防ぐためには，堰の高

さをどのくらいに決めればよいのか.

このような問題の解答を見つけるために，堰を伴う分岐河道の流量配分と流砂量配分，および河道の侵食・堆積の仕組みを明らかにする必要があった．以下に検討結果を説明する．

3.3.1 2 way 河道における流量配分の仕組み

（1）堰が完全越流の場合における流量配分

小流量時に蛇行河道を流れ，大流量時に直線・蛇行の両河道を流れるようにするためには分岐部に分流堰を設ける必要がある．その場合，流れの状態はかなり複雑になり，堰の高さや上流流量が変わったときに直線河道・蛇行河道における流量の配分がどのようになるかは簡単に予測できない．このため，水理学の知識を用いて理論的な検討を行い，あわせて模型実験や現地試験の結果と比較して予測ができるようにした．

1）分流の仕組み

水の流れの勢いを表す指標の1つは1秒間に流れる水の量（流量）であり，もう1つは流れの速さ（流速）である．水理学では，流量×流速×水の密度を運動量と呼んで流れの勢いを代表させている．この量を持ち込むと便利なのは，「川のある短い区間を考えて上流側の運動量と下流側の運動量の違い（差）を測ると，その差がちょうどその区間の水に働くさまざまな力の合計に等しくなる」という運動量の法則を使うことができるようになることである．区間に働く力は主に水の圧力であり，この圧力は水深の2乗に比例する．

さて，今問題にしている直線河道に蛇行河道を接続した2 way 河道を図3.14のように表すことにしよう．直線河道の上流から流れてくる水の一部は分岐部で蛇行河道に入り込み，残りは直線河道を流れ続け合流部に向かう．図には，その分かれ目の線（分離流線）が細い破線で描かれている．図の太い破線は運動量の変化を考えた区間であり，分離流線によってさらに①，②のように分けられている．堰は直線河道の分岐部下流側のところに設けられており，実線で示されている．全体で流れている流量のうちどれだけの量が蛇行河道に入るかを，区間①，②に運動量の法則を適用して解くことにした．ただし，堰を越える流れには，堰下流の水位が低く落下する越流水脈が明瞭

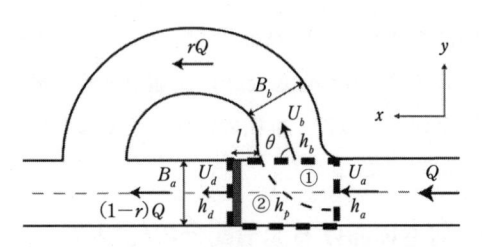

図 3.14　2 way 河道の概要と記号定義

に見える完全越流タイプの流れと，堰下流の水位が高く越流水脈が隠れて明瞭に見えなくなる不完全越流の流れとがある．はじめに比較的扱いの容易な完全越流の場合を考え，後に不完全越流の場合を扱った．これらを表現する式の全体はかなり複雑であるため，詳細はほかの報告書（長谷川ら，2008）に譲り，ここでは分流のおおよその仕組みを説明する．

　分離流線によって分けられた直線河道側の流れは，堰のところで流量に応じた水深 h_d を取ることになる．この水深は分離流線近くの水深 h_p に影響し，直線河道の流量が増えて h_d が大きくなると h_p も増加する．水深 h_p の増加は蛇行河道側に向かう圧力を大きくし，結果として蛇行河道に出ていく流量を増やし直線河道の流量を減らすことになる．このようにしてちょうどバランスの取れた配分流量が決まる．流量配分に影響をおよぼす要因は，堰の高さ Δ と上流水深 h_a の比，分岐にさしかかる上流の全流量 Q，そのときの流れのフルード数（流れの状態を表す指標の 1 つで，$U/\sqrt{gh}$ にて求められる．$U=$平均流速，$g=$重力加速度，$h=$平均水深）などである．

2) 完全越流時における解析の結果

【流量配分比 r と堰高水深比 Δ/h_a の関係】

　堰の高さによって流量配分比がどのように変化するのかを見るために，縦軸に全流量に対する蛇行河道を流れる流量の比 r，横軸に堰の高さ Δ と分岐直前水深 h_a の比をとり，分岐直前の流れのフルード数 F_a をパラメータにとって両者の関係を描くと図 3.15 となる．図から Δ/h_a の増加に伴って配分比 r が増加し，やがて 1 に近づくことがわかる．これは，堰高が分岐直前水深よりもある程度高ければ堰を越流する流量が小さくなり，主として蛇行河道を流れることを意味していて実際に生じる結果に一致する．また，堰高が低

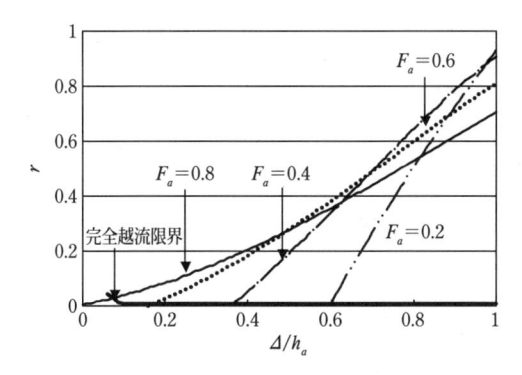

図3.15 完全越流時の堰高水深比と流量配分比の関係

くなると流れの多くが堰を越流し，蛇行河道を流れる割合が減少することを示している．一方，流量配分比に対するフルード数の影響は，Δ/h_a が小さい領域で大きく，Δ/h_a が大きい領域で小さくなっていることがわかる．フルード数が大きい場合には堰が低くても蛇行河道側に水が流れ，逆に堰がある程度の高さを持っていてもその流量配分比はあまり大きくならないものと予想される．堰高の影響はフルード数の小さいときに大きく，フルード数の大きいときに小さくなるものといえる．

前述のように，この理論は堰において完全越流が生じる場合を考えており，図中に理論の成立限界を示す曲線を併記してある．この線との交点よりも Δ/h_a の小さい領域では完全越流は起こらず，このような領域では不完全越流を考慮した理論が必要となる．

【流量配分比 r と全流量 Q の関係】

流量以外の条件を固定し，ある流量が流れた場合の流量配分比を計算により求め，図示したものが図3.16である．意外なことに，流量が増えるに伴って流量配分比が減少する結果になっている．これは流量が大きい場合 h_a が大きくなり，結果として Δ/h_a が小さくなって配分比が小さくなるためであり，図3.15から得られる知見と一致している．

3) 現地通水試験結果との照合

2002(平成14)年3月から標津川試験地において通水試験が行われた．直線河道の分岐部下流に落差1mの透過性(流れの一部が堤体を通過することの

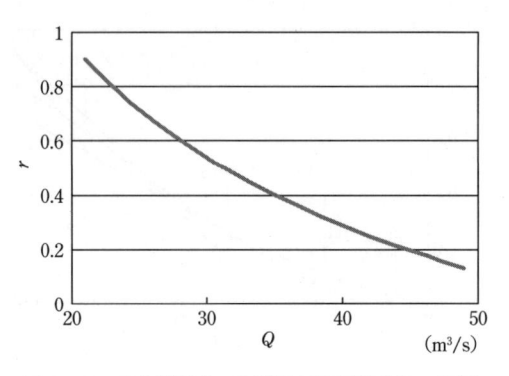

図 3.16　完全越流時の全流量と流量配分比の関係

できる）堰が設置されている．現地通水試験では蛇行河道側に十分な量の水が流れ，懸念された蛇行河道流入部の閉塞は起こりそうにない状況であった．現地で得られた分岐前直線河道と蛇行河道における流量を表 3.2 に示す．これらの観測値を理論と比較したものが図 3.17 であり，4 月 19 日観測データ（フルード数 F_a ＝0.35）が理論とよく一致している．一方，3 月 19 日観測データ

表 3.2　通水試験観測結果

調査月日	流量 m³/s		配分比
	分岐前河道	蛇行河道	
3 月 19 日	6.98	6.90	0.99
4 月 19 日	44.22	26.10	0.59

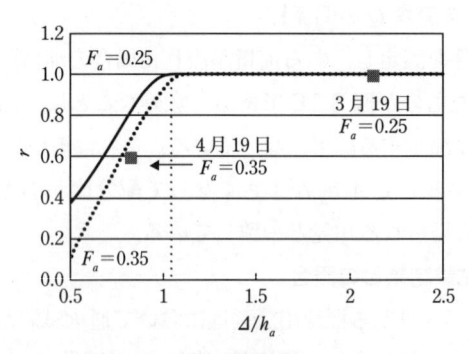

図 3.17　通水試験結果との照合

(フルード数 $F_a=0.25$) については Δ/h_a が 2 以上と非常に大きく,流れが堰を越えない状態にあった.理論上もこの領域では $r=1$ となり,実際の値と合致している.

(2) 堰が不完全越流の場合の流量配分

堰の越流状態が不完全越流である場合にも分流の仕組みは完全越流時と基本的に同じであり,用いる堰の越流公式が異なるのみである.しかし,表現式の全体はさらに複雑であり,ここでは流量配分比に関する理論解の結果のみを示す.また,模型実験の結果と比較して理論の成立性を確認する.

1) 不完全越流時における解析の結果

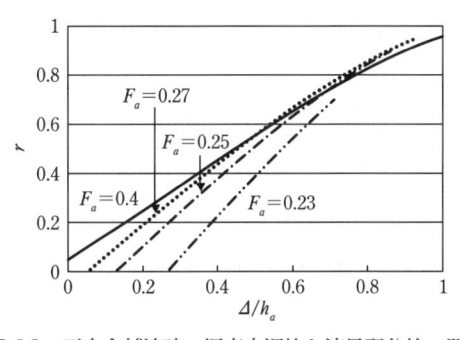

図 3.18 は,縦軸に流量配分比 r,横軸に堰高と分岐直前水深の比 Δ/h_a をとり,分岐直前のフルード数 F_a をパラメータとして描いたグラフである.堰が不完全越流状態にある場合にも,堰高の増加に伴い流量配分比 r が増加する.しかし,不完全越流条件による r-Δ/h_a 曲線は,ある程度 r が大きくなると $r=1$ に達することなく途切れてしまい,完全越流の場合と異なっている.これは,r の増加によって直線河道流量が減少し,曲線の途切れた部分で完全越流に移行するためである.また,r-Δ/h_a 曲線はフルード数の増加に伴って減少を示すが,曲線の勾配が大きく変化することはない.このことから,不完全越流状態において堰高が流量配分比に及ぼす影響は,フルード数が異なっても大きく変化することはないものと判断される.さらに,図 3.15 と図 3.18 を比較すると,同一フルード数,同一 Δ/h_a に対して完全越流の解

図 3.18 不完全越流時の堰高水深比と流量配分比の関係

と不完全越流の解のいずれもが存在しうることがわかる．このことから流れには二価性があり，一度不完全越流が生ずると，その後流量が減少して完全越流が生じる条件となっても不完全状態を維持し続ける場合が起こる．完全越流が生じるためには水脈の裏側にも空気が入り込む必要があり，その状態がすぐに生じない場合に不完全越流が続くことになる．

完全越流状態の$r-\Delta/h_a$の曲線と不完全越流状態の曲線は大きく異なるため，理論より導かれた結果を使用するにあたっては，堰での流れ状態に注意する必要がある．

2）模型実験結果との比較

現地形状を 1/125 スケールに縮小した模型を製作し，いろいろな流れのもとで流量配分比を測定した．模型には分岐部下流に高さ 6 mm の刃型堰を設置し，勾配 1/800，砂を流さない条件で行われた．

図 3.19 は，流量配分比の実験結果を理論値と比較したものであり，実験値に対応するフルード数を用いて$r-\Delta/h_a$曲線を描き実測値をプロットしている．図中の一点鎖線は完全越流条件に，実線および破線は不完全越流条件にそれぞれ従った理論曲線であり，○は観測値が完全越流条件を満たしていることを，●は満たしていないことを示している．本実験の結果，RUN1 は完全越流を仮定した理論値に，RUN2，RUN3 については不完全越流を仮定した理論値にそれぞれよく一致し，図 3.18 に示した理論の正しいことが明らかになった．

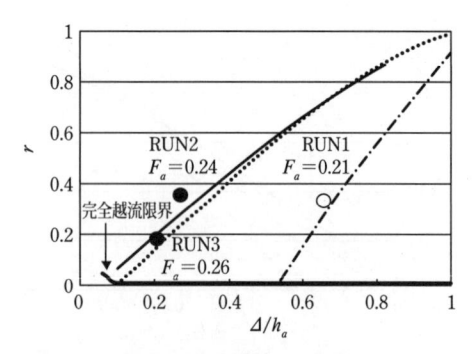

図 3.19 実験値との比較

3.3.2 分岐部流砂量配分と川底変化予測

分岐部流砂量を推定する川合 (1991) の方法を試験地に適用し，流量配分に対応する流砂量の特徴を明らかにした．また，推定した流砂量の出入りの差から分岐部の川底変化の予測を試みた．その際，モデルの成立にとって重要な分岐部の流速分布について，理論値と現地計測値との比較を行った．

図 3.20 は，2003 年 5 月 27 日から 28 日にかけて行われた分岐部の現地流速計測の結果を示すものである．流量およそ 15 m^3/s，流量配分比 0.8 程度であった．蛇行河道の入り口では，左岸側流速が大きく右岸側が小さくなっている．

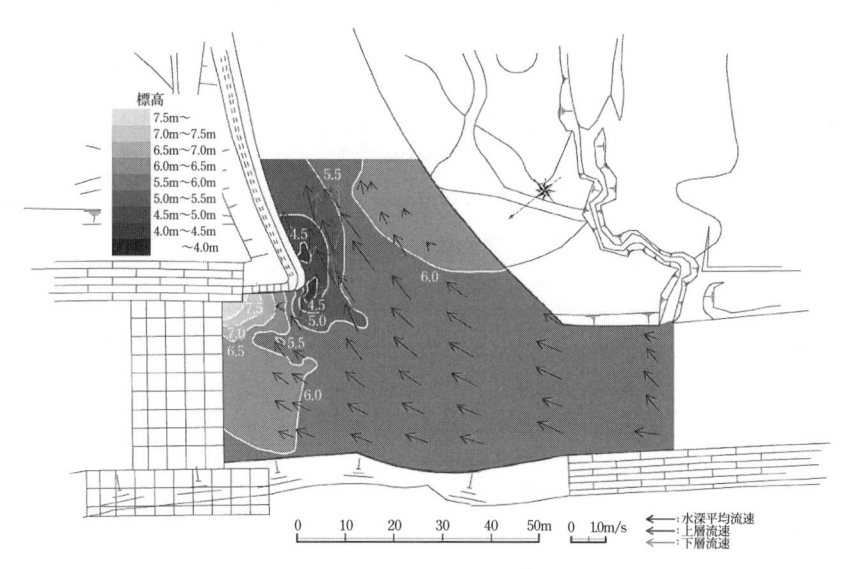

図 3.20　分岐部流速計測結果 (流量 15 m^3/s 流量配分比 0.8)

(1) 分岐部のポテンシャル流モデル

枝分かれした川の流れを理論的に解くのは一般にかなり難しい．川合 (1991) は，分岐部周辺の平均的な流れ (上層の流れ) がポテンシャル流れに近いものと考えて解析解を出している．ポテンシャル流れは水が持つ粘性や渦を考えずに導いた仮想のモデル流れであるが，解析的に解くのに便利であり境界が滑らかな場所などでは比較的よく実際の流れを表す．しかし，分岐部

に用いる場合にはあらかじめ流量配分を与える必要があり，これには前節の結果を用いた．図3.21は，現地形状を単純化し流量配分を与えて解いたポテンシャル流の解（流速ベクトル分布）と現地における実測結果を比較したものである．直線河道の上流などで不一致があるが，分岐部では比較的よく合っている．不一致の原因は，現地の該当箇所において砂州が発達しており流れが部分的に偏っていたためである．

ところで，運ばれる土砂の量を求めるには川底近くの流速ベクトルを知る

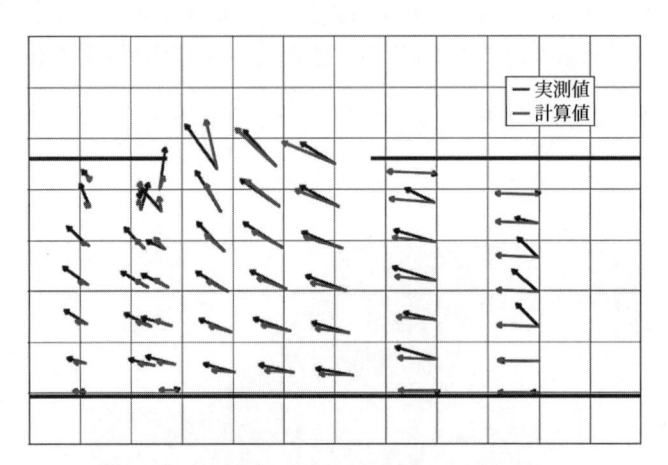

図3.21 分岐部のポテンシャル流解と実測値の比較

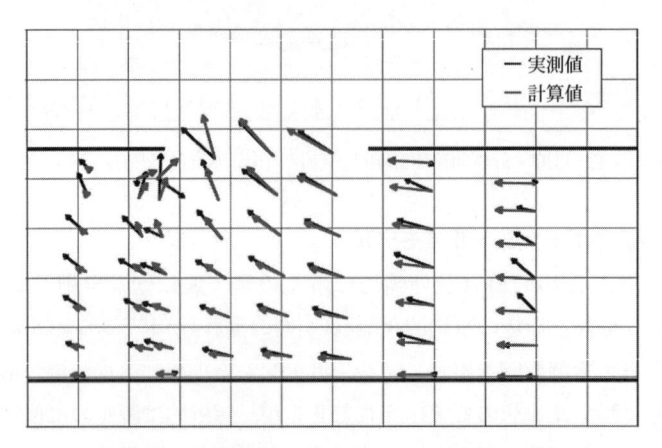

図3.22 下層の理論流速ベクトルと実測値の比較

必要がある．通常，下層の流れは，上層の流れよりもらせん流の効果のために分岐水路側に曲げられる性質を持っている．ポテンシャル流の流線曲率かららせん流の効果を見積もり，下層における流線ベクトルの補正を行った．図 3.22 は補正後の下層流速ベクトルと実測値の比較を示したものであり，直線河道上流での不一致を除けば両者はよく一致している．

(2) 分岐部における流砂量配分

川底の土砂を流す力は河床せん断力と呼ばれており，川底近くの流速の2乗に比例する値として求められる．運ばれる土砂の量(流砂量)を求める公式はいろいろ提案されており，河床せん断力から計算することができる．その際，直線河道方向と蛇行河道方向のそれぞれについて求める．上流の流量条件をさまざまに変えると流量配分も変化し，それぞれについて図 3.21，図 3.22 のような流速ベクトルを計算することができるので，流量変化に対応する直線河道方向と蛇行河道方向の流砂量変化を知ることができる．いま分岐部の川底の侵食・堆積変化を見るために，図 3.23 に示すような断面①，②，③における流砂量 Q_{bx1}，Q_{bx2}，Q_{by} を取り上げる．図 3.24 は，横軸に分岐部上流の流量，縦軸に流砂量を取り，Q_{bx1}，Q_{bx2}，Q_{by} の計算値をそれぞれ示したものである．

Q_{bx1} は流量の増加とともに大きく増加している．これは当然の結果であり，全流量が増加した場合，断面①を通過する流量がその分だけ増加し掃流力が大きくなる結果である．これに対し，Q_{by} は，ほかの2曲線よりも早く増加するがすぐにピークに達し，それ以降はほとんど変化しない．これは断面②

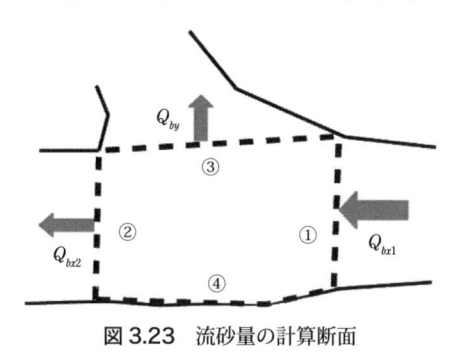

図 3.23 流砂量の計算断面

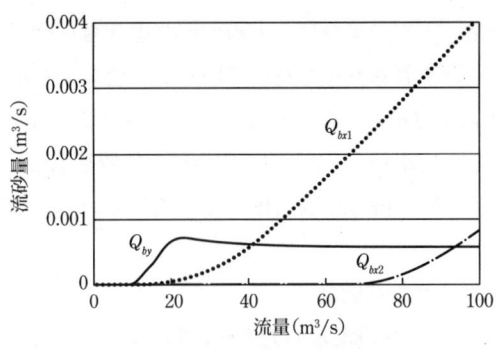

図 3.24　上流流量変化に対する各断面流砂量の変化

を通過する流量の性質に起因している．前節で見たように，全流量が増加した場合同時に流量配分比が減少していく．このため，全流量がある程度大きくなると流量増加と配分比減少がバランスをもたらし，以降蛇行河道に流れ込む流量がほぼ一定となる．それゆえ断面②を通過する流砂量もほとんど変化しないことになる．Q_{bx2} は，分岐の残りの流量によって発生するのでなかなか限界掃流力を超えられず，全流量が $70~\mathrm{m^3/s}$ 程に達してからようやく増加し始める．

(3) 分岐部における平均川底の侵食・堆積予測

　ある流量が1日続いた場合を考え，その結果生じる川底の侵食・堆積変化について検討した．図 3.23 の①から④までの断面で囲まれた分岐部を取り上げると，その川底の平均高さは，①より入ってくる流砂量から②および③より出ていく流砂量を引いて1日の時間を掛け，分岐部の面積で割り算することによって求められる．このようにして求めた川底の変化を，分岐上流流量(全流量)を変えて見たのが図 3.25 である．この図から，全流量が少ない場合には川底が変化しないかあるいは侵食が生じ，全流量が大きい場合には堆積が生ずることが予想される．これは一見常識に反する結果に思われるが，図 3.24 からその理由がわかる．図では $Q = 10~\mathrm{m^3/s}$ から $40~\mathrm{m^3/s}$ の間で Q_{by} が Q_{bx1} より大きな値を取っており，そのため分岐部から出ていく流砂量が上回って侵食が起こる．しかし，Q が $40~\mathrm{m^3/s}$ 以上になると Q_{bx1} が Q_{by} と Q_{bx2}

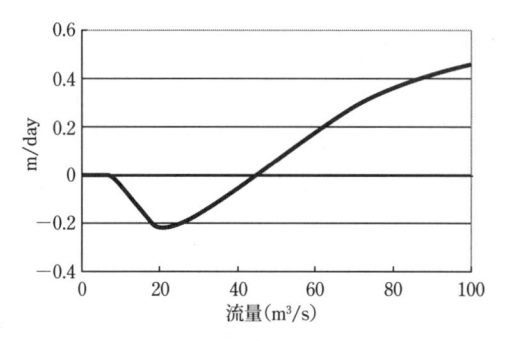

図 3.25 上流流量変化に対する分岐部川底の日変化

の合計より大きくなり，入ってくる流砂量が上回って堆積が起こることになる．すなわち，小流量の場合は流量配分比が大きく流れが主に蛇行河道に流れ込む．そのため断面③より流出する流砂量が大きくなり，全体として侵食に傾く．逆に，全流量が大きい場合には流量配分比が小さくなり，蛇行河道に流れ込む流量が大きく変化しなくなる．そのため，全流量が増えて断面①から分岐部に運び込まれる流砂量が大きく増加する場合であっても蛇行河道へ出ていく流砂量がそれほど変化しない状態が生まれる．また，分岐下流の断面②における流砂量は，断面①より流入する量に比べてかなり小さく抑えられる．これらにより，全流量が増えると堆積が生ずることになる．

分岐部川底地形の正確な測量結果は得られていないが，以上の結果は試験地通水開始後の7年間における出水経過の中でおおむね正しいことが確かめられた．$100\,\mathrm{m^3/s}$を超える大きな流量の出水が起きた後は分岐部で堆積が生じており，この高まりがその後の小流量流れによって次第に侵食されていく様子が繰り返し観察された．

3.3.3 合流部における流れと川底変化予測

直線河道と蛇行河道が合わさる合流部は，通水後まもなく川底の侵食が始まり1mを超える深さになった．このことにより，次の問題が起こっている．
①分岐後の直線河道において部分的な掘れが進み，直線河道全体が水に浸かる機会が減少して多数のヤナギ類が繁茂するようになった．②蛇行河道においても川底の勾配が急になり，流れが速くなって魚類生息環境が改善され

ていない．③蛇行河道の流れが衝突する合流点左岸部で護岸ブロックの沈み込みが起こっており，これらの川底侵食が下流に伝播している．

ここでは，合流部での川底変化の実際と流れの現地計測結果について見るとともに，3.3.2項で扱った方法を合流部の川底低下の問題に応用し，流速分布や流砂量分布，川底変化について得られた予測結果について説明する．

(1) 合流部における川底変化の実際

通水開始年(2002年)に，合流部とその周辺で4度にわたる河道横断測量が行われた．図3.26は，合流部における川底変化の様子を例として示したものである．これらの測量によると，合流点から上流の河道ではほとんど変化が起こっていないが，合流点に差しかかった途端に大きな川底低下が生じており，合流部下流でも顕著な低下が起こっている．時間経過をたどると，通

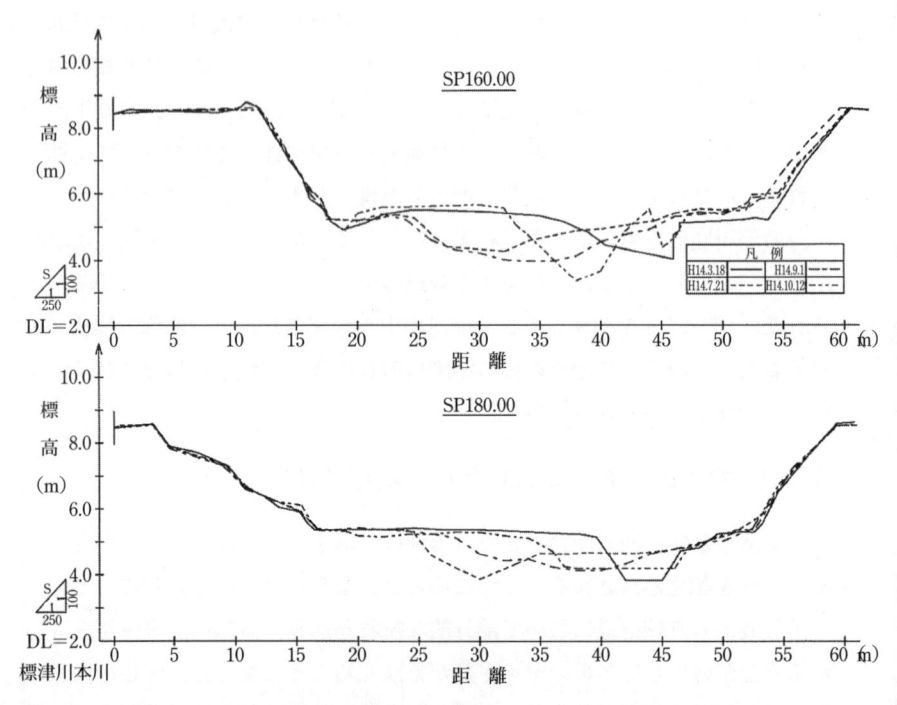

図3.26 合流部における直線河道横断測量の結果(2002年3月7月9月12月)

水開始から4か月ほど経過して行われた第1回目の測量においてすでに平均30 cm ほどの最大深掘れに近い侵食が発生している．しかし，川底の侵食低下は一方的に進行するのではなく，間に埋め戻される期間を挟んでいることがわかる．これは砂州の変形や移動によるもののほか，流量変動に対応して侵食・堆積が起こるためと考えられる．

(2) 合流部流れの現地計測結果

図 3.27 に 2003 年 5 月 27 日，28 日に行われた合流部流速計測の結果を示す．計測時点の流量は，直線河道で 2.46 m^3/s，蛇行河道で 9.53 m^3/s，合流後で 12.5 m^3/s であり，低水流規模であった．直線河道に流入する蛇行河道からの流れは蛇行河道の左岸側に強く偏っており，速いところで 1 m/s を超えている．流入部の流速分布は左岸部を最大とする三角形状になっている．また，速い流れは直線河道の左岸にまで近づいており，このため流線が強く湾曲している．

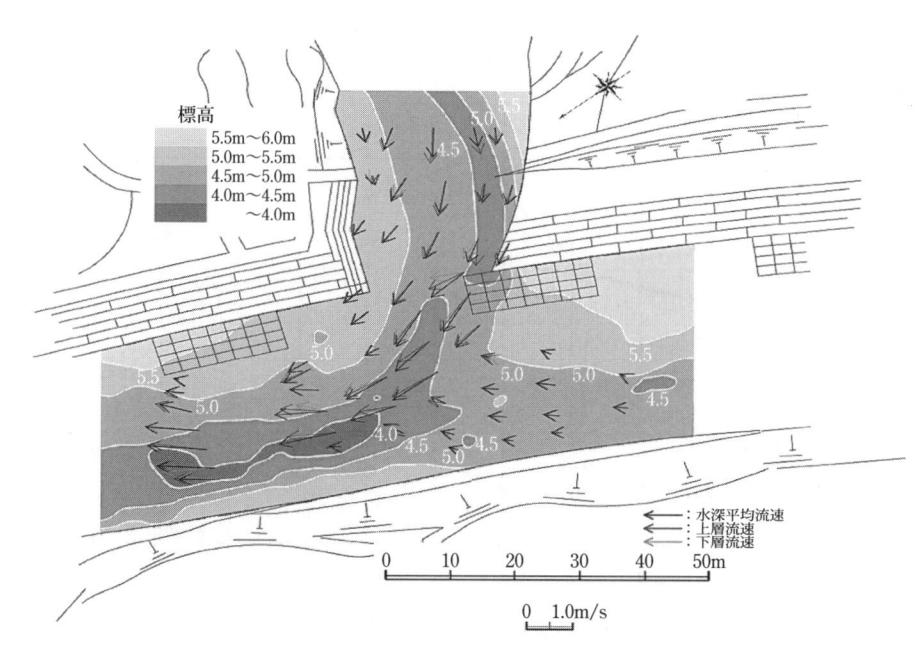

図 3.27　合流部流速計測結果（合流後流量 12.5 m^3/s）

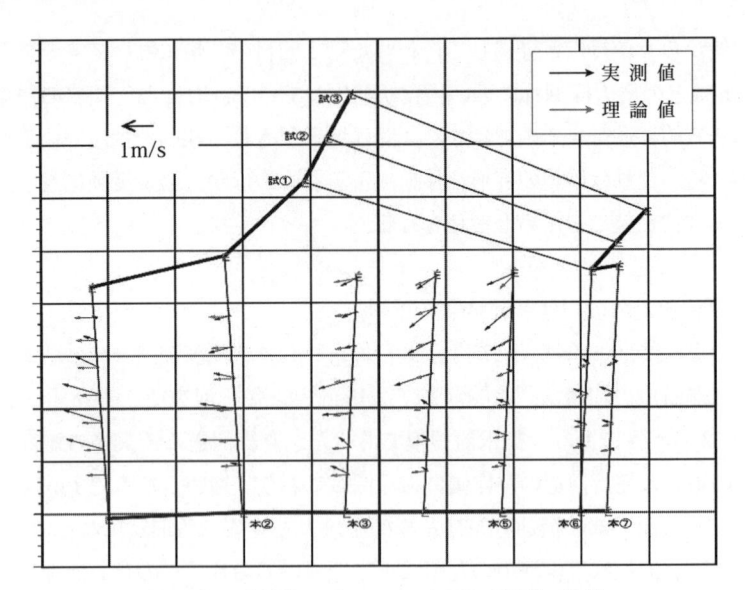

図 3.28　合流部のポテンシャル解と実測値の比較

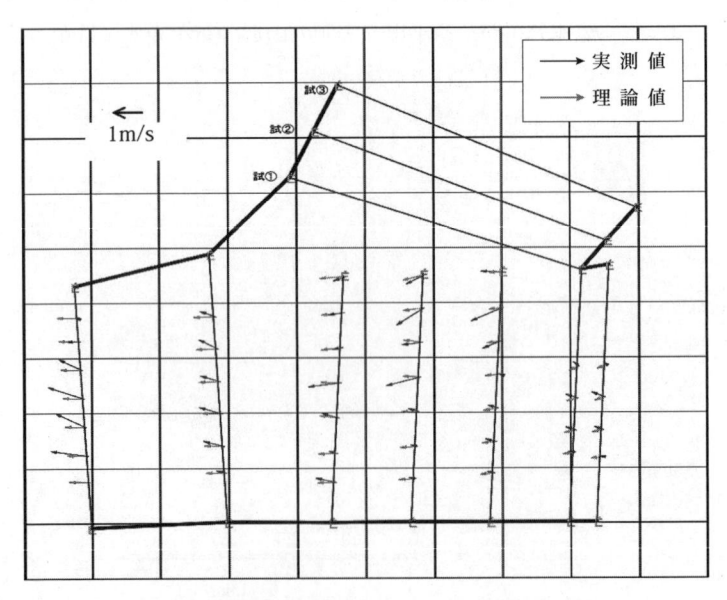

図 3.29　下層の理論流速ベクトルと実測値の比較

図 3.28 は実測平均流速のベクトルと，ポテンシャル流解析の結果を併せて示したものである．一方，図 3.29 は川底近くの流速ベクトルを示すものであり，実測値と理論値が一緒に描かれている．実測値によれば，川底近くの流速ベクトルは上層の流速ベクトルに比べて右岸側に振れた分布を示しており，そのため流線の湾曲が緩和されている．蛇行河道流の合流後におけるベクトルの向きも，直線河道の右岸向きになっている．このような流況は，合流部でらせん流が発達していることをうかがわせる．らせん流は，川底侵食の重要な原因になっているものと考えられる．

(3) 合流部のポテンシャル流モデル

合流部を模式的に図 3.30 のように表し，分岐部で用いたポテンシャル流モデルを修正して適用する．直線河道に合流する蛇行河道の角度は直角とし，合流流速分布は現地計測結果を参考にして三角形分布を仮定した．また，上層と下層に分けて扱い，下層流速ベクトルは上層流速ベクトルから流線曲率を計算し，らせん流分の補正をすることによって求めた．図 3.28 では，ポテンシャル流の流速分布がやや平坦で実測の山形分布を表すには至っていないが，合流主要部のベクトル方向には一致が見られる．また，図 3.29 の川底近くの流速に関しても理論解の分布は平坦であり，合流による大きな流速部分ではずれが目立つ．しかし，流向に関してはおおむね一致が見られる．不一致の原因には次のようなものが考えられる．

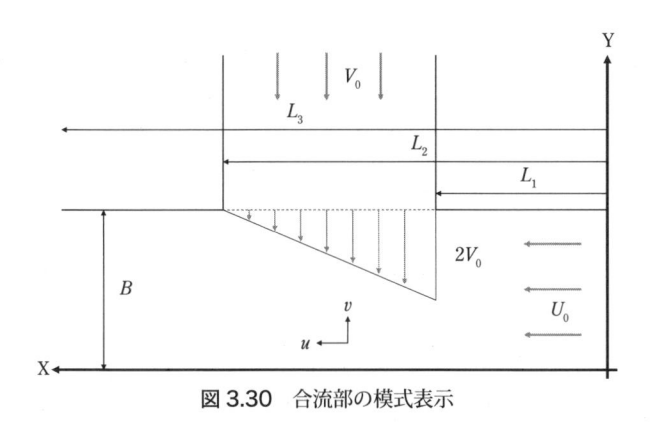

図 3.30 合流部の模式表示

(1) 理論解の前提は平坦な河床上の流れであるのに対し，実際の川底は洗掘を受けて水みちが形成されている．
(2) 理論解の合流モデルは直角流入を仮定しているが，実際の合流角はもっと緩い角度である．
(3) 川底近傍の流速を求める際に，同じ場所の上層の流線曲率を用いて補正を行ったが，実際の流線曲率によるらせん流効果はずれて起こる．

(4) 合流部における流砂量分布

図3.31 は，先に求めたポテンシャル解から各点の流砂量を求め，直線河道流下方向（X軸方向）の流砂量分布を平面コンター図で描いたものである．これらによれば，合流直後において流砂量が多くなっている．合流による単位幅流量の増加が河床せん断力および流砂量を一気に高めることがわかる．実際，合流直後の河床は大きく低下しており，護床工の末端が深くえぐられている．

図3.32 は，横断方向（Y軸方向）流砂量の分布を平面コンターによって表示したものである．色の濃い部分が流砂量の多い部分を表しており，合流直後で流砂量の多いことがわかる．

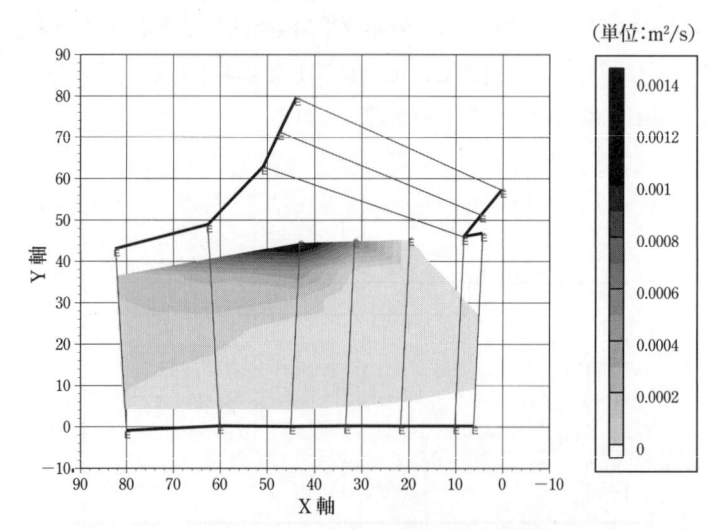

図3.31 合流部における直線河道流下方向流砂量の分布

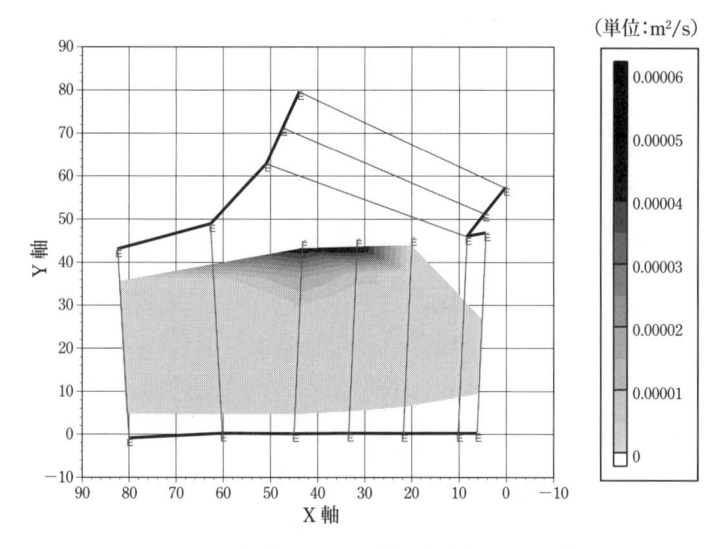

図 3.32 合流部における横断方向流砂量の分布

　これらの結果は，合流部の川底変化が場所的に一様なものではなく，蛇行河道の流れが直線河道に入り込む直後の箇所で大きな侵食と堆積をもたらすものであることを示している．

(5) 合流部における平均川底の侵食・堆積予測

　合流部全体ではどのような変化が起こるのであろうか．図 3.33 のように合流部を破線で囲んだ形で表し，各境界断面を出入りする流砂量を計算すると，現地計測を行った日時での直線河道からの流入流砂量はゼロ，蛇行河道から流入する流砂量の合計は 0.00069 m^3/s，直線河道から流出する流砂量の合計は 0.00071 m^3/s であった．これらの結果をふまえ，合流部の面積および川底の砂礫空隙率をそれぞれ $A=2\,115\,m^2$，$\lambda=0.35$ として合流部川底の侵食・堆積変化を計算すると，0.0000283 mm/s だけ川底が下がることになる．これを 1 日当たりに換算すると，2.45 mm だけ低下する結果となる．この値をもとに流量が変わらないものとして 4 か月を経過した場合の平均川底低下量を求めるとおよそ 30 cm であり，図 3.26 に見られる 7 月における初期断面からの平均低下量にほぼ一致する．これは合計流量が 12.5 m^3/s という低水流

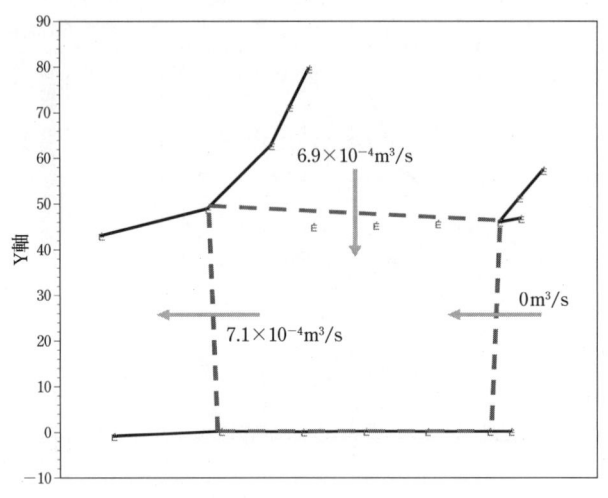

図 3.33　合流部における流砂量の出入り

量のもとでの結果であり，流量が増えた場合にはさらに侵食が進む可能性がある．しかし，その試算は行わなかった．流量増加時には，川幅が急に広がる場所で河岸沿いに渦が発生したり，砂州の発生や移動が生じたりして流況が大きく変わるため，ここで取り上げたモデルではそれらをカバーできないからである．

3.3.4　2 way 河道における河岸侵食

河岸侵食は，居住地や田畑・森林など河川周辺利用地の直接的な流亡につながるとともに，川の流れを著しく変えるため，河道変化の中でも最も注目される現象である．試験地 2 way 河道における河岸侵食について調査を行った．

(1) 河道の経歴

試験地蛇行河道の変動を考えるうえで重要なポイントは，この河道の半分ほどが旧川の蛇行跡(三日月湖)を利用したものであり，残り半分が新しく掘削して造られた河道であるということである．図 3.34 は，2002 年から 2005 年にかけて見た河道平面形状の変化である．暗灰色で示された部分は通水初期河道であり，明灰色の部分はその後の河道変遷を表している．河道変遷，

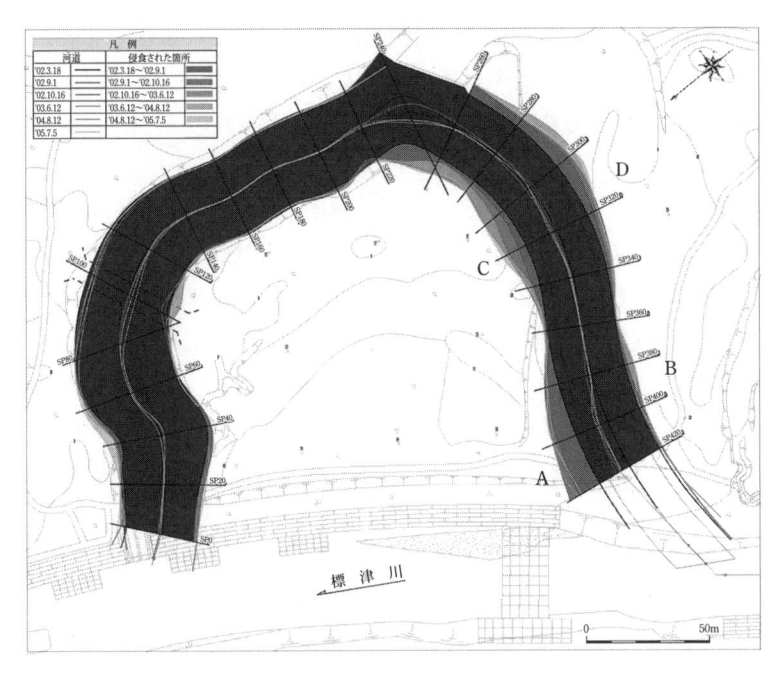

3.3 標津川蛇行復元試験地における2way方式の試み

図 3.34 河岸侵食による試験地蛇行河道の変化

すなわち河岸侵食が著しい区間は蛇行河道の分岐入り口から蛇行の曲頂部にかけてであり，これより下流の区間ではほとんど河岸侵食が起こっていない．前者の区間が新しく掘削して造られた区間であり，後者が旧川の蛇行跡(三日月湖)に対応している．新規掘削箇所は裸地で地盤がゆるく容易に侵食されるのに対し，旧河道箇所は氾濫堆積の繰り返しによって自然堤防が形成されており，植生が豊かで簡単には侵食されない．このように，河道の区間ごとの経歴が明らかな河岸侵食の違いを生んでいる．

(2) 河道湾曲・砂州と河岸侵食

河道湾曲部を回る流れには二とおりのタイプがある．その1つは，湾曲の外岸側(凹岸側)流速が大きく内岸側(凸岸側)流速が小さい流れで，水理学では強制渦型と呼んでいる．この流れは，らせん流を伴うことが多い．強制渦型流れでは外岸が強い流れにさらされるため，外岸が侵食されやすい．もう

1つは逆のタイプで，外岸側流速が小さく内岸側流速が大きい流れであり，自由渦型と呼ばれる．この流れは洪水など大きめの流量のもとで現れやすく，また，らせん流を伴う場合があるが弱い．自由渦型流れでは内岸が強い流れにさらされるため，内岸が侵食されやすい．

河岸侵食のさらに別の原因として，砂州の発生・変形・移動があげられる．砂州は川幅と水深の比がおおよそ10以上の場合に直線河道においても発生し，水流を蛇行させて河岸侵食を引き起こす．川幅が水深の30倍ほどを超えると，複列砂州と呼ばれる両側を水が流れるタイプに変化し，この場合には両岸で侵食が起こることがある．砂州は，直線河道の中ではゆっくりと下流に移動する性質があるが，ある程度曲がりがきつい蛇行河道では移動が止まる．河岸侵食におよぼす河道湾曲と砂州の効果の関連は複雑であり，両者が互いに影響し合っていて切り離して論じられないところがある．

試験地蛇行河道において，目立った河岸侵食の発生した場所が4か所ある．図3.34のA，B，C，Dである．Aは，直線河道と蛇行河道の分岐突端から60 mほどの間の蛇行河道左岸部であり，直線河道から続くきつい湾曲の外岸に相当する．図3.20でも確認されるように，この湾曲部における普段の流れは強制渦型であり，右岸凸部における砂州の発達も相まって流れがこの場所に集中している．このため，Aは通水後において真っ先に激しい侵食を受けた．そのまま侵食が進んだ場合に分岐部の下流に設けた分流堰に影響が及ぶことが懸念されたため，通水1年後に玉石をポリエステル無結節網に詰めた蛇かごによって護岸が行われた．この後，Aにおける侵食はまったく止まっている．

BはAの対岸に当たる凸岸であり，通水後間もなく前面に大きな砂州が成長した．通常の流れでは水流が岸を削ることはないが，洪水時には様子が一変する．速い流れが前面砂州を切り取りBの河岸をも侵食した．自由渦型の流れが起こっていたものと考えられる．この流れは直進して左岸のCの部分を激しく侵食している．Cの凸岸近くにおいても自由渦型の流れが生じていたものと推定される．このような洪水時の流況は2005年ほどまで続いていたが，それ以後はB，Cともに侵食が止んでおり内岸部に強い流れが走ることがなくなっている．Cにおいては前面に再び大きな砂州が成長しており，ヤ

ナギ類の繁茂が顕著になっている.

DはCの対岸に当たる凹岸であり,分岐流が直進して水衝部となる位置にあって通水開始後から侵食が進んでいる.しかし,この場所の侵食はC-D間の河道内で発生した砂州の働きなども絡んで複雑であり,侵食箇所が次第に上流側に移動している.

(3) 過剰流速と河岸侵食

蛇行河道の形が将来どのように変化するかを知ることは,河道の維持管理上非常に重要な問題であるだけでなく,水理学的にも興味深いことである.蛇行河道の将来変化を予測する方法にHasegawa(1989)によるものなどがある.この方法は,蛇行河道内の水流の偏り(岸近くに速い流れが寄って平均の流速より大きな流速になること)が河岸を侵食し平面形状を変化させると考えるものであり,河岸の侵食速度が岸近くの流れの平均を上回る過剰な流速成分に比例するとしている.渡邊(1994)は,北海道内の1級河川を対象とした河岸侵食について検討し,河岸侵食が過剰流速および砂州形成と強い関係のあることを明らかにしている.モデルに用いられた過剰流速の推定式は,考えている場所の上流の河道曲率に重みをかけて足し合わせた値に比例する形をしており,重みには川底の横断方向傾斜角などのファクターが含まれている.

図3.35は,蛇行試験地への通水開始後1度の融雪出水を経た2002年7月21日の測量結果から得られた河岸侵食量と,通水開始直前の測量断面に融雪出水33 m^3/sが流下した場合の過剰流速の計算値を比較したものである.横軸は合流点から上流側に向かってとった距離である.縦軸の過剰流速は,河道が下流に向かって時計回りに回る場合(左岸側が侵食される)を正の値としており,また河岸侵食量は横断測量の結果を左右岸別に示している.過剰流速の傾向は,矢板設置部(横軸の240〜260 m)付近を境として下流側が右岸側侵食,上流側が左岸側侵食の傾向を示している.

この図によれば,過剰流速と河岸侵食の発生位置および規模が対応している箇所があるものの,全体的にはそれほどよく対応しているとは言い難い.この理由として,前述した河岸を新たに掘削した裸地箇所(横軸の260〜460 m)と植生に覆われている旧河道箇所(横軸の40〜260 m)における河岸耐侵食

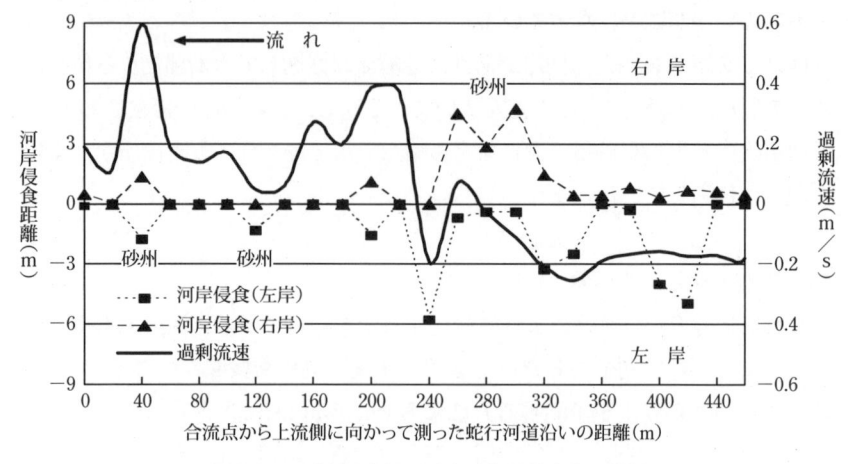

図3.35 河岸侵食量と河岸近傍過剰流速の関係

特性の大きな相違があげられる．また，流れが砂州の前縁線を横切って流下し対岸下流側を侵食している箇所があり，砂州形成に伴う河岸侵食の存在することがわかる．すなわち，図において「砂州」と記載した箇所の侵食は過剰流速と対応しておらず，砂州による流れによるものと考えられる．現在，全国の河川において植生の繁茂による砂州の固定化が進んでいるといわれているが，通常流量規模において出現消滅を繰り返す砂州の固定化は，生態系の影響のみならず河岸の侵食，すなわち河道維持上も重要な問題であると考えられる．

なお，過剰流速モデルによる蛇行形状の将来予測を試みたが，上記の理由などから信頼できる結果を得ることができなかった．湾曲効果と砂州発生を扱うことができる2次元移動床河床変動モデルによる数値解析が必要である．

3.4 2way方式による蛇行復元技術の課題

河道の一部区間を2本の河道に分岐させた後，再び1本の河道に合流させる2way方式は，その仕組みの上で幾つかの問題点を抱えている．
(1) 2本の河道に枝分かれさせることは，枝分かれ前の河道よりも川幅を広げ

ることを意味する．このため分流後の単位幅流量が減少し，流しうる土砂の量が減って結果的に分岐部は堆積環境におかれることになる．分流堰の働きにより，小流量時にはほぼ全流量が蛇行河道(すなわち1本の河道)を流れ徐々に過剰な堆積土砂を運び出すが，大流量時には2本の河道が働いて堆積が進行する．後者における堆積が前者における搬出とうまくバランスしておれば分岐河道は安定することになる．その際，分流堰の設置高が極めて重要であり，絶妙な高さの調整が必要となる．

標津川試験区間ではほぼ6年にわたって安定が維持されたが，これは最初の堰高設定が最適に近かったことによる．実際，2008年8月から2009年3月にかけて試験的に堰の一部を20 cmほど切り下げたことがあり，その結果は劇的な変化となって現れた．蛇行河道への分流量が減り搬出土砂量が減少したため，大水時の堆積土砂が分岐部だけでなく蛇行河道全体に残り各所に大きな砂州を形成することになった．その後堰高を初期状態に戻したところ，堆積砂州が消滅し，もとの河道状態に復帰し始めた．

事前に最適な堰高を決定することは非常に難しい．3.3.1，3.3.2項に述べた方法により，堰高を変えたときの分流流量や分流流砂量，および川底の変化などをある程度推定することはできる．しかし，河道を流れる流量は変化に富んでおり，河道安定を考える場合にはある程度長期の流量時系列を想定しなければならない．それらを取り入れて川底変化を連続的に推定する試みは現在までに行われていない．堰を伴う分岐部の非定常2次元河床変動計算方式を確定し，最適堰高の推定を図る必要がある．

(2) 分岐部の局所変化対策についても課題がある．現在の直線河道と蛇行河道の分岐突端は激しく侵食される場所である．前述のように，標津川試験地ではこの場所に蛇かごによる護岸が行われており，その後の侵食は見られない．しかし，弱所であることに変わりなく，特に洪水敷が冠水するような大きな洪水のときにこの場所が侵食され，2 way河道の機能が失われる危険性も考えられる．強固な護岸は最終手段として，自然再生にふさわしい方策を検討していく必要があろう．

(3) 2本の河道を1本の河道に合わせることは，2河道の合計幅よりも川幅を狭めることを意味する．このため合流後の単位幅流量が増加し，流しうる

土砂の量が増えて結果的に合流部は侵食環境におかれることになる．合流部の川底が掘られ低下するとさまざまな影響が現れる．分岐部での川底堆積の傾向と合わせ，直線・蛇行両河道の勾配を急にし流速を増加させる．川底低下の傾向が合流部下流に及び，その場所での護岸根入れ部を侵食する．これらは3.3.3項における方法によってもある程度推定することができるが，長期変動の検討には向かない．長期的に見て結果がどのような形で落ち着くのか，あるいは2way方式の破綻を招くことはないのかということに関しては現在までに検討が行われていない．合流部の非定常2次元河床変動計算方式を確立し，長期変化を推定する必要がある．

(4) 合流部の川底侵食に対しては，護床工などによる保護策をとることが考えられる．その場合，回遊魚が確実に蛇行河道を遡上できるような何らかの工夫を施す必要がある．

(5) 蛇行河道のさまざまな変化は自然再生技術の一環であり，洪水敷内であれば自由な河道変動を許容することができる．ただし，植生や生態系への影響を考慮するためにも河道の将来的な変化をある程度正確に予測する必要がある．標津川試験地における観察からは次の事柄が明らかになっており，教訓とすることができる．

① 掘削され植生が河岸を覆っていない河道では，河岸侵食の規模が極めて大きくなる．

② 一方，旧川跡である三日月湖の湖岸をそのままの形で残した河道では，高い耐河岸侵食特性を持つ．

③ 河道の変化を予測する場合，河道湾曲の影響を取り入れた過剰流速による評価のみでは不十分であり，出水中および平常時の流れに対する砂州の影響を十分考慮していく必要がある．

(6) 上述のように河道変化予測の精度を上げるためには河道湾曲と砂州による影響を取り込む必要があり，湾曲効果と砂州発生を扱うことができる2次元移動床河床変動モデルによる数値解析を進展させるべきである．また，河岸侵食係数に相当する係数値を現地計測結果から推定することが重要であり，今後の試験地モニタリング計画に河道変動の計測を盛り込むべきである．

(7) 2way河道のもう一方である直線河道の維持管理は，当初の想定以上に難しい問題を含んでいる．直線河道の主たる役割は洪水流下であり，そのため植生など阻害物の侵入はできるだけ避ける必要があって，計画当初から小流量通水によるヤナギ類の定着抑止方策が考えられてきた．透過性の堰はこの目的のために設置された．しかし現在，年間河道流量が大幅に減ったため流量見合いの新しい川幅流路ができており，河道内に陸化部分が発達してヤナギ類が著しく繁茂する状態が生じている．現在までに適切な対処法は見つかっておらず，定期的な樹林伐採を続ける必要がある．

(8) 2way河道を2か所連続させる場合についても注意すべき事柄がある．一般に，水流の状態(特に水位)は下流から上流へ伝わり，川底高の影響は上流から下流へと伝わる．このため，上流側2way河道は下流側2way河道の流れの状態(特に水位)の影響を受け，また下流側2way河道分岐部は上流側2way河道合流部の川底高の影響を受けることになる．これらは，試験地2way河道においては見ることができなかったものである．せき上げ傾向にある下流側分岐部水位が上流側合流部へ及ぼす影響，ならびに侵食環境にある上流側合流部の川底低下が堆積環境にある下流側分岐部に及ぼす影響などについて，模型実験や数値シミュレーションによって明らかにする必要がある．

《引用文献》
1) Hasegawa, K. (1989): Universal Bank Erosion Coefficient for Meandering Rivers, Journal of Hydraulic Engineering 115- 6, pp.373-394.
2) 長谷川和義(2000)：自然河川の復元に関する研究，標津川の旧川復元に関する研究(1)，平成12年度北海道開発局委託研究．
3) 長谷川和義，森 明巨，渡邊康玄(2008)：蛇行復元試験地における分岐流量と分岐流砂量の推定に関する研究，標津川の総合研究―自然復元川づくり(蛇行復元)について―平成20年3月12日暫定版(河川生態学術研究会 標津川研究グループ 編), p.5-1-3, pp.5-25〜5-67.
4) 北海道開発局(2007)：標津川水系河川整備基本方針 参考資料．
5) 河合 茂(1991)：開水路分岐部における流量・流砂量に関する研究，京都大学学位論文．
6) 木下良作(1960)：石狩川河道変遷調査，科学技術庁資源局資料 No.36.
7) 黒木幹男, 岸 力(1984)：中規模河床形態の領域区分に関する理論的研究，土木学会論文報告集 第342号, pp.87-96.

8) 野上 毅，渡邊康玄，長谷川和義(2002)：急流河川における生息場としての河川地形区分，土木学会，水工学論文集 第 46 巻.
9) 標津川技術検討委員会(2007)：標津川自然復元川づくり計画.
10) 渡邊康玄(1994)：沖積地河川の河道維持に関する研究，北海道開発局開発土木研究所報告 105.
11) Watanabe, Y., Takahashi, K., Saito, G., Nakasato, T. and Makiguchi, M. (2004): Relationship between overwintering locations of cherry salmon and bed configuration in ice-covered rivers, IAHR Symposium on Ice.

第4章

氾濫原植生の特徴と歴史的変化，そして植生復元

4.1 氾濫原植生の特徴

　氾濫原(flood plain)とは，川の洪水時に，あふれ出した水によって浸水する範囲の平野のことを指す．大矢(1981)によれば，谷底平野・扇状地・沖積平野・三角州などのうちで，洪水で浸水する範囲全部が含まれる．この章では，川が蛇行して流れる沖積平野の氾濫原を取り上げ，植生と微地形や立地環境との関係について考えてみよう．沖積平野は，人間の居住地や農耕地として，昔から土地開発と治水目的の河川改修により，著しく改変されてきた場所である．したがってわが国では，沖積平野の氾濫原の地形や植生が原形のまま残っていることは極めてまれである．さらに，沖積河川本来の機能(洪水が氾濫原内を攪乱し生物の生育・生息地を破壊したり更新したりする，運搬・堆積作用によって氾濫原内に特有の地形を形成する)も失われ，氾濫原本来の地形とそれに沿って移り変わる植物群落の様子を私たちが目にする機会はほとんどない．本稿では，数少ない自然状態の沖積河川の1つ，当幌川(とうほろがわ)の例を中心に氾濫原の植生の特徴について考えてみよう．

4.1.1　沖積平野の氾濫原

　沖積平野を流れる河川の氾濫原内には，自然堤防，後背湿地，湿原，三日月湖などが形成される(はじめにの図参照)．河川は融雪期，梅雨や台風，集

中豪雨時には，流量が増大し流速が増す．増水し濁流となった河川水には砂やシルト，粘土など粗粒から細粒までさまざまな大きさの土砂や有機物が大量に含まれる．濁流水は通常の流路幅を越えて高位氾濫原まで達し，ついには河道からあふれ出し洪水となる．氾濫した河川水は河川沿いに生えている植物の影響も加わって，流速が低下し，粒径の大きい土砂から河川沿いに堆積していく．こうして河道の外側には，流路に沿って砂質土からなる微高地が形成される．この高まりが自然堤防である．洪水時の濁水は，この自然堤防を越流してさらに奥に流れ込み，シルトに続いて粘土や有機物が流速の減速とともに順次，沈降・堆積していく．こうして形成された自然堤防の後ろの粘土や有機物からなる水はけの悪い低地を後背湿地と呼ぶ．このように川の周りには，異なる土性と特徴を持った河川特有の地形が形成される．

コラム 沖積平野

　河川から運搬されてきた礫や砂，シルトなどの物質が堆積して形成された平野を指す．英語では alluvial plain と呼ぶ．沖積平野は「はじめに」の図に示した扇状地，自然堤防と後背湿地(沖積低地とも呼ぶ)，そして三角州によって構成され，大河川ではこの順に上流から下流に向かって配列されるのが一般的である．本論で扱った標津川下流域や蛇行試験地ならびに当幌川の下流域は，自然堤防帯と呼ばれる自然堤防と後背湿地で構成される沖積平野である．一方，山地が急峻で土砂生産の多い日本の河川では，こうした自然堤防帯を欠き，扇状地だけから形成される平野も多い．しかし，北海道東部の地形は穏やかで土砂生産も少なく，かつての自然河川は自然堤防を築きながらゆっくりと蛇行し，広大な後背湿地を形成していた．（中村太士）

4.1.2 氾濫原内の植生配列

　図 4.1 は，当幌川の 2 つの蛇行部を含む氾濫原の横断面とその上に配列している植物群落を示したものである．北海道東部の自然河川である当幌川では，自然堤防上には，ハルニレ(*Ulmus davidiana* var. *japonica*)が優占し低木層にハシドイ(*Syringa reticulata*)やエゾノウワミズザクラ(*Padus avium*)，カラコギカエデ(*Acer ginnala* var. *aidzuense*)などが出現するハルニレ林が成立する．自然堤防の高まりが後背湿地側に向けて次第に低くなっていくと，ハルニレにヤチダモ(*Fraxinus mandshurica*)が混じる林分に換わっていく．粘土と有機物の混じった排水不良の後背湿地に入ると，ヤチダモとハンノキ(*Alnus japonica*)の混交林，さらにハンノキ純林と続く．当幌川の調査地の左岸では，図 4.1 に示したように河岸から 60m 付近でハンノキの樹高が低くなり，ハンノキ矮性林とミズナラ(*Quercus crispula*)が優占する丘陵地斜面の間にミズゴケハンモックを伴ったヌマガヤ(*Moliniopsis japonica*)群落からなる湿原が出現する．このヌマガヤ群落は，図 4.1 からも明らかなように，河道から 100 m 以上離れており，通常の降雨では氾濫水がここまで浸入することはない．しかしながら，日雨量が 80 mm 以上の降雨時には，自然堤防を越流した氾濫水がこの湿原まで達することが，地下水位の測定結果から明らかになっている．つまり，この湿原部分も河川の洪水の影響を受ける氾濫原の一部なのである．北海道では，沖積平野内にミズゴケの発達した雨水涵養性の高層湿原がしばしば発達するが，発達した高層湿原は泥炭が厚く堆積することにより，時計皿をひっくり返したような中央部が盛り上がった形になる．高層湿原は河川から離れたところに形成され，さらに盛り上がった地形となるため，富栄養な河川の氾濫水の影響を受けなくなる．当幌川の湿原は，ミズゴケのハンモックが発達し高層湿原のように見えるが，群落を構成する種には中間湿原を特徴づけるものが多く含まれる．大雨の際に河川の氾濫水が湿原部まで到達することがあることは，この湿原が高層湿原ではなく中間湿原であることを，植生のみならず水文環境も裏づけている．

　ここで例にあげた自然河川の当幌川は，流域面積が 112 km^2 の小規模河川であるため，河川中流域に発達する氾濫原のサイズは幅 300 m から 800 m 程

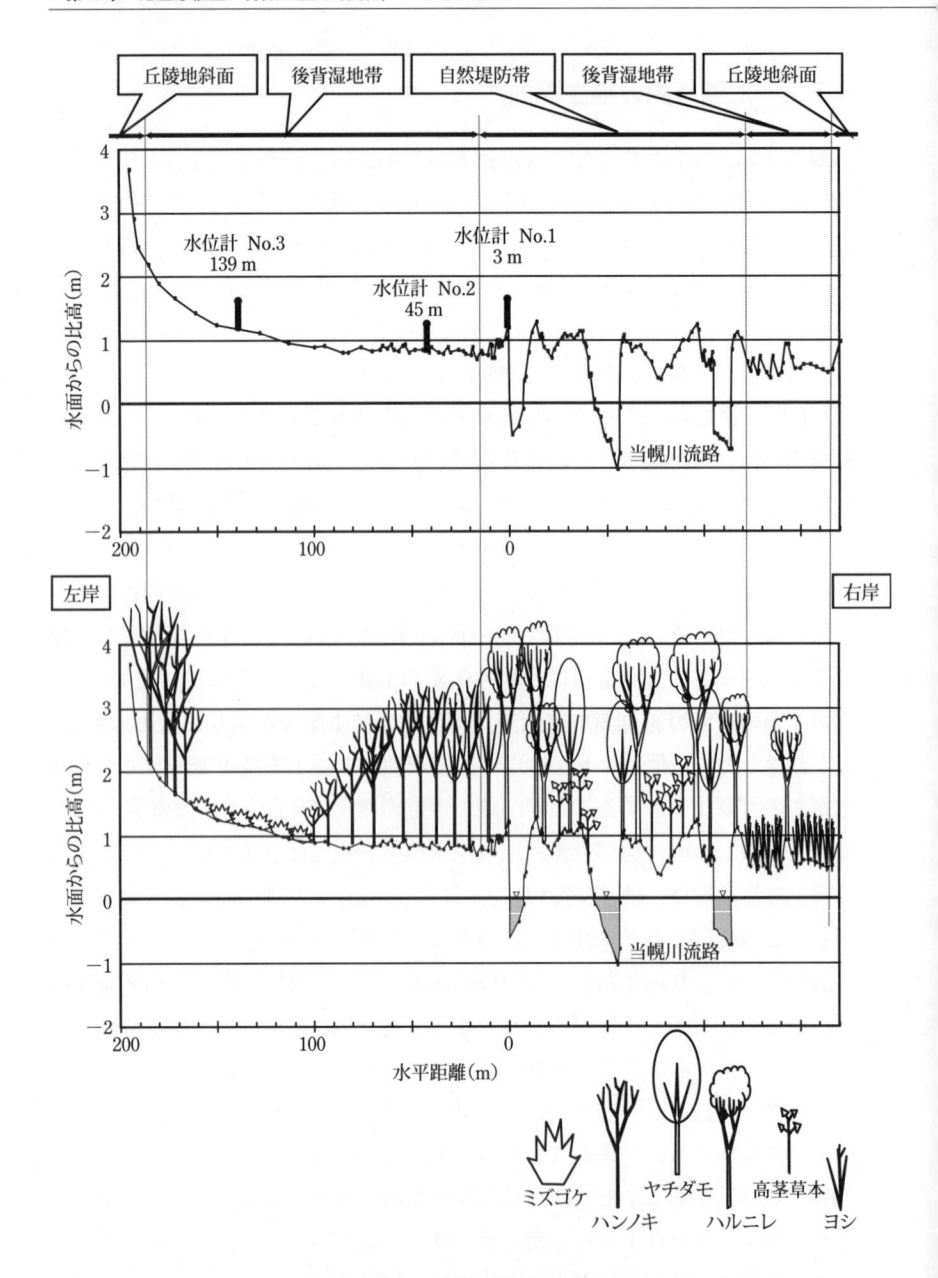

●第4章● 氾濫原植生の特徴と歴史的変化，そして植生復元

図4.1 当幌川の2つの蛇行部を含む氾濫原の横断面上の微地形と植生の配列

度である．しかしながら河川規模が大きくなれば，自然堤防や後背湿地のサイズは当幌川とは比較にならないほど大規模となる．たとえば，自然堤防については，大矢(1981)によると，高さは日本では水面からせいぜい5mまでだが，幅は利根川で最大3km，長さは木曽川で22kmに達し，大陸の河川では幅も長さも増大し，タイのチャオプラヤ平野では幅10km，長さ145kmにもなる．規模が大きな後背湿地になると，降雨に加え周辺の丘陵地や上流域から水が流れ込むので，行き場のなくなった水が排水されるための小さな流路や小川が形成される．すると，さらに微地形は複雑になり，水分過剰な状態のなかでも排水の状況が異なるさまざまな湿性の立地が形成される．このような規模の大きな河川の後背湿地内には，多くの湿生の植物群落が分化する．ハンノキやヤチダモの林だけではなく，ヨシ(*Phragmites australis*)沼沢地や大型のスゲ群落などさまざまな湿生の草本群落が分布する．残念ながら，わが国においては沖積平野の後背湿地のほとんどが開発によりすでに消失しており，現在では断片的に残された植生から自然状態の後背湿地の様子を推定するほかない．図4.2は，奥田(1978)の関東平野での調査によるもので，利根川の中流域の渡良瀬川遊水池，菅生沼の植生配分を示したものである．以下，奥田(1978)によると，渡良瀬川遊水池は改修工事や火入れ，ヨシ刈り，上流部からの富栄養水の流入などさまざまな人為を受けているが，自然に近い場所では図4.2(B)のような植生配列が見られる．岸辺の微高地にはカサスゲ(*Carex dispalata*)が密集し(カサスゲ群集)，その背後にはヨシ群落が広範囲に分布する．このヨシ群落では，カサスゲを伴うタイプと，カサスゲがなくシロネ(*Lycopus lucidus*)，イヌスギナ(*Equisetum palustre*)などが出現するシロネ-ヨシ群落が見られる．このようなバリエーションは地下水位の高さや湛水の頻度と状況，土壌の土性や硬度などに左右されるようである．また，ヨシ群落よりも乾性な場所では，ハナムグラ-オギ群集が見られ，さらに湿生林のジャヤナギ-アカメヤナギ群集に移行する．一方，菅生沼では水際群落の背後にヨシ優占群落が位置し，量の違いはあるがカサスゲを伴っている．カサスゲの密生する群集はオニナルコスゲ(*Carex vesicaria*)と共存し，沼の上流部に広く出現する．岸に沿って陸化した低湿なテラス上にはジャヤナギ-アカメヤナギ群集が断続的に高木林を形成し，林縁にはタチヤナギ群集が成立し

(A) 菅生沼

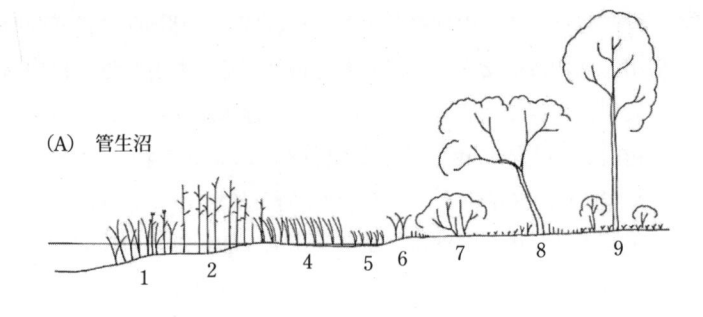

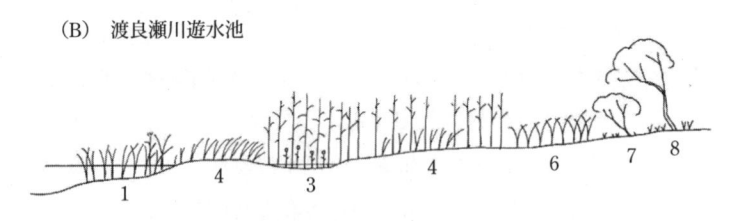

(B) 渡良瀬川遊水池

図 4.2　後背湿地における植生配分（奥田, 1978）
凡例) 1：ウキヤガラ-マコモ群集, 2：ヨシ純群落, 3：シロネ-ヨシ群集, 4：カサスゲ群集, 5：チゴザサ-アゼスゲ群集, 6：ハナムグラ-オギ群集, 7：タチヤナギ群集, 8：ジャヤナギ-アカメヤナギ群集, 9：ゴマギ-ハンノキ群集

ている．菅生沼とその周辺部の植生配列は，関東地方の後背湿地の湖岸における典型であり，低湿地の代表的な景観であると奥田(1978)が述べていることからも，沖積平野の河川後背湿地には，乾湿(地下水位と土壌水分)と比高, 土性, 洪水の頻度に応じ湿生植物群落がパッチ状に複雑に分布していたと考えられる．

4.1.3　河道とその周辺の植生配列

次に河道内の植生について考えてみよう．河川と自然堤防の間にも，さまざまな川特有の微地形が見られる．通常，河道とは，表流水の水路となる細長い凹地を指し，両側の境界部が比較的明瞭な小崖からなる場合，その部分を河岸(River bank), 河岸と河岸の間を河床(River bed)と呼ぶ(目崎, 1981). 川の水量は季節や雨量によって変化するが，中でも年間の最大流量と最小流量の比の大きな河川では，常時冠水しがちな低位氾濫原から，高水時に冠水

する高位氾濫原まで，流路のまわりに地盤の高さが異なる帯状の微地形が数段形成されることが多い．また，低水時に河床の一部または大部分が水面上に露出する川原が形成されることもある．しばしば冠水し破壊作用を受ける比高の低い不安定な水際には，ミゾソバ群集，オオクサキビ-ヤナギタデ群集，コアカザ-オオオナモミ群集などの一年生の草本植物が群落を形成することが多い(奥田，1978)．多摩川永田地区の堤外の植生図を見ると，ミゾソバ群落，アキノエノコログサ-コセンダングサ群落など21の草本群落と4つの木本群落に区分されており，それらは，河道内の比高や土性のわずかな違いに応じてモザイク状に分布している(大谷ら，2000)．永田地区では1964(昭和39)年の禁止まで続いた砂利採取によって，右岸側に大きく蛇行し洪水時には河道いっぱいに流下していた流路が左岸に寄り，さらに洪水によって左岸に寄り続け現在の形に落ち着いたという経緯がある．そして河道の変遷と氾濫原の安定化によって，樹林化が進行した．中でも1980年ごろからニセアカシア(*Robinia pseudoacacia*)の増加が著しく，樹木の約8割にも達している(大谷ら，2000)．**表 4.1** は礫質の河原を持つ多摩川の中流域で河辺植生と比高，土性の調査結果から出現植物の分布の特徴を類型化したものである(倉本ら，1993)．**表 4.1** は氾濫原を含めた河道内には，カワラノギク(*Aster kantoensis*)のような絶滅危惧植物が含まれる反面，帰化植物の出現割合が高いことを示しており，本州以南の大河川や都市部の河川の堤外では在来種の保護や保全と帰化植物の繁茂が問題であることを示している．

一方，小規模河川で河原が発達せず，帰化植物の侵入がほとんどない当幌川でも，平常時水面から自然堤防までの間に冠水頻度と比高の違いに応じて異なる草本群落が分布する．**図 4.3**(高田・冨士田，未発表)は当幌川の蛇行の内側と外側の微地形と植生の配列を示したものである．蛇行の内側や河川の側部では，**図 4.3**(A)のように，平常時の河岸から自然堤防までの間に比高の異なる2つの段が形成され，3つの群落が配列する．最も水際に近い位置は，クサヨシ(*Phalaris arundinacea*)に加え，ミゾホオズキ(*Mimulus nepalensis*)，ミズハコベ(*Callitriche palustris*)，オオバタネツケバナ(*Cardamine regeliana*)の出現が特徴のクサヨシ・ミゾホオズキ群落となる．水際から比高で約40 cm盛り上がった段には，エゾイラクサ(*Urtica platyphylla*)，クサヨシ

第4章 ● 氾濫原植生の特徴と歴史的変化, そして植生復元

表 4.1 多摩川中流域の比高と土質から区分した分布域とそこに出現する植物の種類 (倉本ら, 1993)

水面からの高さ	土壌の質	種名
広い	広い	オオアレチノギク・オオイヌノフグリ・オニウシノケグサ・カモジグサ・ネズミムギ・ノイバラ・ノミノツヅリ・ハコベ・ヒメジョオン・メマツヨイグサ・ヤエムグラ・ヤハズエンドウ・ヤブジラミ・ヨモギ
高い	細粒	イヌムギ・カキドオシ・スイカズラ・ツボミオオバコ・ツルマンネングサ・ナガハグサ・ノビル・ヤブカンゾウ
高い	広い	アオスゲ・イチゴツナギ・シバ・スズメノチャヒキ・テリハノイバラ・ナギナタガヤ・ナワシロイチゴ・ヌルデ・ヘラオオバコ
高い	礫質	オオマツヨイグサ・カワラサイコ・カワラヨモギ
中程度	礫質	カワラニガナ・カワラノギク・マメグンバイナズナ
低い	広い	イヌコリヤナギ・ウシハコベ・エゾノギシギシ・オランダガラシ・カワヂシャ・クサヨシ・コメツブツメクサ・スズメノカタビラ・スズメノテッポウ・タネツケバナ・タビラコ・ナズナ・ノゲシ
低い	礫質	イヌガラシ・スカシタゴボウ
不明	不明	そのほかの種(省略)

水面からの高さ：50 cm きざみで 10 ランクに区分
土性ランク：粒径 20 mm を基準に 1：なし，2：少量存在，3：主な構成要素

なお，不明とは分布域が不連続で傾向が認められないもの

水面からの高さ	高い	水面からの高さランク	1, 2 に分布しないもの
	中程度		1, 2, 9, 10 に分布しないもの
	低い		9, 10 に分布しないもの
	広い		全範囲に分布するもの
土壌の質	礫質	土性ランク	1 に分布しないもの
	細粒		3 に分布しないもの
	広い		全範囲に分布するもの

なお，飛び離れた 1 ないし 2 か所のカラムへの分布は例外として扱った．

4.1 氾濫原植生の特徴

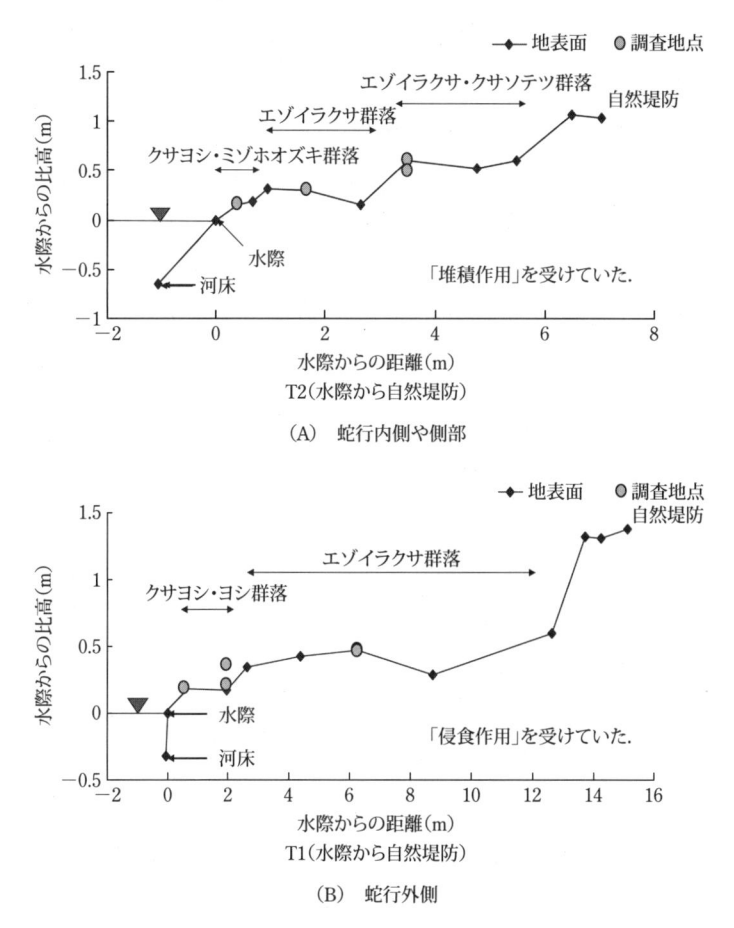

図 4.3 当幌川の蛇行部の地形断面と植生の配列（髙田・冨士田，未発表）

が優占する構成種数が5〜6種のエゾイラクサ群落が出現する．さらに高くなった段には，エゾイラクサ，クサソテツ（*Matteuccia struthiopteris*），クサヨシなどの優占度が高く，キツリフネ（*Impatiens noli-tangere*），コンロンソウ（*Cardamine leucantha*），ミヤマニガウリ（*Schizopepon bryoniifolius*），オオヨモギ（*Artemisia montana*），カラマツソウ（*Thalictrum aquilegiifolium* var. *intermedium*）などが出現するエゾイラクサ・クサソテツ群落が続く．一方，蛇行の外側では，侵食作用が卓越し，水際から河床はほぼ垂直に落ち込んでい

る(図4.3(B)).水際の最も比高の小さい平坦な部分には,クサヨシ・ヨシ群落が出現し,その後ろのやや比高の高い段から自然堤防まではエゾイラクサ群落が分布する.このように蛇行の外側は,土砂の堆積が進行する蛇行の内側に比較して,形成される段の数が少なく,出現群落数も少なくなる.

4.1.4 地下水位の深度と冠水頻度

これまで述べてきたように,氾濫原には川の作り出した微地形に由来する,土性,土壌の乾湿,土壌の酸化還元状況,洪水頻度,地下水位,栄養塩類の供給状況の異なる立地が形成され,そこにさまざまな植物群落が分布する.これらの植物群落の配列や出現は,川が作り出すさまざまなスケールの微地形によって変化する土壌と水分条件によって規定される.このうち,特に河畔林,湿地林の地下水位の高さと変動パターンについて考えてみる.

図4.4は,当幌川の自然堤防上のハルニレ林,その背後のハンノキの混在するヤチダモ林(以下,本文中ではヤチダモ林,図中ではハンノキ・ヤチダモ林とする),さらにその後方のハンノキ単一林の各湿地林で計測した地下水位の変動と降水量を示したものである(高田・冨士田,未発表).図によると,ハルニレ林は河川からの比高の大きい自然堤防上にあるため,大雨による河川増水のない低水時は,地下水面は地表から1m以上深い位置に存在する.降雨があると水位は70～30cm付近まで上昇するが,降雨後速やかに地下水位は低下する.大雨により河川が増水した場合には,水位は急激に上昇し,洪水時に河川水は自然堤防を越流して,背後のヤチダモ林やハンノキ林に流れ込む.しかし,河川水が減水するとともに,ハルニレ林の地下水位は急激に低下し,地下水位が高い状況は長時間続かない.これは,ハルニレ林が粗粒の土壌からなる自然堤防上にあるため,排水が良好であることに起因する.一方,ヤチダモ林とハンノキ林では,増水のない低水時も地下水位が高く,夏季以外は,地下水位面は地表面付近に存在し,常時高めである(図4.4).これは,ヤチダモ林とハンノキ林は粘土やシルト,有機物が主体の土壌からなる後背湿地に成立しているために,排水が不良であることを示している.そして夏季の渇水期のみ,植物の蒸発散によって水位は日中わずかずつ下がり,約70cmまで低下する.

(A) ハルニレ林の地下水位の変動（2003）

(B) ハンノキ・ヤチダモ林とハンノキ林の地下水位変動（2004）

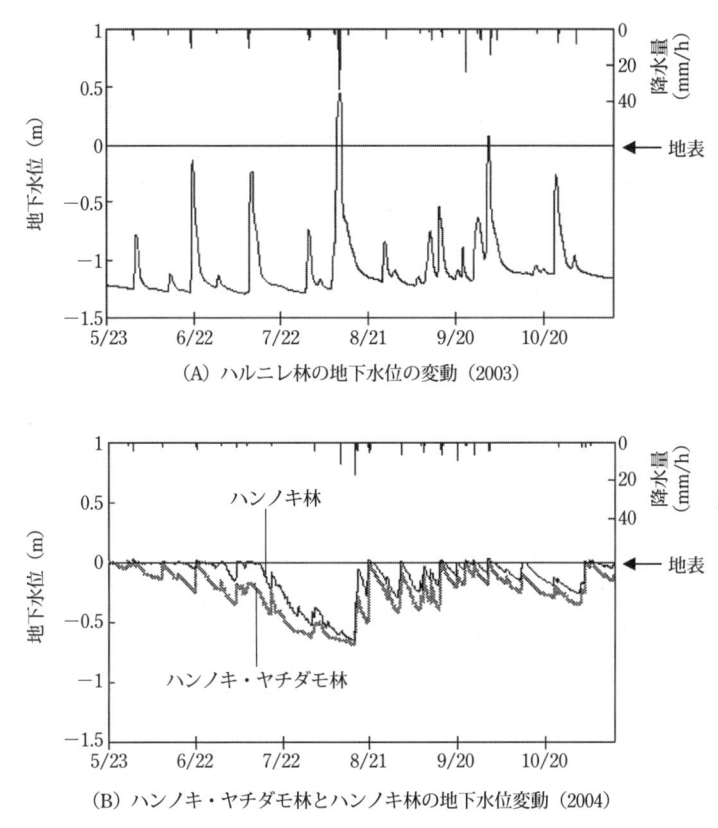

図 4.4　当幌川のハルニレ林，ハンノキ・ヤチダモ林，ハンノキ林の地下水位と降水量の季節変動（高田・冨士田，未発表）．地下水は30分おきに測定した．

　図 4.5 は，ハンノキ林とヤチダモ林の地下水位測定結果から地下水位の深さ別頻度分布を示したものである（Fujita & Fujimura, 2008）．図 4.4 では水位変動は約 10〜20 cm の幅を持ちながらヤチダモ林のほうが低いが，変動パターンは両者でほぼ同じである．しかし頻度分布（図 4.5）を見ると，ハンノキ林では地下水面が地表面より高くなる頻度が 27.3% と極めて高いが，ヤチダモ林ではわずか 3.7% である．さらに地表面より下にある地下水面の深さの頻度はどちらも高いが，ハンノキ林のほうが明らかに地表面に近い位置に地下水面が存在する頻度が高い．ヤチダモ天然林や人工林での調査から，ヤチ

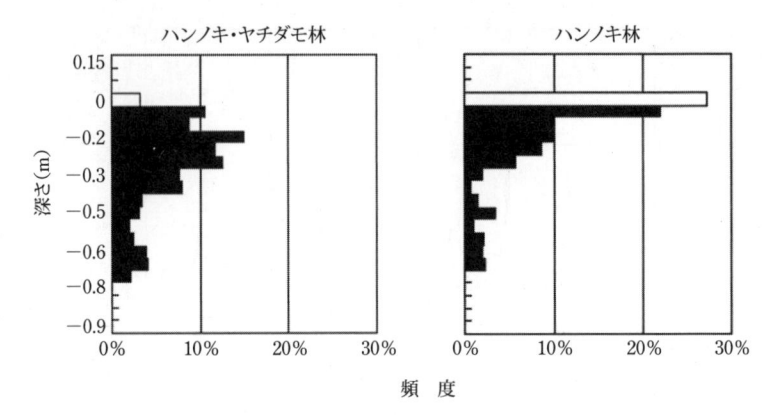

図 4.5　ハンノキ林，ハンノキ・ヤチダモ林の地下水位の頻度分布
（Fujita & Fujimura, 2008）
深さ 0 cm は地表面を表す．黒いバーは地下水面が地表より下に，白いバーは地下水面が地表より上にあることを示す．地下水位は 2004 年の 5/23～11/2 まで 30 分おきに測定した．

ダモの生育適地は，土壌水分が十分に存在する一方で，水が停滞しない土地であることが指摘されている（中江，1959；中江・真鍋，1963；中江・辰巳，1964；中江ら，1960, 1961）．ハンノキとヤチダモは，いずれも過湿な立地で生育できる耐性を持っているが，図4.4，図 4.5 の結果からも，土壌の還元状態というストレスに対する耐性に差があり，地下水位の高さとその頻度分布の違いによって，両樹種が優占する場所が異なっている．

4.1.5　植生配列と立地環境の関係

　河川周辺で形成される微地形が，蛇行の内側，外側，側部で異なり，それぞれに違った植物群落が出現することは，当幌川の例ですでに説明したとおりである．それでは，微地形のほか，どのような環境要因が，これらの群落の配列と関係があるのだろうか．そこで，当幌川の蛇行の内側，外側，側部に調査ラインを設け，草本群落，湿地林，計 44 か所で植生調査や地形測量，表層土壌の理化学性の分析を行った．そして，平常時の河川水際から植生調査を行った場所までの比高と川からの距離，可給態リン酸含量，炭素および窒素含有率，土性など 13 の環境に関する測定値と，植生調査の結果得られた

種ごとの被度のデータを用い，正準対応分析（Canonical Correspondence Analysis；コラム参照）を行った．その結果，種と環境の関係に相関が認められたことから，Ⅰ軸とⅡ軸を使って解析結果を図化したのが図 4.6 である．Ⅰ軸は主に河川からの距離，土壌の粒径，可給態リン酸含量などを説明しており，大きな値を示すほど河川から遠くなり，土壌の粒径は細かくなり，リン酸が少なくなることを示している．一方，Ⅱ軸は水面からの比高，土壌の気相率，液相率など土壌の乾湿度を示す要因によって構成されており，大きな値を示すほど比高が小さく，土壌は湿った状態（過湿）にあることを示している．

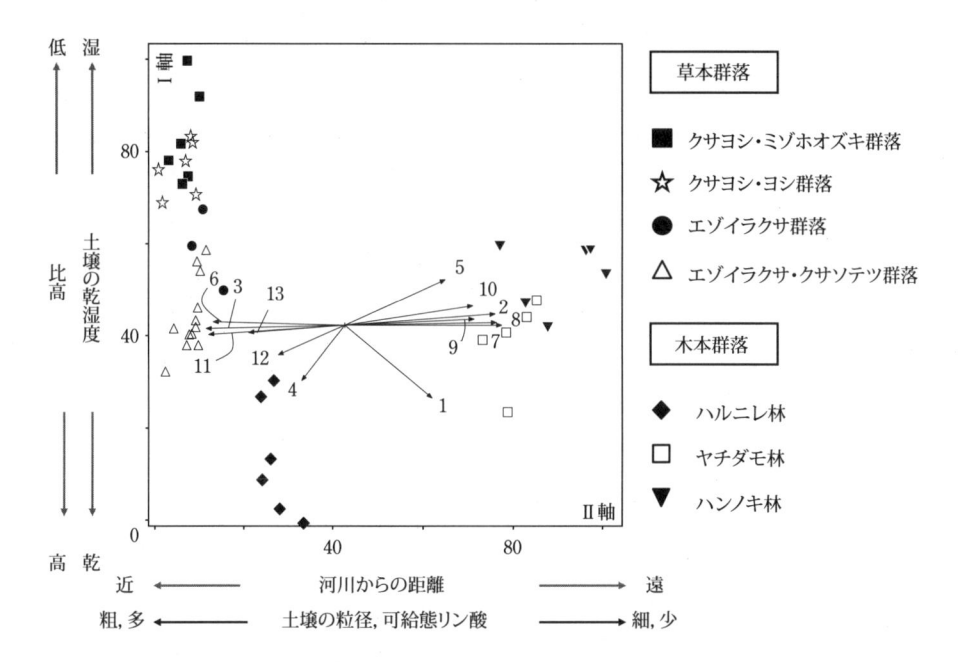

図 4.6　当幌川氾濫原内の草本群落と木本群落の植生および立地環境変量に関する CCA 解析の結果（髙田・冨士田，未発表）
解析に用いたのは 44 か所の植生調査データと環境変量データ
環境変量データ：1：比高(m)，2：水際からの距離(m)，3：土壌の固相率(%)，4：気相率(%)，5：液相率(%)，6：可給態リン酸含有量(P_2O_5 mg/100g fresh soil)，7：窒素含有率(%)，8：炭素含有率(%)，9：土壌の粘土重量(%)，10：シルト重量(%)，11：細砂重量(%)，12：粗砂重量(%)，13：中央粒径(D-me)．

Ⅰ軸に沿った群落の配置を見ると，水際から自然堤防の間に分布する草本群落と自然堤防上のハルニレ林は値が小さい位置に，後背湿地のヤチダモ林，ハンノキ林は値の大きい位置に配置され，Ⅰ軸によって2つのグループが明確に区分される．つまり，草本群落とハルニレ林の立地は，ヤチダモ林，ハンノキ林よりも流路に近く，粒径が粗く，固相率，可給態リン酸含量が高く，炭素含量，窒素含量が低いことを示している．

　Ⅰ軸で値が小さい位置に配置された群落のⅡ軸上での配置をみると，小さい方からハルニレ林，エイゾイラクサ・クサソテツ群落，エゾイラクサ群落，クサヨシ・ヨシ群落，クサヨシ・ミゾホオズキ群落となっていた．このことは，ハルニレ林の立地は草本群落に比べ，比高，気相率が高く，液相率が低く，逆にクサヨシ・ヨシ群落，クサヨシ・ミゾホオズキ群落の立地は比高が低く，液相率が高いこと，エゾイラクサが優占する2つの群落の立地はそれらの中間的立地であることを示している．自然堤防よりも水際に近い立地における比高の差は，河川水位の変動に伴う冠水頻度を直接的に決定づけることになる．図 4.3 に示される群落ごとの比高差は 50 cm に満たないが，その差が土壌の液相率，気相率や冠水頻度に影響し，植物群落を決定づける重要な要因になっている．

　Ⅰ軸で値が大きい位置に配置されたヤチダモ林とハンノキ林は，Ⅱ軸上ではヤチダモ林は値が小さな位置に，ハンノキ林は大きな位置に配置された．これはハンノキ林の方が比高が低く，土壌の液相率が高く，気相率が小さいことを示している．Ⅰ軸についてはヤチダモ林のほうが値が小さいことから，ハンノキ林よりも河川流路に近く，土壌の粒径が粗く，栄養分の供給が大きいことを示している．両者はともに耐水性が高いがことが，各種の実験などから知られている．4.1.4 項で述べたような地下水位の微妙な差異と，両種の耐水性などの生理的な違いによって野外での配列が決まると考えられる．

コラム 正準対応分析
(Canonical Correspondence Analysis)

英語の頭文字をとってCCAと呼ばれる．分析の詳細な内容については専門書に譲り，ここでは，どんな目的で使用されるのか，そしてどのように解析結果を理解すればよいのかを中心に説明する．CCAは，直接環境傾度分析(Direct Environmental Gradient Analysis)の1つで，生物群集と生息場環境との関連性を見いだす際に用いられる．環境変量を説明変数とした重回帰分析と対応分析を組み合わせた序列化(Ordination)手法である．生物群集の組成を説明できる環境変量が，これまでの研究から大方予想されている場合は有効であるが，どの環境変量が効くのか不明な場合，また限られた環境変量しか計測できていない場合，CCAを使うことはあまり勧められない．むしろ，除歪対応分析(Detrended. Correspondence Analysis：DCA)によって生物群集のデータのみを序列化し，得られた軸と環境変量の関係性を議論したほうがよい場合もある．

図4.6に示されている矢印は，植物群落の配置を説明する環境変量を表し，その長さは説明力の強さを示す．また，同じ方向性を持つ矢印で示される環境変量は，互いに強い正の相関を持ち，180度反対方向の矢印で示される環境変量とは，互いに強い負の相関を持つ．また，90度の開きを持つ環境変量同士は，ほぼ独立した関係をもっている．CCAの特徴は，調査地点(サイト)と優占種が同時に表示できることであり，上記，環境変量の矢印の向きと近さ，序列上の位置からサイトもしくは優占種が，環境変量とどのような関係にあるかを，同時に把握することができる．（中村太士）

4.2 河畔林の歴史的変遷と復元

　蛇行河川沿いの樹林には，自然堤防上の河畔林と後背低地の湿地林が見られる．本節では，蛇行河川に発達する河畔林と湿地林の変遷を明らかにする．また復元を考えるにあたって，自然堤防上の河畔林を中心に取り上げたい．原生的な自然状態の蛇行流路が発達する沖積低地では，自然堤防上に樹木群落が最も旺盛に生育する．しかし，明治以降の治水事業で蛇行流路の直線化が行われ，堤外地の樹林は，流水の阻害物や流木化の危険物として取り扱われてきた．このため，治水事業の進展により，河畔林の多くは，日本の河川から姿を消すか，大きくその姿を変えた．ここでは，まず，北海道に残る原生的な自然堤防上の河畔林の姿を取り上げ，その後の変遷とその原因について触れ，最後に研究対象とした箇所の条件に適した段階的な河畔林復元の考え方について述べる．

4.2.1　蛇行河川の原生的な河畔林の姿はどのようなものであったか？

　日本の本州以南では弥生文化のもとに古くから水田開発が進み，沖積低地の原植生の多くは失われている．一方，弥生文化を経験しなかった北海道では，明治以降の開拓以前は，石狩川のような大河川の沖積低地でも，河川は原生的な姿をとどめていた（北海道庁第二部殖民課，1891）．しかし，明治以降の開拓により，道央以南の沖積低地の多くが水田となった．北海道の東部や北部の沖積低地は，気候的に稲作の不適地であるばかりか，地下水位が高いことから，畑地や草地としての適性も低く，農地開発の進展が遅れ，釧路湿原のように原植生が残された箇所も存在する．しかし，第二次世界大戦後の河川改修や農地開発により，現在では原生的な姿を残している河川や河畔林は少ない．

　かつての蛇行河川が直線化され，河道が複断面の人工的な形状になると，施工直後は植生を持たない河川空間が出現する．その後，低水路護岸やその背後の高水敷に，裸地へ侵入する能力の高いヤナギ類（*Salix* spp.）が定着するため，河畔林の多くはヤナギ類で構成されている箇所が多い（新山，1987）．これらのヤナギ林は，治水の安全性を確保するために定期的な伐採が繰り返

されることなどから，次の発達ステージに遷移することが少ない(傳甫ら，2008)．その結果，現在，河川技術者や一般の人々は，河畔林といえばヤナギ類の林をイメージするようになっている．

ところで，蛇行復元が行われている標津川で，河道の直線化と沖積低地の農地開発が進行したのは，第二次世界大戦後のことであり，敗戦後に撮影された空中写真(米軍写真)には，直線化直前の標津川の姿が写されている(**写真4.1**)．この写真で，蛇行河道の周辺に幅1km程度の帯状に見られる黒く写った部分を実体視すると，ここは，樹林であることが判読できる．一方，その背後の広く白く写っている部分は，草原であると判読できる．この樹林と草原は，どのようなものであったのだろうか．

直線化された標津川の周辺には，現在でも直線化により切り取られた旧川が残されており，その周りに当時の植生が部分的に残されている．**図4.7**は，

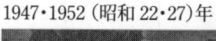

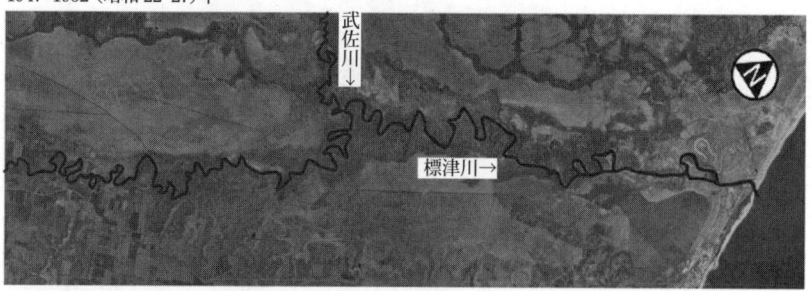

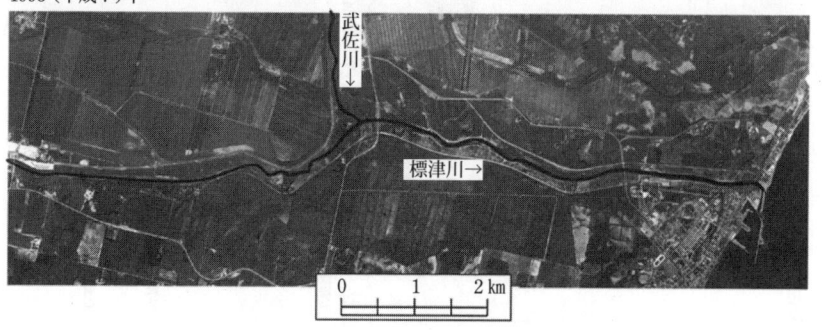

写真4.1 標津川下流域の空中写真の比較

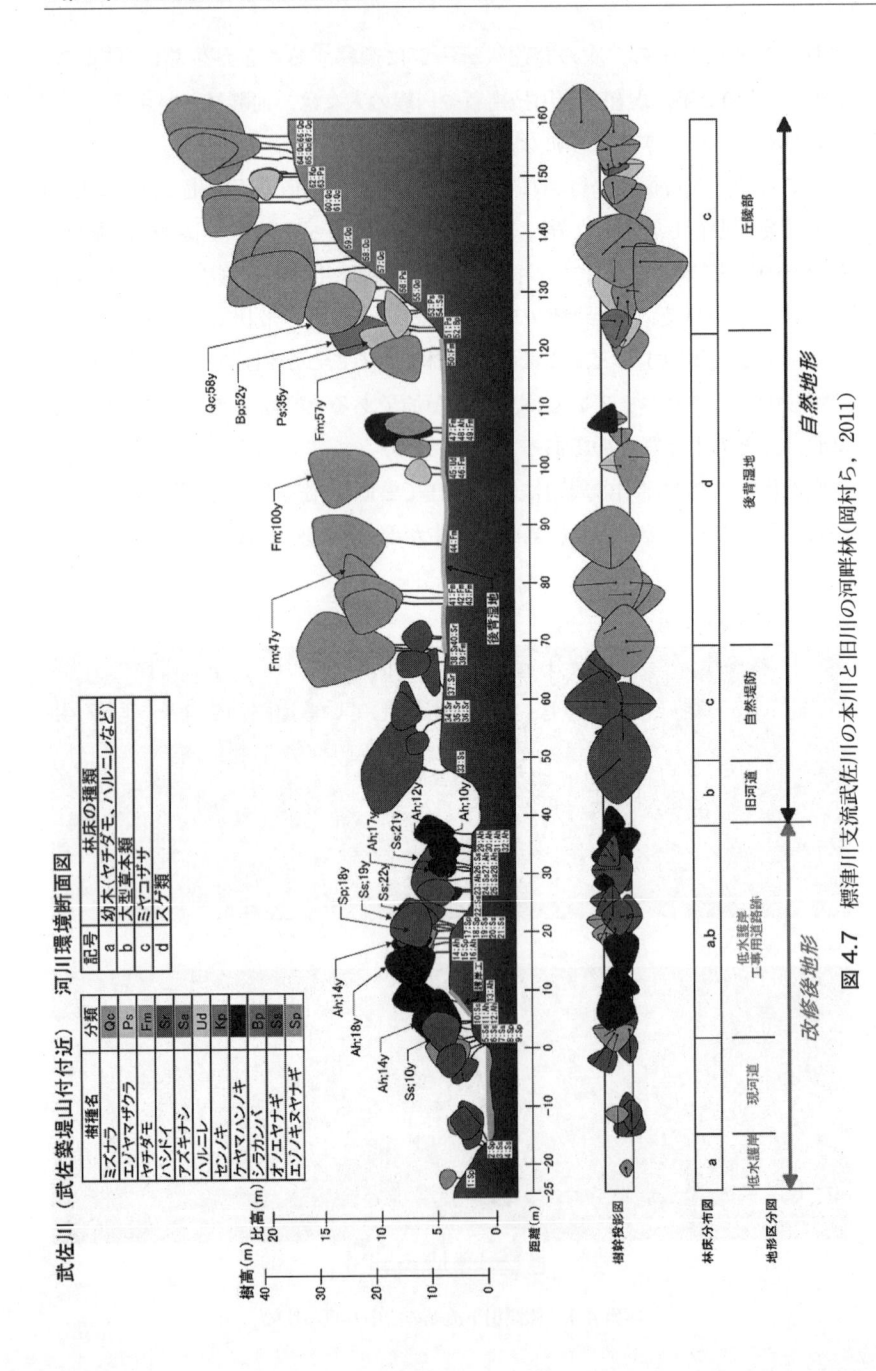

● 第 4 章 ● 氾濫原植生の特徴と歴史的変化，そして植生復元

図 4.7 標津川支流武佐川の本川と旧川の河畔林（岡村ら，2011）

標津川の支流である武佐川において，直線化された本川と切り離された旧川，および丘陵部での地形断面と植生配置を示したものである．旧川の右岸にあるかつての自然堤防上には，ハルニレ(*Ulmus davidiana* var. *japonica*)が多く分布し，後背湿地に近づくとヤチダモ(*Fraxinus mandshurica* var. *japonica*)が現れ，丘陵地の斜面に入るとミズナラ(*Quercus crispula*)が優占する典型的な樹林の配列(冨士田，2002)となっていた．一方，本川の周辺には，オノエヤナギ(*Salix sachalinensis*)やケヤマハンノキ(*Alnus hirsuta*)などの先駆性の樹種が密生していた．後述するように，これらの先駆性樹種の河畔林の下層には，ハルニレやヤチダモなどの更新木(稚樹)があまり見られず，河川改修後の高水敷は，ヤナギ類の単純な樹林となっているところが多い．

上記のような旧川の周辺に残されているものではなく，蛇行流路と河畔林が一体となった原生的な河川環境を残している河川として，標津川の南側に隣接しほぼ平行に流れる当幌川がある．図4.8は，当幌川の代表的な河畔林の地形分類を示したものである．隣接する標津川の河道は，前述のように直線化が行われ，また，多くの道路が河道を横断している．それに比べ，当幌川では河道が蛇行を繰り返し，それを横断している道路が少なく，**写真4.2**に示すようにヤナギ類の単純な樹林ではない原生的な河畔林で覆われ，いまだに開発の手があまり加えられていないことを物語っている．

当幌川は図4.8が示すように，ほぼ東西方向に発達する幅300〜500 mの谷底低地を東から西に蛇行を繰り返して流れている．この谷底低地は，火砕流台地を刻んで形成されたものであり，谷底低地と段丘崖の比高差は15 m程度である．火砕流台地の平坦地は，かつてはミズナラを中心とする落葉広葉樹林であったと考えられるが，現在では，牧草地として利用されている．一方，谷底低地および段丘崖は地形的な改変をほとんど受けておらず，また，植生も継続的な人為の影響をうけていないと考えられる．

そこで，北海道でもわずかに残されている当幌川の原生的な蛇行流路と河畔林の関係を記録するため，図4.8に示した谷底低地とほぼ直行方向に2本の測線を設けた．これらの測線に沿って，地形横断面と，この横断面に沿って設けた幅5 mの帯状区上に生育する河畔林の樹幹断面図および樹冠投影図を作成した．図4.9は河道が谷底低地の右岸に寄っている下流側(東側)の測

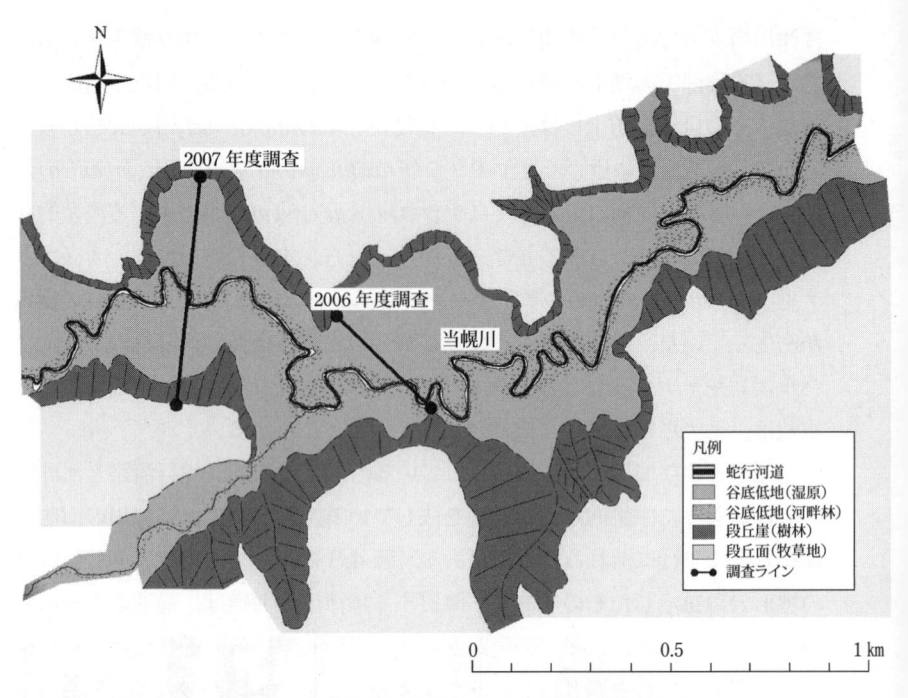

図 4.8　当幌川における河畔林の調査地点と地形分類図（岡村，2011）

写真 4.2　当幌川の河畔林

線の，図 4.10 は河道が谷底低地の中央部にある上流側側線の調査結果である．

　図 4.10 に示した上流側（西側）の測線では，中心付近（距離 320 m 付近）に

4.2 河畔林の歴史的変遷と復元

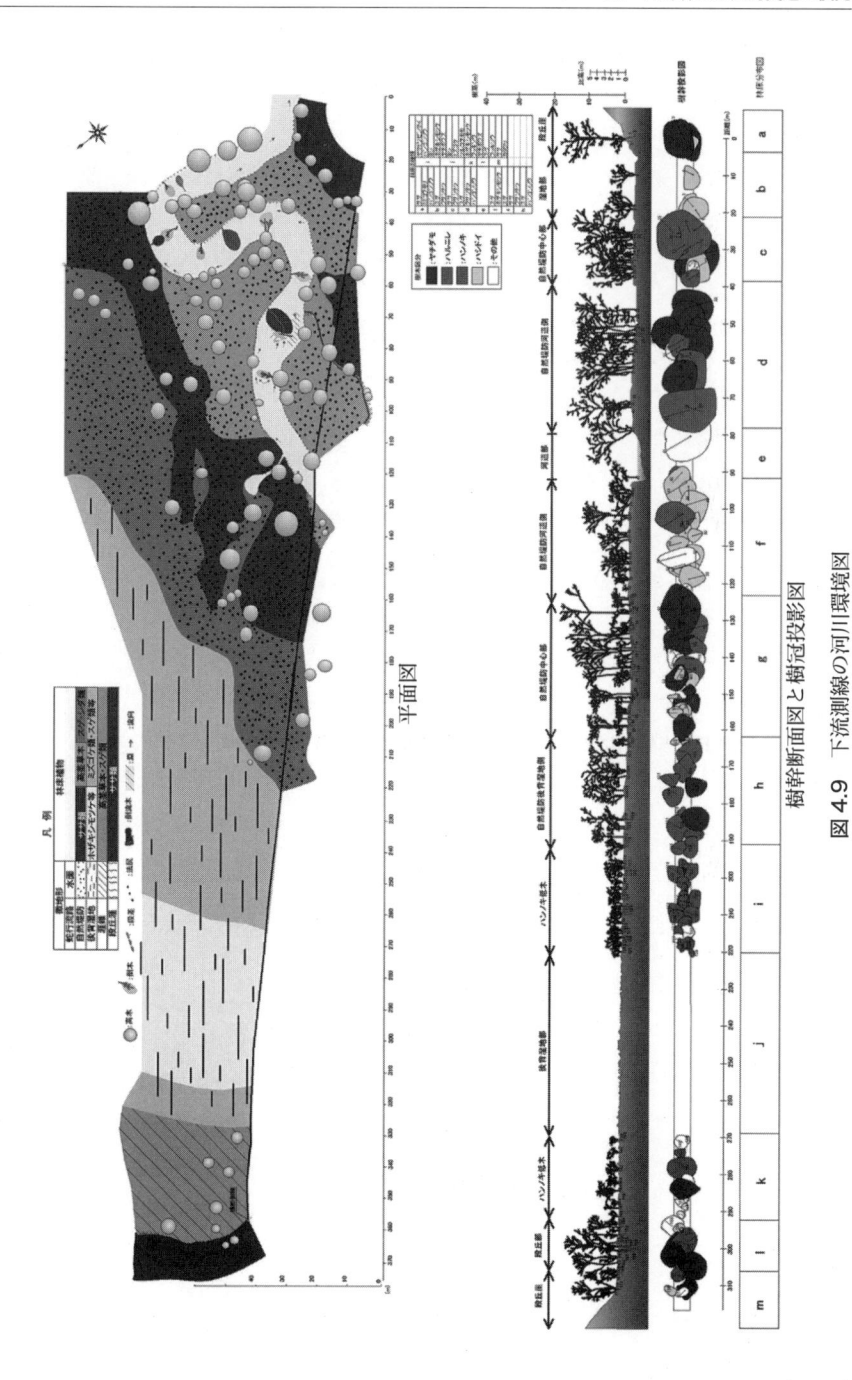

図 4.9 下流測線の河川環境図

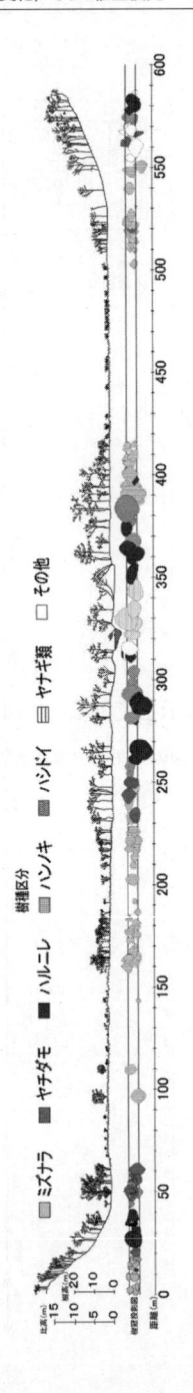

● 第4章 ● 氾濫原植生の特徴と歴史的変化，そして植生復元

図 4.10 上流測線の樹幹断面図と樹冠投影図（岡村ら，2011）

幅10m程度の蛇行流路があり，両岸とも幅100m程度の範囲の自然堤防上に河畔林が見られた．樹木の高さは河岸付近で最も高く20m程度で，次第に樹高を減じて後背低地の湿原に続いていた．また，湿原では段丘崖に近づくと低木が混じり始め，これらは次第に樹高を高めて段丘崖の高木林に推移した．地形的には，自然堤防部と後背低地部の明瞭な比高差は認められなかった．

上流側，下流側とも生育している樹種には明瞭な特徴があり，蛇行流路の周辺の高木層はハルニレが優占し，中層にハシドイ(*Syringa reticulata*)が見られた．ハルニレの外側（流路から離れる方向）にはヤチダモが生育し，次いで，ハンノキ(*Alnus japonica*)へと推移し，樹高を低めて湿原へと続いていた．段丘崖に近づくと，ハンノキの低木が見られ始め，次第に樹高を高めてヤチダモ，ハルニレへと変った．さらに，左岸の段丘崖では，ハルニレより上部にミズナラが生育していた．なお，上流側の蛇行流路の右岸部（距離330～340m付近）には，ハルニレではなくヤナギ類が生育していたが，距離350m付近の段差が示すように，この部分は新しく洗掘を受けた箇所と考えられる．

草本層に関しては，図4.9に示してある．ハルニレの林床ではクマイザサ(*Sasa senanensis*)やミヤコザザ(*Sasa nipponica*)が優占し，ヤチダモが出現する箇所では，ホザキシモツケ(*Spiraea salicifolia*)やヨシ(*Phragmites australis*)が多く，ハンノキが優占する箇所では，谷地坊主のスゲ類(*Carex* sp.)が優占していた．

以上のように，当幌川では，谷底低地における蛇行流路と自然堤防，後背低地（湿地），谷壁（段丘崖）という人為的な地形改変を受けていない典型的な蛇行帯の河川地形が残っている．また，この地形変化に対応して，ハルニレ・ヤチダモ・ハシドイ・ハンノキなどの河畔林および湿原の典型的な分布状態が現在も観察することができる．

標津川も米軍の空中写真が撮影された1950年代までは，当幌川と同じような状態であったと考えられる．標津川が上記のような自然河川の状態であった時代，蛇行流路やその周りの河畔林には，どのような野生生物が生育・生息していたであろうか．

このことを知るため，1950年代以前に標津川とかかわりのあった人々の聞

き取り調査を実施し，その結果を表 4.2 にまとめた．この聞き取り調査で，河畔林の構成種として，ハルニレやヤチダモが多く生育していたことが地域住民から述べられており，これまでの推測が裏づけられている．魚類については，現在，姿を消しかけているイトウ(*Hucho perryi*)が多く生息していたことが述べられている．鳥類を含む陸上動物については，絶滅したと考えられているニホンカワウソ(*Lutra lutra whileleyi*)や，危機的な状況にあるシマフクロウ(*Ketupa blakistoni*)が生息していたことも記憶されており，ヒグマ(*Ursus arctos yesoensis*)やオオワシ(*Haliaeetus pelagicus*)の生息など，原生的な蛇行河川の環境が，わずか 50 年前に，標津川やその河畔に展開していたことが記憶されている．

　原生的な自然環境を宿す当幌川は，河川景観としてどのような特徴があるだろうか．見通しのよい後背低地から蛇行流路のある方向を眺めると，河川のある方向に丘陵があるような錯覚を覚える．しかし，後背低地から蛇行流路の方向に進んでも，地形的な高まりはほとんどなく，流路に近づくほど樹木の高さが次第に増すことで丘陵があるかのような錯覚を持つことになる．そして，蛇行流路の河岸部付近で樹高が最大となる．蛇行流路を渡り，さらに進むと次第に樹高が減じ，再び見通しのよい後背低地に出て，その奥には地形的高まりを伴った段丘崖や丘陵が広がっている．一方，蛇行流路を流れに沿って進むと，両岸にはハルニレ・ヤチダモの巨木が連続的に現れ，ヤナギ類の河畔林を見慣れたものには，河畔ではなく山地の平坦部を歩いているような感覚になる．

　河川および氾濫原の自然再生を考える場合，蛇行流路，自然堤防上の河畔林，後背低地の湿原の再生を目指す必要がある．当幌川の場合，蛇行流路の両岸 100 m，合わせて 200 m の範囲が河畔林の分布域となっていた．標津川の場合も，米軍写真や残された旧川周辺の現存植生から判断して，自然堤防上の河畔林は，蛇行流路の両岸の広い範囲を占めていたと考えられる．このため，現在，引き堤が計画されている河川用地のほとんどの範囲は，かつての自然堤防にあたり，河畔林が分布していたところと考えられる．限られた河川用地の中に，蛇行流路と河畔林，湿原を再生するにはあたっては，不自然な河川景観にならないような十分な検討が必要である．

4.2 河畔林の歴史的変遷と復元

表 4.2 標津川流域聞き取り調査結果

No	性別	年齢	居住区域	入植開始時期・居住時期	入植者	樹木	魚類	陸上動物 生活区域で見かけたことがある
1	男性	84	共成	大正	親?	丘の上(ミズナラ),川の近く(ハルニレ,ヤチダモ,ヤマハギ).現在はヤナギ類が多い	イトウ,サケ,サクラマス	ヒグマ
2	男性	76	共成	大正3年	親	ハルニレ,ヤチダモ.本流(ヤチダモ,ハルニレ,ヤナギ類,ハンノキ,シラカンバ)	サクラマス,カワガレイ,モクズガニ,イトウ,アメマス,ヤツメウナギ	ヒグマ,エゾシカ,キタキツネ,ユキウサギ,カワウソ,イタチ,オオワシ,シマフクロウ,エゾフクロウ,ミヤマカケス
4	男性		養老牛	昭和22年	本人	ミズナラ,シランカバ	サクラマス,イトウ,オショロコマ	ヒグマ,ユキウサギ,キタキツネ,エゾシカ
5	男性	76	養老牛	昭和4年		ミズナラ,シラカンバ,ハルニレ,ハンノキ	サクラマス,ニジマス,オショロコマ	ユキウサギ,キタキツネ,エゾリス
7	男性	75	計根別			ニレ,ヤチダモ,ミズナラ,カシワ,ケヤマハンノキ,ハンノキ,シランカバ	イトウ,サクラマス,サケ	ユキウサギ
8	女性	55	東武佐	昭和37年	本人	ミズナラ,シラカバ,マツ類,イヌエンジュ	オショロコマ,サケ,アカハラ	ユキウサギ,キタキツネ,ノネズミ類
9	男性	78	開陽	大正10年	親	ミズナラ	サクラマス,イワナ,サケ,イトウ	ユキウサギ
10	男性	78	川北			ハンノキ,ハルニレ,ヤチダモ,ヤマハギ	イトウ,サケ,サクラマス(専業の漁師がいた)	ヒグマ,シマフクロウ,エゾリス,ユキウサギ
11	男性	61	河口付近			合流点上流(ヤチダモ,シラカンバ,オニグルミ,ハシドイ,ツリバナ,ケヤマハンノキ,ハルニレ,ヤチダモ) 合流点下流(ヤチダモ,ハルニレ,オニグルミ,ケヤマハンノキ)	イトウ(60～70cm,最大140cm)	ヒグマ(多かった)

注) 聞き取り調査の生物名は, 種名が特定でないものも含むため, 学名は省略した.

また，現在，ヤナギ林となっている箇所の取り扱いについても，十分な検討が必要である．聞き取り調査で確認されたシマフクロウの営巣には，ハルニレのような大径木の樹洞（竹中，2002）が必要であり，ハルニレ・ヤチダモを中心としたかつての河畔林の再生が急がれる．周辺にはハルニレ・ヤチダモの母樹林も残されていることから，長期の時間が経過すれば，これらが更新する可能性は高い．しかし，現在のシマフクロウの個体数や危機的な生育環境を考えると，早期の再生も必要になると考えられる．

4.2.2 河畔林はどのように変遷したか？

標津川の中標津町市街地から下流区間では，1980（昭和55）年ごろまで捷水路工事が実施され河道の直線化が進み，洪水の危険性が軽減された（北海道開発局，2008）．その一方で，本来，河川下流域に分布していた植物群落は著しく少なくなった．前節でも述べたように，北海道の河川下流域では川は蛇行し，流路に接する自然堤防上にはヤチダモとハルニレが主体の河畔林が成立する．その背後にある後背湿地にはハンノキが主体でヤチダモが混生する湿地林と湿原が分布する（大野，1988；冨士田，2002）．このような発達した河畔林でも，場所によっては増水や氾濫によって破壊されることもあったはずで，全体としてはさまざまな発達段階の森林のパッチがモザイク状に分布していたと考えられる．本来の自然再生とは，こうした動的な河畔林の形成過程とその仕組みを取り戻すことにほかならないものの，その過程は十分に明らかにはされてはおらず，仕組みにも不明な部分が多い．

現状の標津川下流域の河畔林の多くは，オノエヤナギやエゾノキヌヤナギ（*Salix pet-susu*）などのヤナギ類とケヤマハンノキによって占められており（写真4.3），モザイク構造を欠く単調なべた塗りの森林といえる．ヤチダモやハルニレもヤナギ林内にわずかには生育しており，また一部ではまとまって残存してはいるものの，量的にはごく少数である．

標津川における河畔林再生を目指す場合に，そのスタートは現状の河畔林がキーになる．幸いなことに河畔林を構成する樹木には年輪があるので，現状の様子を調べることによってそこに至った経過も知ることが可能であり，それに影響した要因を考察することもできる．ここではこのような認識のも

4.2 河畔林の歴史的変遷と復元

写真 4.3 標津川共生橋上流の河畔林の状況

とに，過去の時間軸に沿った河畔林の変化を河畔林構成個体の年輪判読をもとに解析し，河道の直線化が与えた影響を考察する．

標津川の古道遺跡から中標津町市街地までの区間と，その支流に調査区を設けて河畔林を調査した．当幌川など，蛇行が残されている周辺の河川でも同様の調査を実施して，両者を比較した．調査区の大きさは生育する樹木に応じて数 m^2 から $400\ m^2$ の正方形（方形区）とした．河畔林の保存状態のよい 2 地点では，樹木の分布と河川周辺の地形との対応を把握するために河川を横断する形で長いベルト状の調査区（帯状区）を設定した．この 2 地点の状況については前節でも触れた河川本来の蛇行が残されている当幌川の緑流橋付近に位置し，長さは $330\ m$ から $650\ m$ である（図 4.9，図 4.10）．

各調査区では樹高 $1.3\ m$ 以上の樹木個体の種類と大きさを調査し，帯状区ではその位置も記録した．その後，方形区ではそれぞれ 10 個体を目安に，また帯状区ではそれぞれ 70 個体前後で樹齢調査を実施した．

樹齢調査では，主に成長錐（**写真 4.4**）を用いて年輪のコアを採取した．成長錐とは幹にねじ込む鋼製の器具で，パイプの内径に相当する材標本を採取できるので，そこに刻まれている年輪を観察した．採取した年輪コアは実験室に持ち帰り，カッターで表面を切削して年輪境界を見やすくしてから年輪数を数えるとともに，実体顕微鏡をセットした微動ステージ上で $0.01\ mm$ 単位の年輪幅も計測した（**写真 4.5**）．このため，ここで示す樹齢とは地上ほぼ

写真 4.4 成長錐による年輪コアサンプルの採取の様子

写真 4.5 ヤチダモの年輪コアサンプルの一例(サンプルの直径は 5.15 mm)
このサンプルは左から右に成長しており,矢印は 4 年分の年輪境界を示している.各年輪の最初の部分には毎年の春に形成された大径の道管が並び,こうした種の材を環孔材と呼ぶ.

50 cm の高さでの年齢になるが,落葉広葉樹の場合は成長が一般に早いので,地上 50 cm に達する年数は長くても 5 年程度と推測され,以下では計測値に 5 年を加え地表面における樹齢として扱っている.

　現在の河畔林は,どのように成立したのだろうか.標津川とその支流(以下,標津川)における発達した河畔林構成種の樹齢構成(図 4.11 上)と,周辺で蛇行河道の残されている当幌川など(以下,周辺河川)におけるそれらの樹齢構成(図 4.11 中)とは基本的に類似していた.樹齢調査は複数の年度にまたがって実施したので,この図では,2006 年以前にサンプルを採取した個体でも樹齢は 2007 年のものとして表示している.どちらの河川でも樹齢 100 年

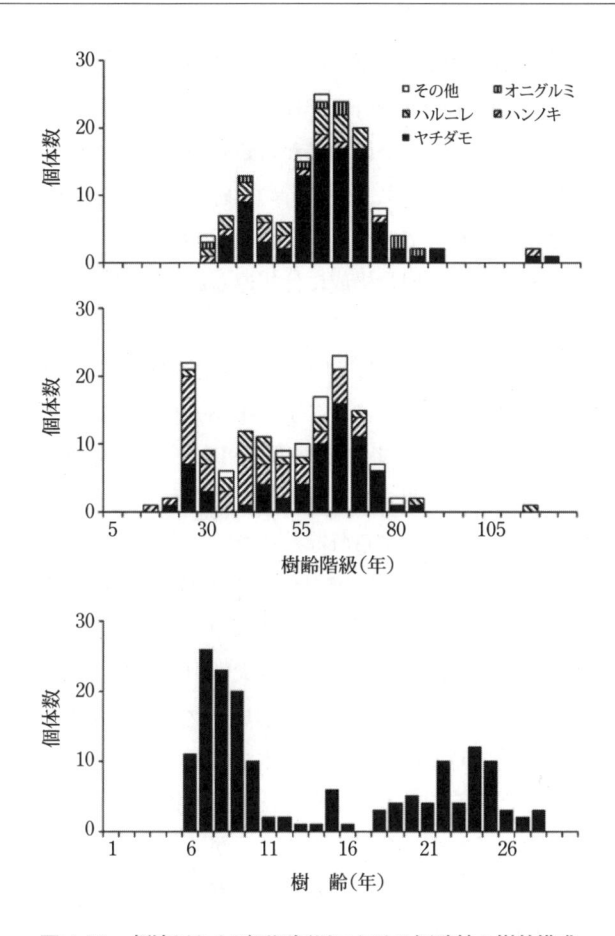

図 4.11 標津川および周辺河川における河畔林の樹齢構成
上から順に，標津川における主要な河畔林構成種の樹齢構成，周辺河川における主要種の樹齢構成，および標津川でのヤナギ類とケヤマハンノキの樹齢構成．上2図と下の図とでは横軸のスケールが異なることに注意．標津川ではさらに275年までと200年までの階級にヤチダモ1個体ずつが生育し，周辺河川でも200年までの階級にハルニレが1個体，195年までの階級にヤチダモが1個体生育している

から200年の個体がわずかに分布してはいるものの，ほとんどは約85年以下であった．ハンノキ，ヤチダモとハルニレの3種で樹齢構成が異なっている傾向はなかったものの，ヤチダモが最も多数だった．これら3種のうちで，ヤチダモの寿命は少なくとも250年(中江ら，1960；吉住，1986)，ハルニレ

は360年(矢島・松田，1978)程度なので，現状の標津川，周辺河川の主要な河畔林の林分としての年齢は十分に発達したものでないことは明らかである．なおハンノキでは，本種が頻繁に根株から新しい幹を形成して入れ替える性質(萌芽性)を持っているために，地上幹の年齢はわかっても株自体，すなわち個体の寿命はよくわかっていない(冨士田，2002)．

　両河川における主要種の樹齢構成には相違もあり，標津川では最も若い個体は26年から30年の階級に属していたのに対して，周辺河川ではさらに若く，16年から20年の階級に属していた．また，標津川で広範囲に林分を形成しているオノエヤナギ，エゾノキヌヤナギ(*Salix pet-susu*)とケヤマハンノキの樹齢は，どれも28年以下であった(図4.11 下)．周辺河川にはヤナギ主体の若い林分はあまり見られず，まれに見られてもほとんどの個体で中心部が腐朽していて樹齢データは得られなかった．

　以上のように，両河川において河畔林の主要な構成種の樹齢がほとんど100年に満たないのは，これより高樹齢でサイズの大きな個体が伐採されたからに違いない．両河川に共通して第二次世界大戦中から敗戦直後に相当する今から70年前から56年前ごろに顕著な樹齢ピークが認められることから判断すると，その少し前の時期に集中的に上木が伐採され，空いたスペースに現存個体が定着したと考えられる．こうした伐採の様子は，中標津町の郷土資料館に所蔵されている写真資料にも見ることができる．もちろん，標津川ではその後の捷水路工事の際にも樹木が排除整理され，同様に空間が形成されたものと考えられるが，その年代は最下流のサーモン橋近辺を除いて1955年以降なので，この樹齢ピークとは一致しない．

　では，戦中，敗戦時の伐採後にヤチダモなどの主要樹種が大量に定着し，その後の捷水路工事時には定着できなかった理由はなんだろうか．その要因を完全に特定することはできないものの，戦中から敗戦直後には標津川にも蛇行が残されていたことから判断すると，伐採によって定着空間が形成されたことに加えて，その時代には頻繁に発生していた洪水によって新鮮な土砂が堆積するなど，定着に適した立地が形成されていたものと考えられる．しかしその後の標津川では，捷水路化に伴って裸地は形成され続けたものの，流路の直線化とそれに伴う河床低下によって洪水が発生しにくくなり，定着

に適した立地も形成されにくくなったと考えるのが妥当であろう．このことは，蛇行が残されている周辺河川では，近年でも少ないながらも新規個体が定着していることからも，直線化による洪水撹乱の減少が更新を難しくしていると考えられる．詳しい状況は不明だが，周辺河川では大小の氾濫によって定着立地が近年でもわずかとはいえ形成されていると考えられる．

　森林を構成する樹木個体の定着，更新様式に関しては，山地や平地の森林で研究が進んでいるものの，河畔林を形成する主要種では不明な部分が多い．その最大の理由は，研究対象となる森林があまり残っていないことだと思われる．その中で，河川上流域から下流域にかけて幅広く分布するハルニレは，大小の規模による土砂堆積をきっかけに定着することが実証された（今・沖津，1995；1999）．近年になって，過湿な立地にハンノキが急速に拡大して湿原面積が減少していることが報告されるようになったものの，すでに述べた萌芽特性が原因で実際の定着過程そのものが明らかにされた例はごく少ない．最近になって石川と矢部（2009）は釧路湿原南部において，現状のハンノキ林辺縁部に接した外側の部分では，連続的にハンノキ稚樹が定着しているのではなく，ある特定の時期に一斉に定着していることを明らかにした．こうした事例研究に，その時代に発生した周辺環境の変化・改変を明らかにすることによって，ハンノキ個体の定着の仕組みを推察できるだろう．

　ヤチダモの更新過程とその仕組みに関しては，上2種に比べて不明な点がさらに多い．ヤチダモの種子は複雑な休眠・発芽特性を持っており，夏の終わりに散布される少数の種子は翌春に発芽するものの，秋以降に散布される種子の多くは休眠し，翌々年の春にならないと発芽しない（浅川，1956）．主体となる秋散布の種子が無事に2年後以降に発芽定着するには，種子散布時点で発芽適地が形成されていることに加えて，発芽前に翌年以降の洪水で流されたり過剰な土砂に埋もれないこと，あるいは適切に埋もれることなどが必要だったはずだ．これは，かなりデリケートな仕組みといえそうだが，改修以前の河川ではごく普通に起こっていたことになる．開けた場所に定着した直後のヤチダモ集団を発見できればこのシナリオに関する多くの情報が得られるはずだが，北海道各地の河川で探してもいまだに発見できない．このため，今後は発芽・定着試験などの実験的な手法もとる必要がある．

以上のように標津川では，直線化によって主要種，特にヤチダモの定着立地が形成されるデリケートな仕組みが失われたことは確実であろう．このことは標津川に限らず，北海道，さらには全国各地の河川でもさほど状況は変わらないと懸念される．下流の自然堤防上で最も優占していたはずのヤチダモは，上木としては存在していても，河川の働きから切り離されて定着・更新はまったく期待できない状況にあることが危惧される．その解決とは，やみくもに植樹などを行うのではなく，実生稚樹の定着と更新の仕組みを解明してこれを復元することにほかならない．その際，この仕組みをどこまで復元できるかは，それぞれの河川のおかれた自然条件のみならず，社会的状況にも影響を受けるため，このことを意識した議論が不可欠といえる．

4.2.3　河畔林をどのように復元すべきか？

　これまで，河畔林の再生の目標となるかつての標津川の河畔林の姿と，それらの更新過程について述べてきた．ここでは，これらを踏まえて，河畔林の再生の考え方と具体的な方法について述べる．

　河畔林の種構成と構造は，流水の撹乱体制により特徴づけられ，陸域の森林とは異なる．前項で述べたように，河畔林の更新は，流水の撹乱体制と密接に結びついていることから，河畔林の再生にあたっては，流水が撹乱をもたらす高頻度冠水域を対象として考えるのが基本となる．そして，本来の河畔林の再生とは，こうした動的な河畔林の形成過程とその仕組みを取り戻すことにほかならない．つまり，実生稚樹の定着と更新の仕組みを解明してこれを復元することが重要である．

　ところが，治水的観点から人為が加えられたことにより，河川氾濫原における樹木の生育環境は大きく変化している．このため，堤防で囲まれた堤外地でも，河道の直線化による河床の低下や貯水ダムによる洪水調節によって洪水撹乱頻度が小さくなり，かつての河畔林の生育域とは異なる環境となったところが多い．旧川周辺のように原生的な動植物の生息・生育空間が残されているところでは，現状に手を加えることは控えるべきであるが，標津川の引き堤予定地には，一度裸地化されヤナギ類の繁茂しているところや，これまで牧草地として利用されてきた高水敷が大きな面積を占めている（図

4.12)．このような立地条件のところは，前節に述べられているように，自然に放置してもかつてのハルニレやヤチダモの河畔林には容易に遷移しないと考えられる．

このような堤外地にありながら流水の撹乱が期待できないヤナギ林や牧草地をどのように扱うべきであろうか．前項の結論からは，このような空間は，掘削を行い，河床との比高差を縮め，冠水頻度を高める必要があると考えられる．しかし，掘削することに関しては，土砂の流出源になるとの懸念や多額の税金を投入して実施することに対する反対も多い．したがって，河畔林の再生にあたっては，本来の動的更新プロセスを活かした河畔林再生を目指す高頻度冠水域と，これらを補う低頻度冠水域に分けて考える必要があると考えられる．

これまで述べたように，流水の撹乱に伴う河畔林の形成過程が十分に明らかにはされておらず，また，その仕組みにも不明な部分が多い．そこで，高頻度冠水域に関しては，流水の撹乱を許容し，かつ，十分な種子散布を保証できる河川環境に戻すことが最初の一歩になると考えられる．そして，順応的な管理を進めるなかで，流水の撹乱と実生稚樹の定着，その後の更新の仕組みを解明し，これを復元する手法を今後確立する必要がある．

一方，低頻度冠水域は現状のままに放置すべきであろうか．以下の4つの理由から，答えは否である．その1つ目の理由は，非冠水区に造成された樹林帯が，高頻度冠水域に対する母樹林の役割を果たす必要があるからである．つまり，前述した高頻度冠水域で，かつての更新過程を復元するためには，種子の自然散布が不可欠である．かつては，自然堤防上や周辺の丘陵・段丘崖の斜面下部に母樹となるハルニレやヤチダモの大径木が広く分布し，大量の種子を散布していた．しかし，現在，母樹林となるべき自然林の多くは失われている．そこで，これに代わるものとして，非冠水区に樹林を造成することで，母樹林の役割を持たせることができると考えている．

2つ目に，外来種の侵入を防ぐため，治水工事に伴って出現する裸地を速やかに在来種で覆う必要がある．近年，河川域でのニセアカシアの繁殖が著しく，工事跡の裸地は絶好の侵入地になり（崎尾 編，2009），すでに北海道各地にニセアカシアは旺盛に生育している．また，ここで繁殖したニセアカシ

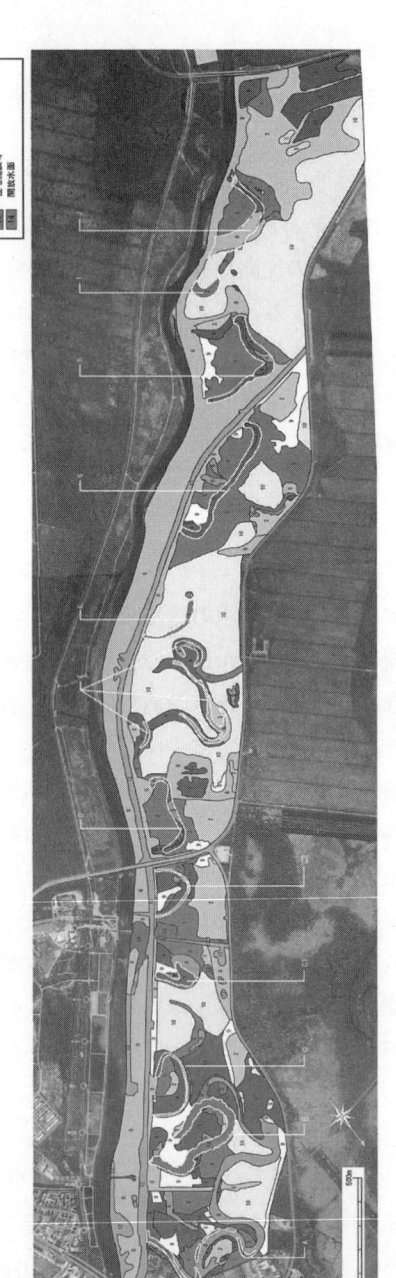

●第4章●氾濫原植生の特徴と歴史的変化，そして植生復元

図4.12 標津川周辺の現存植生

アは，高頻度冠水域への種子の供給源となり，堤外地全体がニセアカシア林となる危険性が生じる．これを防ぐためには，工事跡の裸地を早期にハルニレやヤチダモの在来種で覆うことが有効な対策となる．

3つ目は，ハルニレやヤチダモの大径木に依存する野生動植物の問題である．この50年間で標津川下流の蛇行帯ではニホンカワウソが絶滅し，シマフクロウが姿を消し，さらに，イトウが姿を消しつつある．絶滅が危惧されているシマフクロウはドロノキ(*Populus maximowiczii*)やハルニレの大径木の樹洞に営巣することが知られており(竹中，2002)，河川沿いにハルニレの大径木を早期に生育させる必要がある．

4つ目は，ランドシャフト(山脇，2004)としての課題である．標津川の下流部では，引き堤により広大な堤外地が造られている．この中には，牧草地として利用されているところも多い．この空間にかつての標津川の連続する鬱蒼とした河畔林を再生することは，野生生物だけでなく，人間の心を満たす大切な要素の1つと考えられる．

以上のように，低頻度冠水域については，高頻度冠水域の河畔林の再生を，生態的，時間的，景観的に補うため，極力，人為を排し，かつ，速やかな樹林の造成が望まれる．

上記の要望を満たす樹林の造成はどのようにすべきであろうか．自然に近い樹林の造成法として開発されたものに生態学的混播・混植法(岡村，2004)がある．この方法は，自然林の一部が台風などによる強風で倒れ，根返りを起こした状態での再生過程を想定している．**図4.13と写真4.6**は，2004年の台風16号による強風で網走川下流の河畔林で発生した根返り跡地でのヤチダモの更新状況を示したものである．図のように，ヤチダモの実生は2006年(一部2005年に発生)に集中して発生し，その後，本数を減らしながら順調な樹高成長を示している．将来的には，1か所の根返り跡地に数本の樹冠層に達する個体が出現すると考えられる．

生態学的混播・混植法はこの事例のように，根返りの結果，根系が広がっていた範囲の地表部が裸地化し，そこに自然散布された種子がほぼ同時に発芽・成長する過程を再現しようとしている．そして，先駆性の樹種から遷移中・後期種へと遷移する過程を復元しようとするものである．根返りによる

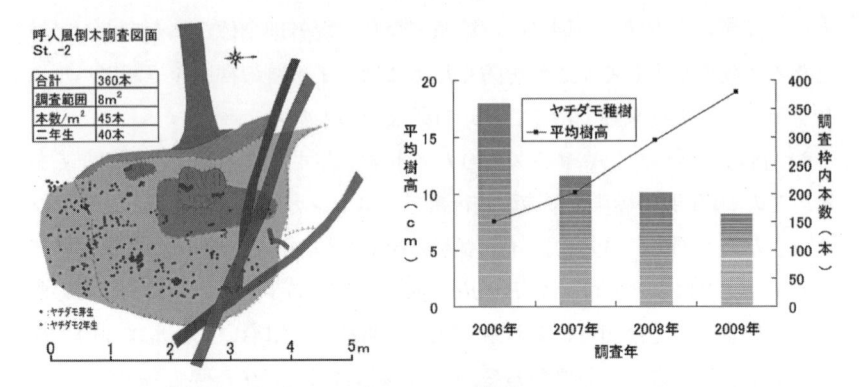

図 4.13　根返り跡地のヤチダモの更新状況(岡村ら，2011)

写真 4.6　根返り跡地に発生したヤチダモの実生(網走川河畔)

　裸地に注目したのは，少ない種子や小苗で同種内の個体間および異種間の競争関係を実現するためである．つまり，裸地以外の部分に散布された種子は発芽，成長の機会が少ないことから，根返りによる裸地に相当する規模の円内に混播・混植することで，少ない種子や小苗で自然に近い競争条件を作ることが可能と考えたためである．

　上記の方法の開発は，1991(平成3)年から北海道の河畔林の再生法として着手し，目標の設定・種子の採種・苗の養成・植栽・記録・追跡調査・評価の全体を含んだシステムとして1995年ごろ現在と近い方法を確立した．その後，現在まで約20年間，実証過程に入っている．

　図 4.14 および写真 4.7 は，石狩川支流忠別川で1998年に実施した事例で

ある．ここは，平面図に示すように霞堤と連続堤に挟まれたところにあり，下流側は農地となり，上流側は湿地状でドロノキやヤナギ類の大径木が生育している．これらの樹木は，霞堤の施工後に侵入したものと考えられる．この既存林と連続堤の間に施工され，根返り跡地を想定した径 3 m の円（1 ユニット）が 100 ユニット配置されている．図の左下に径 3 m の円の 1 ユニット内に苗の導入位置が示してある．苗は，樹高 3～15 cm 程度の小苗であり，全体で 23 種が用意され，その中から任意に 10 種ずつ選択して各ユニットに植栽された．図の左上は 11 年を経た 2009 年における 1 つのユニットの樹幹を示し，その下は，ユニットの周りの樹冠を示す．また，図の右上には，霞堤から忠別川の低水路までの地形断面とその上の既存林および生育してきた導入林の樹幹断面と樹冠投影図が示してある．

　ここでは，11 年で先駆性のシラカンバは樹高 12 m 近くに達し，その下には，遷移中・後期種が順調な生育を見せている．下層木が上層木に被圧されないのは，ユニット間に十分な空間があり，側方の光を利用できるためと考

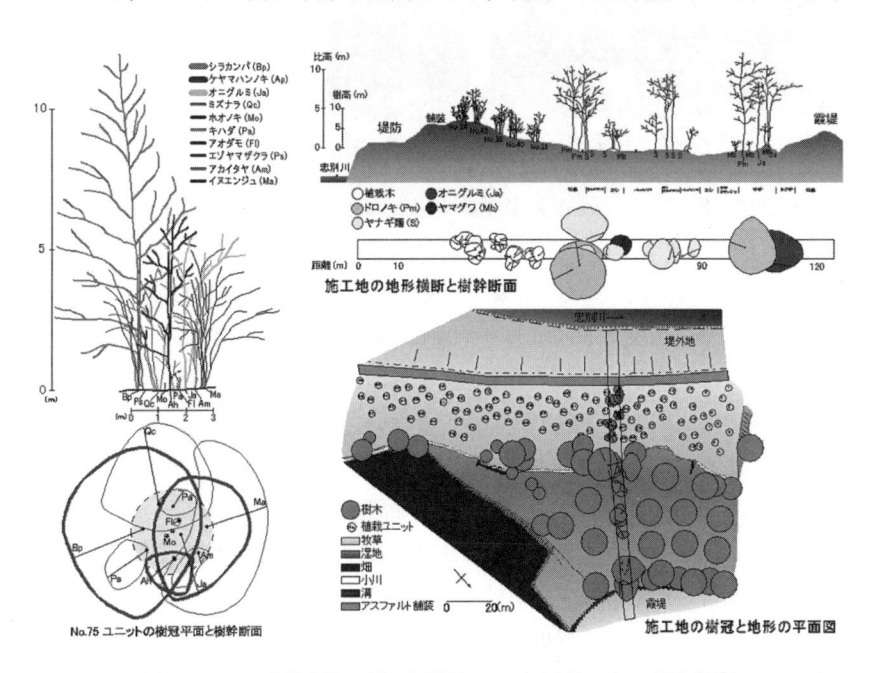

図 4.14　忠別川における生態学的混播・混植法による河畔林再生の事例（岡村ら，2011）

● 第4章 ● 氾濫原植生の特徴と歴史的変化，そして植生復元

写真 4.7 忠別川河畔での生態学的混播・混植法の実施(上)，11年後の推移(下)

えられる．そして，早いものは結実を始めている．この施工地周辺でも，堤内地は農地や市街地となっており，また，河川周辺に生育している樹木は，河川改修後に侵入したドロノキやヤナギ類が大半である．このため，原生的な河畔林の構成種の種子散布は期待できない．

　以上のように，生態学的混播・混植法では，低頻度冠水域に10年程度で生態的，時間的，景観的に望ましい樹林を経済的に造成することが可能であることが確認されつつある．この方法は，標津川でも実施されており，現段階では，期待した定着や成長が見られている．また，本方法は，樹種のレベルだけでなく，遺伝子レベルの多様性も重視する．このため，従来手法のような同一樹種の大量生産，広域使用を前提とした種子の採取や苗の生産では

なく，多種類の樹種の少量生産，地域限定使用が必要となる．このためには，地域の人々の協力が不可欠であり，住民参加もこのシステムを実行するうえで大きな役割を果たしている．

《引用文献》
1) 浅川澄彦(1956)：ヤチダモのタネの発芽遅延についての研究(第1報)，これまでの研究のあらましとトネリコ属植物のタネの比較観察，林業試験場研究報告 83，pp.1-18.
2) 富士田裕子(2002)：4 湿地林，水辺林の生態学(崎尾 均，山本福壽 編)東京大学出版会，pp.95-137.
3) Fujita, H. & Fujimura, Y. (2008): Distribution pattern and regeneration of swamp forest species with respect to site conditions "Ecology of Riparian Forests in Japan Disturbance, Life History, and Regeneration"(Sakio, H. & Tamura, T. Eds.), Springer, pp.225-236.
4) 北海道開発局(2008)：標津川水系河川整備計画(指定河川).
5) 北海道庁第二部殖民課(1891)：北海道殖民地撰定報文 完，北海道出版企画センター(復刻版).
6) 石川幸男，矢部和夫(2009)：樹体の内部形態をもとにしたハンノキの株年齢の判読とハンモック形成過程の推定，日本生態学会誌 59，pp.83-89.
7) 今 博計，沖津 進(1995)：浅間山麓と戸隠山麓に分布するハルニレ林の構造と更新，千葉大学園芸学部学術報告 49，pp.99-110.
8) 今 博計，沖津 進(1999)：浅間山麓の冷温帯落葉樹林におけるハルニレ林の更新に果たす地表かく乱の役割，日本林学会誌 81，pp.29-35.
9) 倉本 宣，井上 健，鷲谷いづみ(1993)：多摩川中流の流水辺における河辺植生構成種の分布特性についての研究，造園雑誌 56，pp.163-168.
10) 目崎茂和(1981)：河道，地形学辞典(町田 貞 ら 編)二宮書店，p.108.
11) 中江篤記(1959)：ヤチダモ天然林の実態調査における 2, 3の知見について，北方林業 11，pp.120-123.
12) 中江篤記，真鍋逸平(1963)：京都大学北海道演習林におけるヤチダモの育林学的研究 第Ⅶ報 ヤチダモ苗の成長に及ぼす火山灰性黒色土壌の含有水分の影響について，京都大学農学部演習林報告 34，pp.2-36.
13) 中江篤記，辰巳修三(1964)：京都大学北海道演習林における"ヤチダモ"の育林学的研究 第Ⅷ報 人工造成地土壌の理化学的組成と成長量について，京都大学農学部演習林報告 35，pp.157-176.
14) 中江篤記，辰巳修三，酒瀬川武五郎(1960)：京都大学北海道演習林におけるヤチダモの育林学的研究 第Ⅰ報 ヤチダモの育林に関する基礎的研究(天然生ヤチダモ老齢林の生育状況について)，京都大学農学部演習林報告 29，pp.33-64.
15) 中江篤記，辰巳修三，酒瀬川武五郎(1961)：京都大学北海道演習林における"ヤチダモ"の育林学的研究 第Ⅱ報 ヤチダモ壮令林における林分構造，成長過程並びに植生型について，京都大学農学部演習林報告 32，pp.1-20.
16) 新山 馨(1995)：ヤナギ科植物の生活史特性と河川環境，日本生態学会誌 45，pp.301-

306.
17) 岡村俊邦(2004)：生態学的混播・混植法の理論 実践 評価，石狩川振興財団．
18) 岡村俊邦(2011)：2 石狩川の河畔林再生の取り組み，写真で見る自然再生(自然環境復元協会編)，オーム社，p.p.12-17.
19) 岡村俊邦ほか(2011)：寒冷地における原生的な河畔林の姿とその再生法，自然環境復元研究 5(印刷中).
20) 奥田重俊(1978)：関東平野における河辺植生の植物社会学的研究，横浜国立大学環境科学研究センター紀要 4, pp.43-112.
21) 大野啓一(1988)：Ⅲ 植物群落 A. ブナクラス 1) 自然植生 (4) 湿性林・湿地林，日本植生誌(9) 北海道(宮脇 昭 編)至文堂, pp.180-189.
22) 大谷　徹，田中長光，工藤容子(2000)：多摩川における植生管理に関する研究，リバーフロント研究所報告 11, pp.139-151.
23) 大矢雅彦(1981)：自然堤防，氾濫原地形学辞典(町田 貞ほか 編)二宮書店，p.240, pp.502-503.
24) 崎尾 均編(2009)：ニセアカシアの生態学，外来種の歴史・利用・生態とその管理，文一総合出版．
25) 竹中 健ほか(2002)：ロシアにおけるシマフクロウの生息環境調査と日本の保護への応用，第 11 期プロ・ナトゥーラ・ファンド助成成果報告書, pp.29-37.
26) 矢島 崇，松田 彊(1978)：北海道北部針広混交林における主要樹種の生長について，北海道大学農学部演習林研究報告 35, pp.29-63.
27) 山脇正俊(2004)：近自然学—自然と我々の豊かさと共存・持続のために，山海堂
28) 吉住琢二(1986)：北海道大学雨竜演習林におけるヤチダモ林の構造と生態について，日本林学海北海道支部会講演要旨集 35, pp.156-158.

第5章
蛇行河川と水生動物

5.1 蛇行河川に棲む希少淡水二枚貝，カワシンジュガイ：分布，生態と保全

　カワシンジュガイという名の淡水二枚貝を川で見たことがある人はそれほど多くないかもしれない．というのも，この貝は成貝でも殻長が 14 cm と大型ではなく，ふだんは殻長の 1/2 から 3/4 くらいを河床基質に埋めて定着生活を送っていることに加え，貝殻の外面は黒っぽい色を呈しているため，水メガネを使用してしっかりと観察しない限り，人目につきづらいからである．
　かつて日本では本州の日本海側地域と太平洋側のほんのわずかな地域，および北海道のほぼ全域に分布していたが，近年における河川環境の人為的改変の影響を受けて，関東以西の幾つかの県（福井，島根，山口）ではすでに絶滅し，また地域個体群サイズの小さい県（栃木，長野，岐阜，岡山，広島など）でも絶滅寸前の状況にあるという（近藤・増田，1998）．こうした分布域の縮小や個体群の絶滅が進行していることから，本種は絶滅危惧種に指定されている（環境庁，1991）．ところが最近になって，アロザイム解析と形態比較の研究（Kurihara et al., 2005）および宿主魚類への選好性の違いに関する研究（Kobayashi & Kondo, 2005）によって，日本には1種しか存在していないとされていたカワシンジュガイに独立した2種が内包されていることが明かになった．そのうちの1種は従来のカワシンジュガイの模式標本に相当することからカワシンジュガイ（*Margaritifera laevis*）とされ，もう1種は新種のコガタカワシンジュガイ（*M. togakushiensis*）に分類されたのである（Kondo &

Kobayashi, 2005)．こうした再分類の経緯から，本来ならばそれぞれの種の生物学的特徴に基づいて2種を区別して扱わなければならない．しかし，まだこの種分類が行われていなかった状況下で調査された結果については，種の区別が困難であるためカワシンジュガイ種群という用語を用いて表現することをあらかじめ断っておくことにする．

　本章では，カワシンジュガイ種群はどのような生活環を持つのか，その生活環の中で重要なイベントである幼生期における宿主への寄生にどのような魚類が利用されているのか，現在の標津川水系ではどこに生息場所があるのか，および標津川の蛇行試験区に成貝を移植するとうまく定着することができるかという調査の結果を紹介する．調査は2004～2008年に標津川水系で行った．また，それに基づいて個体群の健全さを損なう原因は何であるのか，さらには絶滅を回避するために必要な好適な生息環境の復元・保全について考えることにしたい．

5.1.1　カワシンジュガイ種群の生活環と宿主−寄生関係

(1) ユニークな生活環

　カワシンジュガイ科は北半球で周極的に分布する冷水性の淡水二枚貝類グループである(Smith, 2001)．その仲間であるカワシンジュガイ種群は，サハリン，日本列島に生息することから，この科の中では分布南限域に分布する種であるといえる．本種は，本州の南西部と中央部では河川の渓流域の砂礫底を主なハビタットとして生息するが，それより高緯度に位置する北海道の低地帯や湿原地では蛇行河川の平瀬の砂泥底に高密度でパッチ状に生息していることもしばしば見られる．その幼貝と成貝は河床に貝殻の半分以上を埋没させた状態で体を固定し，上流部に向かって外套膜を開いて，流下するデトリタスや小動物を鰓で濾しとって摂食する濾過食者である(写真5.1)．そして，北方の冷水環境で生活するカワシンジュガイ種群は成長が著しく緩やかで，その寿命は100年にも及ぶといわれている．こうした長寿のカワシンジュガイ種群は，その一生をどのように生活しているのであろうか？

　ここでは，本種群の生活環の概要を，岡田・石川(1959)による飼育下における産卵観察，粟倉(1968)と私たちの最近の野外での生態観察結果に基づい

5.1 蛇行河川に棲む希少淡水二枚貝，カワシンジュガイ：分布，生態と保全

写真 5.1 河床で流れに向かって貝殻を開き濾過摂餌をするカワシンジュガイ成貝
（撮影：桑原禎知）

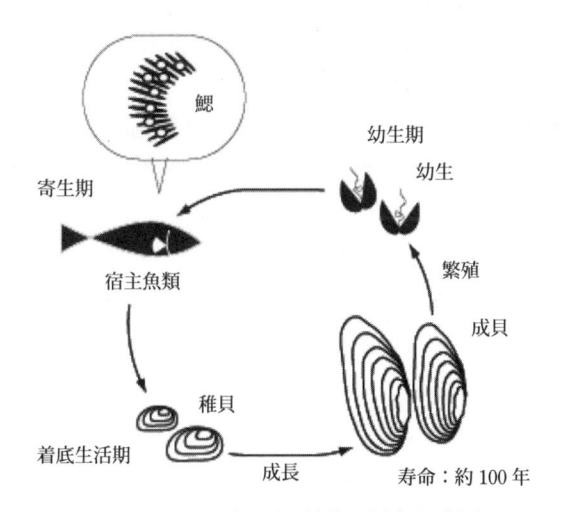

図 5.1 カワシンジュガイ種群の生活環の概略図

て，述べておこう（図 5.1）．

① 産卵：殻長 5～6 cm 以上の成熟成貝から構成される繁殖個体群のうち，上流側に位置するオスが精液を水中に放出し，その下流側に位置するメスが流下する精子を入水管を通して殻内に取り込み，受精が完了する．

② 鰓内での受精卵と幼生の発生：受精卵はメスの 4 枚の鰓葉の鰓板間隙中において発生を進め，殻長約 0.06 mm の幼生（グロキディウム幼生）になって

約 0.4 mm まで生育して，受精後およそ 4 週間で宿主の鰓から離脱する．
③ 幼生の宿主魚類への寄生：水中に放出された幼生は流下する過程で宿主となるサケ科魚類の鰓に取りついて寄生する．寄生した幼生は宿主の鰓で約 2 か月間生育した後，鰓から脱落して河床に着底する．幼生はこの寄生期間に宿主魚類の移動・分散によって主に上流方向に分散する．
④ 稚貝の生活：河床に着底すると変態して稚貝（殻長約 0.5〜0.7 mm）になるが，まだ野外での生態が観察されたことがないので，どのような状態で生活しているのか詳細は不明である．おそらく，流れの比較的緩やかな河床の砂礫の間隙をうまく利用して生活していると予想される．
⑤ 幼貝・成貝の生活：これまでに私たちが野外で観察した最小個体は殻長 17 mm であり，この個体はすでに幼貝と同様に砂礫底に殻の半分以上を埋没させて生活していた．この観察から，それより大型の稚貝は幼貝や成貝とほぼ同じ生活を送ると考えられる．
⑥ その後，生育を続け，殻長 5〜6 cm 以上に達した個体は成熟を開始し，最大殻長約 14 cm に成長するまで，何十年間も繁殖を繰り返した後に死亡する．

これらがカワシンジュガイ種群の生活環を成り立たせている主要なイベントである．その中で特に注目される本種の生活史特性は，幼生期に宿主魚類の鰓に寄生して生活するという共生関係を有すること，およびその一生がおよそ 100 年と私たちヒトに匹敵するくらいに長寿な生物だということである．

(2) サケ科魚類との宿主−寄生関係

北半球北部に分布するカワシンジュガイ科貝類は，その生活史の初期（幼生期）を各種の分布域で共存するサケ科魚類に寄生して生活する（Taylor & Ueno, 1965；Ziuganov et al., 1994；Bauer, 1997）．ここで，両者の共生が宿主−寄生の関係にあるとみなしたのは，カワシンジュガイ科の幼生がサケ科魚類から一方的に栄養を収奪するからである．このうち，旧分類でのカワシンジュガイについては，アマゴ，サクラマス，イワナなどのサケ科魚類を宿主として利用すると報告されてきた（粟倉，1964；Kondo et al., 2000；Kobayashi &

Kondo, 2005).しかし前述したように,旧分類のカワシンジュガイの中に独立した2種,コガタカワシンジュガイとカワシンジュガイが見いだされたことから,それぞれの種について改めて宿主魚類を特定することが必要となった.というのは,カワシンジュガイ種群にとって,宿主魚類はそれらの生活環を成り立たせるうえで,またこれらの生息河川に稚貝を安定してリクルートさせるうえで不可欠なパートナーであるからだ.また,成貝の移動能力が乏しいカワシンジュガイ種群にとって,河川内での移動や支流間での遺伝子流動のチャンスのほとんどは,幼生の寄生期間における宿主魚類の移動によってもたらされるからである(Ziuganov et al., 1994;栗原・後藤,2007).

そこで,コガタカワシュンジュガイとカワシンジュガイが共存する標津川を含む北海道東部の幾つかの河川において,そこに生息するほとんどすべての魚種を対象に,幼生の寄生の有無および寄生期間を調査した.その結果,いずれの河川でも幼生の寄生が認められたのはサクラマス,アメマス,オショロコマに限られ,ほかのウグイやトミヨ属魚類などの在来性魚類はもとより,同じサケ科に属する国外外来種のニジマスとブラウントラウトへの寄生もまったく見いだされなかった(表5.1).

この調査から,カワシンジュガイ種群の宿主魚類候補は上記の3種のサケ科魚類に絞られた.しかし,寄生しているグロキディウム幼生はたいへん小

表5.1 カワシンジュガイ類幼生の魚種別寄生率および寄生期間

宿主魚類 (調査河川)	調査 日数	平均捕獲 個体数	最大寄生率 (％)	寄生 期間
＜コガタカワシンジュガイ＞				
アメマス(標津川)	15	47.6	100	5月～8月
アメマス(春別川)	14	76.4	98.0	5月～8月
アメマス(別当賀川)	15	55.9	76.4	5月～8月
オショロコマ(標津川)	15	32.1	77.0	5月～8月
＜カワシンジュガイ＞				
サクラマス(標津川)	15	56.1	65.0	8月～9月
サクラマス(春別川)	14	38.4	44.0	9月
サクラマス(別当賀川)	15	56.1	38.4	9月

さく(殻長 0.06〜0.4 mm),また外部形態が互いに似ていることから,コガタカワシンジュガイとカワシンジュガイのどちらの幼生であるかを識別することは困難である.そのため,どちらの種の幼生であるかを同定する目的で,宿主候補となった3種のサケ科魚類の鰓から寄生している幼生を取り出してエタノール固定し,実験室に持ち帰って,ミトコンドリア遺伝子マーカーを用いた種判別を行った.結果は明白で,サクラマス幼魚に寄生していた幼生はカワシンジュガイ,一方,アメマスとオショロコマに寄生していた幼生はコガタカワシンジュガイに限られることが明らかになった(**写真5.2**).このカワシンジュガイ種群とサケ科魚類との宿主-寄生関係は北海道の河川で確認されたものであるが,本州南西部の河川ではカワシンジュガイの幼生はアマゴを宿主として利用していることが報告されている(Kobayashi & Kondo, 2005).したがって,日本全域で見ると,カワシンジュガイは分布域で共存するサクラマスとアマゴというサクラマス種群を,一方,コガタカワシンジュガイは同様に共存するサケ科魚類のうちのアメマスとオショロコマというイワナ属種群を宿主にする種特異的な宿主-寄生関係を有しているといえるだろう.

　こうした宿主-寄生関係がいつ,どのように進化したのか,またこの共生関係がカワシンジュガイ種群と宿主サケ科魚類のそれぞれの個体群動態にどれくらいの影響を与えるのかについては,今のところ明らかではない.しかし,この共生関係によって寄生者のカワシンジュガイ種群の河川内分布や幼生放出タイミングに宿主サケ科魚類の生態特性が関与することについては少

写真 5.2 アメマスの鰓に寄生しているコガタカワシンジュガイのグロキディウム幼生

し明らかになりつつある．例えば，武佐川で見られるように，カワシンジュガイとコガタカワシンジュガイの河川内分布は，それぞれの宿主であるサクラマスとアメマス・オショロコマの分布パターンに対応して，前者の分布域は後者のそれと比べて，下流側にずれている．このことは，宿主サケ科魚類の分布と分散能力が寄生者であるカワシンジュガイ種群の河川内での分布を決める重要な要因の1つとなっていることを示唆する．また，幼生の宿主への寄生時期は，サクラマスを宿主とするカワシンジュガイのほうがアメマス・オショロコマを宿主とするコガタカワシンジュガイよりも1〜2か月ほど遅くなっている．これは，河川におけるサクラマス幼魚の降海終了時期とアメマスのそれとの時間的ずれとよく対応していることから，カワシンジュガイとコガタカワシンジュガイの幼生放出のタイミングがそれぞれの宿主魚類の降海時期によって自然淘汰を受けた結果，生じたものと考えられる．

5.1.2 標津川水系におけるカワシンジュガイ種群の分布と物理的・生物的環境

(1) 分布と殻長組成

　カワシンジュガイ種群は標津川水系のどこに生息しているのだろうか？その分布地を明らかにするために，2004年から2006年の夏季に本川と支流において分布調査を行った．調査では，本川の流程に沿った7地点および武佐川などの10支流を選定し，シュノーケリングによる観察と水メガネを用いた観察によって生息の有無を確認するとともに単位面積当たりの生息個体数を計数した．その結果，本川では武佐川との合流地点付近と俵橋下流域においてそれぞれ1個体の分布が見られたのに過ぎず，ほかの調査地点ではまったく生息が認められなかった．一方，支流では武佐川とその支流のシュラ川，チチナ川および名無川においてコガタカワシンジュガイとカワシンジュガイの2種が比較的高い密度で共存していることが認められた(図5.2)．

　今回の調査で，直線流路となっている本川下流部の2か所で各1個体の分布が見られたが，いずれの場合もその生息場所は支流との合流点付近に限られること，および合流点付近では死亡している成貝の空殻が数多く散在していたことから(栗原・後藤，未発表データ)，これらの個体はもとから本川に

生息していたのではなく，季節的に生じる増水などの要因によって支流から流れ落ちた個体であると考えられる．こうした洪水時などにおける幼貝や成貝の流下移動はほかのカワシンジュガイ科貝類でも知られている(Smith, 2001)．以上のことから，現在の標津川水系では，カワシンジュガイ種群は一部の支流に遺存的に生息し，個体群が維持されている状況にあるといえるだろう．

次に，カワシンジュガイ種群の個体群動態において重要な指標となる殻長組成を，比較的密度高く生息する武佐川の流程に沿った調査地点で見ておこう（図 5.3）．図から明らかなように，各調査地点とも，中・大型個体が多く，稚貝や小型個体がたいへん少ない個体群組成になっているのが特徴である．また，各調査地点での最大殻長を見ると，アメマス・オショロコマを宿主とし成貝の殻長が小さいコガタカワシンジュガイが，サクラマスを宿主とし成貝の殻長が比較的に大きいカワシンジュガイよりも，上流方向にずれて分布するにもかかわらず，最上流（武佐橋）での約 7 cm から最下流（本川との合流地点の少し上流部）での約 14 cm へと増大していることがわかる．その原因については，まだ十分に解明されていない現状にあるが，同様の傾向がチチナ川でも観察されることから，増水などによって中・大型個体が上流から下流へ流下移動しているのが原因と考えられる．

今回観察された各支流での個体群組成で最も注目すべきことは，生息密度

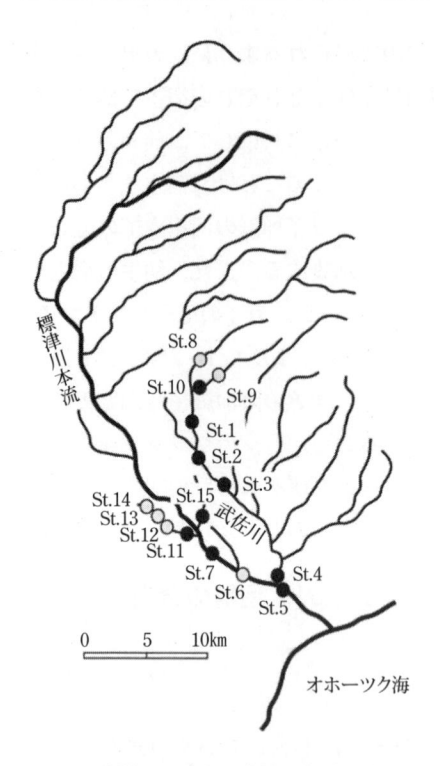

図 5.2　標津川の本川と支流におけるカワシンジュガイ種群の分布

●：生息地，○：非生息地
St. 11～14 は支流のチチナ川，St. 15 は支流の無名川に位置する．

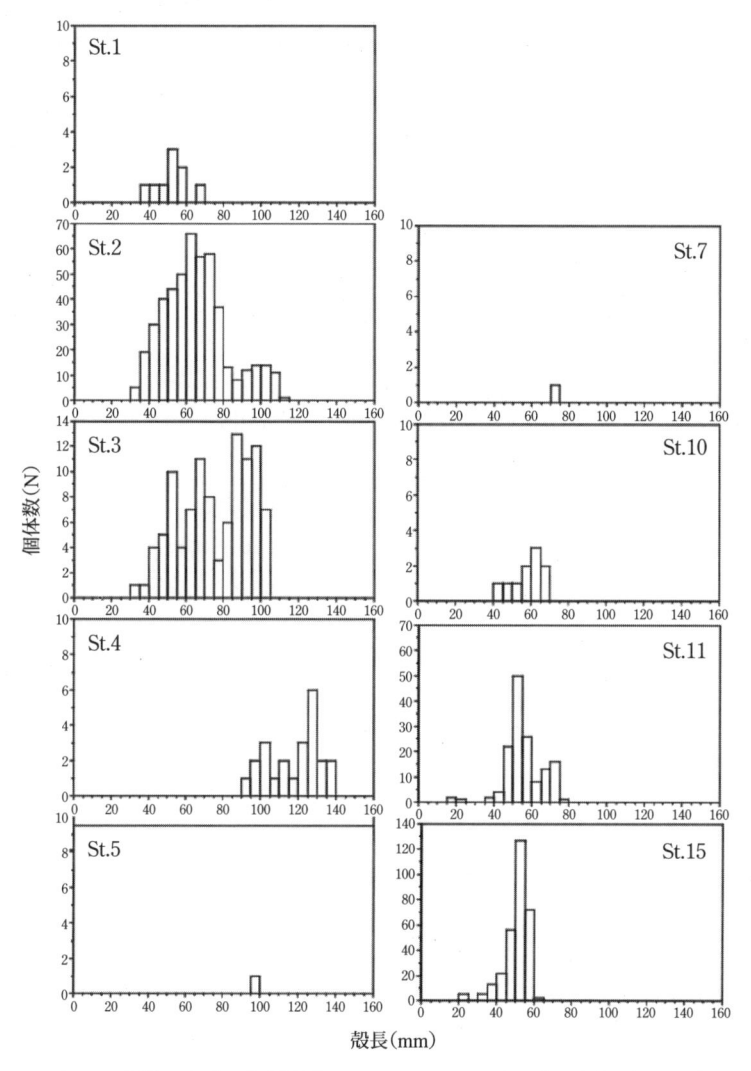

5.1 蛇行河川に棲む希少淡水二枚貝,カワシンジュガイ:分布,生態と保全

図5.3 標津川水系の各調査地におけるカワシンジュガイ種群の殻長組成
各調査地(St.1〜15)は図5.2における調査地番号と同じである.

の高い武佐川ですら,殻長2cm以下の個体がまったく,あるいはほとんど生息していないことである.このことは,稚貝における殻長の年平均成長は約2mmと推定されることから,稚貝のリクルートが過去十数年にわたって

まったく行われていないか，あるいは著しく不健全な状態にあるかを示している．標津川水系では中・大型の個体が数多く生息していて健全であるかに見える武佐川の個体群も，この状態が続けば数十年後には絶滅する危機的な状況にあるといえる．

(2) 武佐川と標津川本川の物理的環境

カワシンジュガイ種群が生息する武佐川と生息が認められない本川直線区にはどのような物理的環境の違いがあるのであろうか？ ここでは2007年の夏季に実施した武佐川，および本川の直線区と蛇行試験区における物理環境調査の方法と結果を記し，それに基づいて武佐川でのカワシンジュガイ種群の生息と本川での非生息の原因を考える．

武佐川では6つの調査地点において，それぞれ流程に沿って5～7本のライントランセクトを設け，各ライントランセクトの中央部で水温，pH，溶存酸素量，濁度，電気伝導度を測定した．また，各ライントランセクト上で水平方向に等間隔の位置で水深，流速，底質組成を測定した．一方，本川の直線区と蛇行試験区でもほぼ同様の手法によって，上記の物理環境要素を測定した．さらに，同年の7月(夏季)と12月(冬季)には，武佐川と本川のそれぞれの調査地における河床安定度を見積もるために，鉄製のペグを一定面積の河床に打ち込み，前者では1か月後に，後者では越冬後の6か月後に残存しているペグを計数して，その残存率を求めた．

その結果，測定した環境要素のうち，流速，水温，電気伝導度，濁度は武佐川のいずれの調査地においても本川の直線区と蛇行試験区と比較して低い値を示す傾向が認められた．一方，底質スコア[1]と溶存酸素量は，武佐川の調査地のほうが本川の2つの調査区に比べて高い値を示す傾向が認められた(**表5.2**)．さらに，河床に打ち込んだペグの残存率については，夏季では武佐川の調査地で77～97％となり，本川の直線区の39％，蛇行試験区の61％

---

1 底質スコアとは，Bain et al.(1985)に従って底質組成要素を6つのカテゴリーに分類して，それぞれのカテゴリーに1～6の数値を割りあて(1：岩盤またはコンクリート・泥，2：シルト・砂，3：小礫，4：中礫，5：大礫，6：巨礫)，各測定区画における平均底質粗度として[6カテゴリーの各数値×その組成頻度]の総和により求めたものである．

5.1 蛇行河川に棲む希少淡水二枚貝，カワシンジュガイ：分布，生態と保全

表 5.2 標津川の直線区と蛇行試験区および武佐川の物理環境(2007年7月)

環境要素	直線区 平均±標準偏差	直線区 (最大値～最小値)	蛇行試験地 平均±標準偏差	蛇行試験地 (最大値～最小値)	武佐川(支流シュラ川) 平均±標準偏差	武佐川(支流シュラ川) (最大値～最小値)
水深(cm)	50.0±15.2	(21.0～75.0)	25.9±22.4	(0.0～99.0)	28.4±13.8	(4.5～57.0)
流速(cm/s)	57.1±25.6	(6.7～85.2)	41.7±36.8	(-10.7～114.4)	30.7±22.8	(-9.1～65.0)
底質スコア	2.27±0.73	(1.00～3.50)	2.43±0.81	(1.00～3.50)	2.85±0.88	(1.00～4.00)
摩擦抵抗係数	0.003±4.21e-4	(0.003～0.004)	0.004±0.001	(0.003～0.012)	—	—
摩擦速度(cm/s)	3.22±1.39	(0.40～4.80)	2.53±2.17	(-0.80～6.90)	1.89±1.39	(-0.60～4.20)
水温(℃)	13.0±0.08	(12.9～13.1)	12.5±0.2	(12.3～12.8)	11.3±0.3	(10.9～11.8)
pH	7.28±0.08	(7.19～7.38)	7.04±0.32	(6.46～7.33)	7.47±0.10	(7.33～7.58)
電気伝導度(s/m)	0.004±0.005	(0.00～0.01)	0.008±0.004	(0.00～0.01)	0.000±0.000	(0.00～0.00)
濁度(NTU)	5.6±0.9	(5～7)	4.6±0.5	(4～5)	0.0±0.0	(0.0～0.0)
溶存酸素量(mg/l)	9.24±0.08	(9.11～9.32)	9.07±0.09	(8.94～9.26)	9.53±0.13	(9.31～9.69)

より高い値を示した．また，冬季は武佐川の調査地で35～88%，本川の直線区で10%，蛇行試験区で43%と，おおむね武佐川のほうが高い値を示した．このことは，周年的に河床安定度が本川に較べて武佐川で高いこと，および本川の直線区と蛇行試験区の間では，後者のほうが高い河床安定度を有していることを示唆する．

先に述べたように，河床に殻の一部を埋め込んで定位し，上流方向に向かって外套膜を開いて流下物を濾過して餌を採るカワシンジュガイ種群にとって，その生息場所の河床安定度が高いことは，こうした様式の生活を営むうえで不可欠な環境要因である(Smith, 2001)．河川の河床安定度と底生動物の

生息に関して，中村ら(2011)は標津川のような沖積低地河川では，河床安定度の高い水際領域が底生動物の生息場所として重要であると指摘している．また，Miyake & Nakano(2002)は，平水時であっても河床が不安定な場所では，底生動物の生息密度が低下すると報告している．こうしたことから，武佐川にカワシンジュガイ種群の中・大型個体が数多く生息することには，この川が過去に大きな河川改修を被ることなく，自然蛇行河道を維持していること，およびその結果，河床安定度が高い状態にあることが関係していると考えられる．これに対して，本川に本種群が自然分布していないのは，20世紀の半ばごろに河道が直線化されて以降，流れが一様に速く，また河床の砂礫の流下が激しいことによってカワシンジュガイ種群の河床での定着が困難であるためと推察される．

5.1.3 蛇行試験区にカワシンジュガイは生息できるか？

(1) 蛇行試験区への成貝の移植実験

先に述べたように標津川水系では，カワシンジュガイ種群は武佐川などの幾つかの支流に生息する．これに対して，中下流部の本川にはまったく分布しないのはどうしてであろうか？　この問題を解き明かす1つのアプローチとして，2005年7月に武佐川で採集されたカワシンジュガイ成貝を蛇行試験区に200個体移植し，その後3年間に渡って移植個体の定着率と定着地点の環境条件を調査した．調査した環境要素(水深，流速，底質組成，摩擦速度，倒流木の有無，河岸部のえぐれの有無)のうち，底質についてはBain et al. (1985)に従い，岩盤またはコンクリート，泥，シルト，砂，小礫，中礫，大礫，巨礫の8カテゴリーに分類し，それをスコア化して用いた．また，河川の微生息場所スケール(10^{-1} m)では，平常時であっても河床の安定性が底生動物の生息密度に大きく影響すると報告されていることから(Miyake & Nakano, 2002)，今回の調査では河床の安定性を示す指標として摩擦速度 U_* を用いることにした．

移植した成貝が定着しているかどうかは，蛇行試験区の下流端(本川との合流点)から移植最上流部までの区間を，スキューバ潜水者2名とその後に続く水メガネを用いた3名の調査者が丹念に観察する方法で行われた．その結

果，移植約3か月後(87日後)に56%，移植約1年後(360日後)に29%，また移植約2年後(726日後)には13%と割と高い定着率が認められた(表5.3)．これらの定着個体は前回調査時以降での移動距離が18m以下であり，春の雪解け増水や秋の台風に伴う増水を経験しても河床への固着性が高いために，大きな流下移動を被らなかったといえるだろう．また，移植約2年後に観察された25個体の定着場所の物理環境は，水深が11.2～69.5 cm(平均43.8 cm)，流速が0～84.1 cm/s(平均31.2 cm/s)，底質スコアが1.00～3.20(平均2.47)で，摩擦速度は0.00～4.71 cm/s(平均1.84 cm/s)であったことから，定着個体は蛇行試験区内でも比較的に流速が緩やかで，河床安定度が高い場所を選んで棲んでいたといえる(表5.4)．しかし，移植約3年後(1 038日後)には観察された定着個体は2個体のみで，その定着率は1%と大きく低下した(表5.3)．

表5.3 標津川試験蛇行区へ2005年7月に移植したカワシンジュガイ種群成貝(200個体)の定着状況と定着個体の流下距離

経過日数	残存個体数	定着率(%)		平均流下距離*(m)
		残存数／移植数	残存数／前回調査時の残存数	
87日後	111	56%	56%	4.5
360日後	58	29%	52%	9.6
422日後	39	20%	67%	17.8
726日後	25	13%	64%	8.4
1 038日後	2	1%	8%	5.8

*平均流下距離：前回調査時からの各個体の流下距離の平均

表5.4 標津川試験蛇行区に移植したカワシンジュガイ成貝の定着地点の物理環境(2008年8月)

環境要素	平均±標準偏差	(最小値～最大値)
水深(cm)	50.5±1.4	(49.5～51.5)
流速(cm/s)	48.4±9.5	(41.6～55.1)
底質スコア	3.00±0.00	(3.00～3.00)
摩擦抵抗係数	0.0033±0.00003	(0.0032～0.0033)
摩擦速度(cm/s)	2.75±0.50	(2.40～3.10)

その原因は,調査時の少し前に起こった台風に伴う大増水が移植域の流路を大きく変化させたことにあると考えられた.

以上の調査結果から,カワシンジュガイ成貝個体の多くは,移植後2年くらいの期間は蛇行試験区に定住することができると判断される.そして,現在の本川直線河道は本種成貝が定着できる環境を欠き,支流から流下してくる個体があっても定着が不可能であると考えられる.また,少なくとも蛇行試験区にはその成貝の定着を可能にする物理環境の一部が造り出されたと推察される.

(2) 宿主となるサケ科魚類から見た生息環境の好適性

蛇行試験区にカワシンジュガイ成貝が定着できる物理的環境が整っていても,そこで一生(生活環)を全うすることができる環境条件が揃っているとはいえない.稚貝の定着・餌生物の環境条件はもとより,それぞれの生育段階で必要となる物理的・生物的環境が保障されていることが大切であるが,特に幼生の宿主となるサケ科魚類がその場所に十分生息していることは重要である(Ziuganov et al., 2000;Smith, 2001).そこで,こうした宿主魚類の条件が標津川本川に備わっているのかを明らかにするために,2007年の夏季に本川直線区と蛇行試験区にそれぞれ流路長40mの調査区を設けて,流れに水平方向と垂直方向に2mの間隔でメッシュに区切った後,ランダムにメッシュ区画を抽出してサクラマスおよびアメマス・オショロコマの生息密度と生息環境要素(水深,流速,底質スコア,倒流木の本数と被覆度,水生・陸生植物の本数と被覆度(植生),および河岸部のえぐれ)を調査した.そして得られた結果に基づいて,宿主サケ科魚類の出現の有無と環境要素の関係をロジステック回帰分析によって解析し,本川直線区と蛇行試験区における宿主サケ科魚類の生息にとって重要な環境要素を評価した.

まず,本川直線区と蛇行試験区における宿主サケ科魚類の生息状況について見ると,サクラマスとアメマスは両調査地に生息するが,オショロコマはいずれの調査地でも生息しないことがわかった(表5.5).そこで,生息するサクラマスとアメマスについてその出現頻度を両調査地で比べると,サクラマスは蛇行試験区において卓越し,アメマスは両調査地とも極めて出現数が

表5.5　標津川の蛇行試験区と直線区における宿主サケ科魚類の出現頻度(2007年7月)

調査区	サクラマスの出現頻度		アメマスの出現頻度	
	平均出現個体数*	出現区画割合**	平均出現個体数	出現区画割合
蛇行試験区	0.642	0.201	0.007	0.007
直線区	0.095	0.045	0.01	0.01

*マイクロハビタット調査における一区画あたりの平均出現個体数(出現個体数／全区画数)
**マイクロハビタット調査における全区画に占める出現区画(出現区画数／全区画数)

少ないことが明らかになった(表5.5).この結果は,2002年に同様の魚類生息調査が行われた河口ら(2005)の結果とほぼ一致するものであった.現在の蛇行試験区周辺ではアメマスの生息個体数が少なかったため,サクラマスについてのみ上記した解析を行った.その結果,サクラマスの生息に影響を及ぼす環境要因としては,本川直線区では流速,倒流木,植生が,また蛇行試験区では水深,流速,倒流木,植生が選択された.そして,これらの環境要素のうち,流速を除く3つの要素はサクラマスの生息にプラス効果を与えるものであった.このことから,サクラマス幼魚は,淵環境のように,流れが比較的緩やかで,水深が大きく,また倒流木や植生に富む場所を好適なハビタットとして利用するといえるだろう.そして,そうだとすると,こうしたプラス効果を持つ環境要素が本川直線区よりも多く存在する蛇行試験区で数多くのサクラマス幼魚の生息が認められたことも理解できるだろう.

　結局,この宿主サケ科魚類の豊富さという基準だけから評価すると,サクラマスを宿主とするカワシンジュガイにとっては,より多くの幼生が寄生できる条件を有する蛇行試験区のほうが本川直線区よりも好適な環境にあるといえる.一方,アメマス・オショロコマを宿主とするコガタカワシンジュガイにとっては,これらの宿主魚類の生息が乏しい両調査地とも宿主–寄生関係が成り立たないため,不適な環境であると評価される.

5.1.4　カワシンジュガイ種群が棲める河川環境とその保全・復元

(1) カワシンジュガイ種群が減った原因

　近年，カワシンジュガイ種群は，その分布全域で個体群の急激な減少や一部の地域個体群の絶滅を被っている(環境庁，2003)．その減少要因および絶滅要因は各地域や各河川で必ずしも同一とは限らないことから，それぞれの個体群を対象に原因調査を実施する必要がある．その1つとして，標津川水系における本川直線区での本種群の非生息と自然環境が多く残っている幾つかの支流での数多い生息は象徴的な事例である．というのは，標津川の近隣に位置し，下流域が自然に近い状態で保たれている当幌川や春別川では本川にカワシンジュガイ種群が生息していることから，直線化される以前の標津川の蛇行本川にも本種群が生息していたと推察しても間違いではないだろう．そうだとすると，標津川本川直線区の個体群は，直線化と河岸の護岸ブロック化によって，流れが速くなり，また河床安定度が著しく低くなったことが主な原因となって絶滅したと考えられる．

　いま1つは，カワシンジュガイのほぼ分布南限に当たる広島県での事例である(内藤ら，1994)．ここでは，山口県との県境を流れる小瀬川の一部，および高梁川水系に属する帝釈川に本種の生息が認められていた．しかし，小瀬川では1951(昭和26)年のルース台風による河川の氾濫によって生息環境が破壊されたことに加え，その後に生息域の上流側にダムが建設されたことによってダム下流側にある生息地が減水区間となり，夏季の水温が著しく上昇した結果，絶滅したと推察されている．その後，太田川源流域と可愛川でも本種の生息が確認されたが，これらの個体群も以下に記す原因によって個体群が絶滅したり，大きく減少したと報告されている(内藤ら，1994)．その主な原因は，①ダムや堰堤が建設されたために，その下流域への水量が減少し，生息域の水温が上昇したことによって死滅したこと，②河川の護岸工事によって岸部の生息地が破壊され，さらに河川の平坦化と直線化によって流速が増し，稚貝を含むカワシンジュガイの下流への流下・分散が顕著になって，繁殖に必要な個体群の維持ができなくなったこと，③圃場整備に伴う用水路の改善によって，生息地が破壊されたこと，④本種幼生の宿主であるアマゴ

が渓流釣りの対象魚であるため，漁期に捕獲されて個体数が減少し，幼生がアマゴに寄生できにくくなったこと，および⑤カワシンジュガイという名称から殻の中に真珠があると誤解され，乱獲されたことであるという．

　これらの事例から推測すると，小規模河川に生息するカワシンジュガイ種群の隔離個体群では，その個体数の激減や絶滅は，突発的な大洪水などによる生息地の悪化・破壊，河道の人為的直線化に伴う流速の増大や河床安定度の著しい低下，河川横断工作物の建設による個体の生理的耐性限界を超えた水温上昇，宿主サケ科魚類の個体数減少などに伴う幼生の寄生率の低下，および人間による乱獲などが主な原因となって起こるといえるだろう．一方，ヨーロッパや北アメリカでも，ホンカワシンジュガイ(*Margaritifera margaritifera*)を含むイシガイ目貝類の多くの種で近年，個体群の著しい縮小や絶滅が並行して進行していることが報告され，その主要な原因として，生息場所の環境悪化・破壊，宿主魚類の著しい減少，人間による過度な資源利用，および侵略的な外来生物の侵入・定着があると指摘されている(Bogan, 1993)．

(2) カワシンジュガイ種群の生息環境の復元と保全

　標津川水系ではまだ本川が幾重にも蛇行していた1950年以前には，カワシンジュガイとコガタカワシンジュガイの2種が本川にも生息していたと推測される．しかし，その後に実施された直線化工事によって本川では流れが速くなり，また河床安定度が低くなったことが主な原因となって，両種とも生息できない状態が今日まで続いている．したがって，ここでのカワシンジュガイ種群の生息復元には，武佐川などの支流から本川へと流下移動する成貝を定着させることができる安定した河床を形成するために，幾つもの連続する蛇行流路を復元することが当面の重要な目標となるだろう．

　一方，現在もカワシンジュガイ種群が比較的高い密度で生息する武佐川などの支流では，殻長2cm以下の稚貝のリクルートが最近の十数年にわたって継続していないという，深刻な状況が進行している．こうした稚貝リクルートの欠如は，本種群では石狩川の幾つかの支流(栗原・後藤，未発表データ)と関東以西の多くの河川(近藤・増田，1998)において，またヨーロッパに分布するホンカワシンジュガイでも，最近生じていることが明らかになって

いる(Cosgrove and Pastie, 2001)．この稚貝のリクルートがうまく行われていない主な原因としては，①カワシンジュガイ種群の生息域から宿主サケ科魚類が減少し，その結果，グロキディウム幼生の宿主への寄生が低下したこと，および②宿主サケ科魚類への寄生は健全であるが，宿主魚類の鰓から離脱して変態した稚貝の河床基質への着底に何らかの障害が発生し死亡しているという2つの場合があげられる．

まず，武佐川で調査した幼生の寄生期間と寄生率を見ると，アメマスとオショロコマを宿主とするコガタカワシンジュガイでは寄生期間が5月～8月と長く，また個体当たりの最高寄生率は76～100％と高い値を示し，健全な宿主-寄生関係にあるとみなされた(表5.1)．一方，サクラマス幼魚を宿主とするカワシンジュガイでは寄生期間が8～9月，個体当たりの最高寄生率も38～66％とコガタカワシンジュガイに較べると幾分低い値を示した(表5.1)．しかし，千歳川ではサクラマス幼魚への幼生の寄生率は53～54％であったと報告されていることから(粟倉，1968)，その宿主-寄生関係が損なわれていると判断される状態ではなかった．このことから，①は稚貝リクルートの不成功の主要な原因ではないといえるだろう．そうだとすると，武佐川には宿主魚類から離脱した2種の幼生が十分に流下・分散しているため，稚貝リクルートの不成功の原因は②にあると予想されるが，私たちは残念なことにその直接的な証拠をまだ見いだしていない．

しかし，過去数十年間の武佐川における護岸工事や砂防堰堤の建設などの河川改修，および河川周辺での酪農を中心とした農地開発に伴って河川環境，特に河床環境に変化が生じ，それによって幼生の河床基質への着底が阻害されている可能性がある．この点に注目し，野外でのより詳細な観察と異なる底質組成に設定した水槽における幼生の着底実験を併用することによって，その直接的な原因を検証することは最も重要な研究課題の1つである．そして，カワシンジュガイ種群の2種それぞれのグロキディウム幼生における着底阻害要因を特定し，それらの要因を生息河川から人為的に取り除く方法を開発するか，あるいは人為的に除去できない場合には幼生の人工的な着底場を造成する手法を開発することが望まれる．

最後に，こうした標津川水系でのカワシンジュガイ種群の生息環境の復元

と地域個体群の保全への取り組みを各河川水系で進めることは重要である．またそれと並行して，現在，地球規模で進行中の温暖化による生息域の縮小や分布南限の局所個体群の絶滅への影響をいかに回避するのかという施策を構築することもたいへん重要である．なぜなら，冷水性でかつ分散能力の低い本種群は，夏季の水温上昇の影響を強く受け，その結果，生存が危ぶまれる変温動物の1つだからである．

5.2 蛇行復元がサケ科魚類の遡上行動およびエネルギー消費に与える影響

北海道東部に位置する標津川は，開拓以前には幾多の蛇行を繰り返し，下流域には大規模な湿原が広がっていた．しかし，1945年以降，開拓のための河川改修による蛇行の切り替えや，北海道総合開発に伴う流域の整備により，その姿は時代の推移とともに変貌を遂げた．近年，標津川を取り巻く状況が大きく変化し，河川環境に対する地域の要望が高まるなか，蛇行復元のモデルケースとして自然復元型の川づくりが行われている．また，標津川は日本有数のサケ漁獲高を誇るサケ遡上河川である．毎年秋になるとシロザケ(*Oncorhynchus keta*)やカラフトマス(*O. gorbuscha*)をはじめとするサケ科魚類が産卵のために標津川を遡上する．旧川の三日月湖に通水する蛇行復元は，遡上するサケ科魚類親魚の遡上行動にどのような影響を与えるのであろうか？

5.2.1 EMG発信機を用いたサケ科魚類の遡上行動追跡実験

シロザケおよびカラフトマスの稚魚は，生まれた川(母川)を降河して海で成長し，性成熟を開始した親魚は，母川を遡上して産卵するという非常に興味深い生活史を営む．一般に，サケは摂餌せずに川を上るため，海で体に蓄えたエネルギーだけを用いて川を遡上する．つまり，サケは産卵場に到達するために限られたエネルギーを効率的に使って川を遡上しなければならない．

近年，拘束されていない状態の動物から遠隔的に行動，生理(筋肉の活動やエネルギー代謝，心拍数など)，および位置情報などを取得することができるバイオテレメトリー手法が広く使われるようになってきた．具体的には，

電波発信機などを対象動物に装着し，発せられる電波を受信して位置情報などを取得する手法である．科学技術の急速な進歩に伴う小型の発信機の登場により，バイオテレメトリー手法を用いた魚類の行動研究が盛んに行われている(Cooke et al., 2004)．電波発信機の技術進歩により，筋電位(Electromyogram：EMG)を導出しその情報を電波で飛ばす EMG 発信機も開発されている．筋電位は自由遊泳している魚類の筋肉の活動指標として非常に有効であることが，過去の研究で報告されている(Beddow & McKinley, 1999)．取得された筋電位情報は遊泳速度と筋電位を補正することで魚の遊泳速度を推定することが可能である．カナダのフレイザー川において，この EMG 発信機を用いたベニザケやカラフトマスなどのサケ科魚類の遡上行動に関する研究が盛んに行われている(Hinch et al., 1996；1998)．本研究では蛇行復元試験区間がサケ科魚類の遡上行動に与える影響を明らかにする目的で，EMG 発信機を用いてシロザケおよびカラフトマスの遡上行動追跡調査を行った．

実験魚は，2004～2008 年に標津川の根室管内さけ・ます増殖事業協会(さけます増協)の捕獲施設(河口からの距離 1.7 km)で捕獲されたシロザケ親魚(10 月)およびカラフトマス親魚(9 月)を用いた．EMG 発信機(CEMG–R11–35，LOTEK 社)の装着は，実験魚を北海道立水産孵化場道東支場に活魚輸送して行った．機器本体は，背鰭基部の前端に結束バンド(ナイロン)にて固定した(写真 5.3)．EMG 発信機により筋電位を導出するためには電極を筋肉へ装着する必要がある．頭から尾鰭にかけて 7 割程度の体表部の側線付近の赤筋に装着すると安定した筋電位が導出可能なことが知られている．サケ科魚類の筋肉は瞬間的な運動に適した白筋と持続的な運動に適した赤筋(血合筋)

写真 5.3　EMG 発信器を装着したシロザケ雄親魚

により構成されている．本研究では安定的な筋電位を導出するため筋電位を導出するための電極の先端に長さ1mmの真鍮製の金属を装着し，実験魚の赤筋に外科的に電極を固定した．EMG発信機には積分器，調整回路，デジタライザー，マイクロコントローラーおよび電波発信機が搭載されており，導出された筋電位は3秒間隔で0から50までの相対値がEMG値として出力され受信機へ電波で発信される．さらに，一部のシロザケ親魚にはEMG発信機とあわせて遊泳深度が記録可能となる深度・温度ロガー（Depth Temperature：DT，M190-DT，リトルレオナルド社）を装着した．EMG発信機により追跡時における実験魚の水平的な位置が，DTロガーにより実験魚の鉛直的な水深が解析できる．

EMG発信機により導出されたEMG値から魚の遊泳速度を推定することが可能であるが，各個体や装着状況によって個体差が生じるため個体ごとにキャリブレーションを行う必要がある．EMG発信機を装着した実験魚は北海道立水産孵化場道東支場の流速が調節可能な循環式水槽（PT-110R，西日本流体技研）を用いて遊泳させ，遊泳速度とEMG値のキャリブレーションを各個体で行った．各個体でさまざまな遊泳速度とEMG値の相関図を作成することによりEMG値からの遊泳速度の推定が可能である（図5.4）．キャリブレーションが終了した個体は標津川に設置した生け簀で放流まで一晩馴致した．発信機を装着した実験魚は標津川の河口から7.25km上流に放流し，八木アンテナと電波受信機（SRX400またはSRX600，LOTEK社）により河岸沿いに実験魚を追跡（図5.5）した．さらに，EMG発信機からの情報を電波受信機へ蓄積した．追跡終了後，電磁流速計（ES7603，横河ナビテック）を用いて実験区間の流速および水深を測定した．

（1）蛇行試験区間と直線区間，どちらを選択するのか？

蛇行試験区間は増水時の洪水を避けるために2way方式が採用されている．つまり，標津川を遡上してきたサケ科魚類親魚は，蛇行試験区間入口で蛇行試験区間か直線区間のどちらかを選択しなくてはならない．シロザケおよびカラフトマス親魚は蛇行試験区間と直線区間，どちらを選択するのであろうか？　本研究では，EMG発信機を装着した実験魚を追跡することでどちら

の区間に実験魚が遡上したかを追跡した．本川での放流地点から蛇行試験区間合流点まで遡上したシロザケ親魚のうち，2004年に100％（全数＝4），2005年に100％（全数＝10）が蛇行試験区間を選択した．また，カラフトマス親魚のうち2004年に100％（全数＝4）が蛇行試験区間を選択した．しかし，シロザケ親魚のうち2006年には100％（全数＝6）が直線区間を通過し，カラフトマス親魚のうち2007年には100％（全数＝3），2008年には60％（全数＝5）が直線区間を選択した．追跡時における蛇行試験区間と直線区間の流量は，2004年および2005年には蛇行試験区間が多かったが，2006年および2007年には直線区間が多くなっていた（表5.6）．この流量の変化は，2006年に「蛇行試験区間における流速が速すぎる」，また「増水時に本川直線区間に進入し

(a) シロザケ（2005年個体番号＃8）

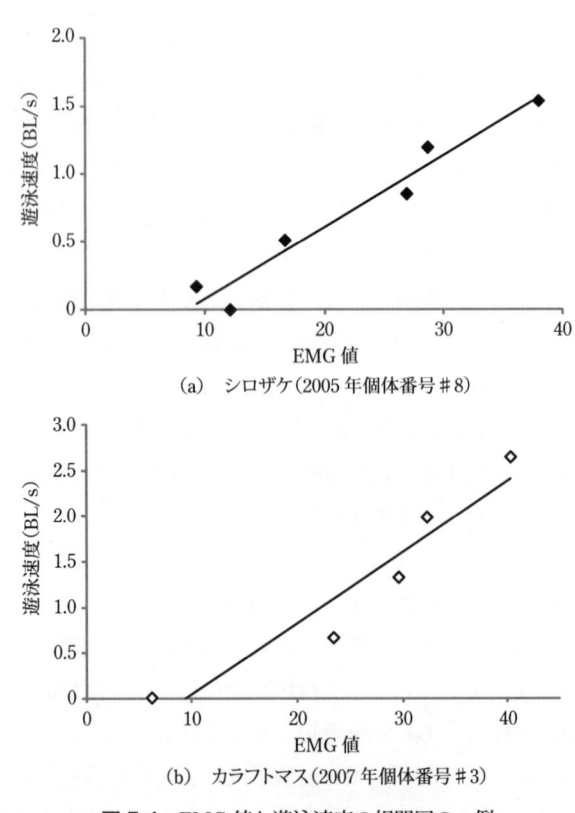

(b) カラフトマス（2007年個体番号＃3）

図5.4　EMG値と遊泳速度の相関図の一例

たサケが，平水時に流量が極端に少なくなり，止水となった水域で斃死していた」という現象（さけます増協からの聞き取り）の対策として，2006年の夏季に分流堰を切り欠き，流量を増加させ，サケ魚類親魚の遡上が可能となるように改良したためであると考えられる．表5.6から流量の増加に伴って，流速も増加していることがわかる．遡上時おいてサケ科魚類は流れに逆らっ

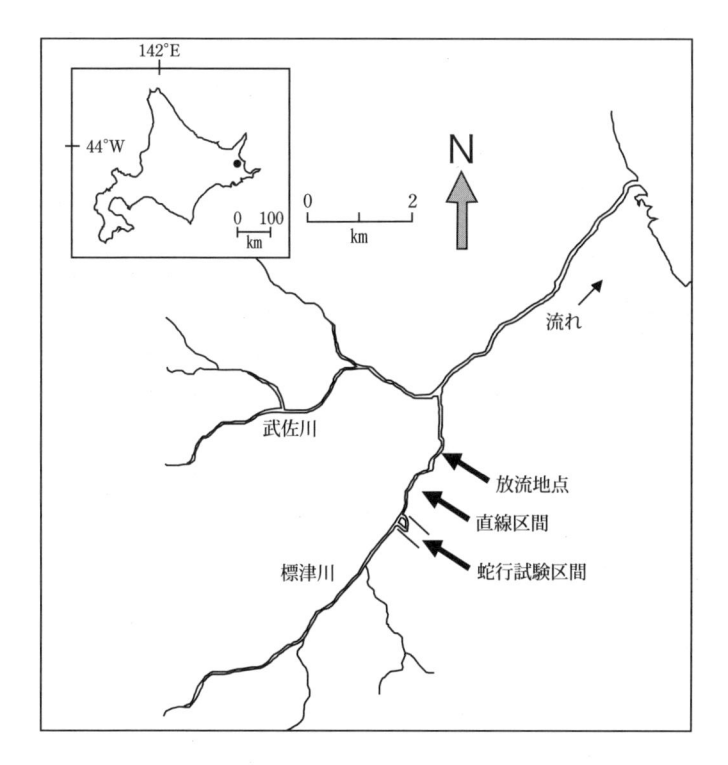

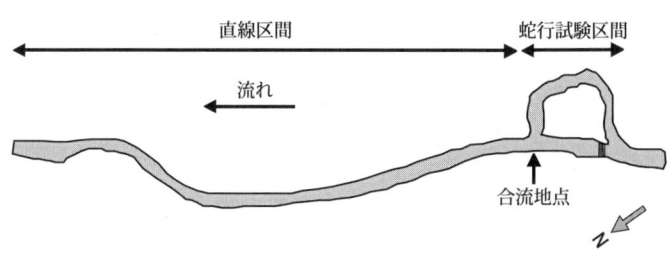

図5.5 実験魚の放流地点および追跡区間

表 5.6　2004〜2008年までの直線と蛇行試験区間入り口における流量および流速

年	流量(m³/s)		流速(m/s)	
	直線区間	蛇行試験区間	直線区間	蛇行試験区間
2004	0.36	11.07	0.14	1.03
2005	5.46	14.33	0.01	0.79
2006	9.17	6.68	0.71	0.48
2007	5.28	2.74	0.65	0.59
2008	5.23	7.13	0.30	0.52

て遊泳し(走流性)，分岐河道の合流点では流量の多い方に誘引されるという報告がなされている(Banks, 1969). 2007年までのシロザケおよびカラフトマス実験魚における遡上経路の選択性は，これらの知見と一致するものであり，シロザケおよびカラフトマス親魚は，遡上の過程で流量の多い方を遡上経路として選択したと考えられる．しかし，2008年のカラフトマス親魚は，7月に分岐部の土のうをせき上げたことにより，蛇行試験区間の流量(全体の58％)が多かったにも関わらず，60％(全数＝5)の個体が直線区間に進入した. 図 5.6 は 2004年と 2008年の蛇行試験区間合流点における水深分布および流速分布図上に典型的なカラフトマス親魚の遡上経路をプロットしたものである．2008年は蛇行試験区間の流量が多かったが，蛇行試験区間入り口の水深が浅いことがわかる．蛇行試験区間入口部の中央から右岸側の水深が 0.2〜0.4 m(水面幅の 83％)と浅く，流速が 1.0 m/s 以上(水面幅の 46％)と速くなっており，実験魚の蛇行試験区間入口への遡上が困難であったためと考えられる．

　いずれにしても，シロザケおよびカラフトマス親魚は，遡上の過程で流量の多い方を遡上経路として選好することが考えられる．2 way 方式による自然再生事業を実施するにあたっては，増水時に蛇行区間(かつての旧川)と本川区間に流れが分岐するため，シロザケおよびカラフトマス親魚の迷入との関係を検討する必要がある．自然再生区間において，蛇行区間の流量が直線区間より少ないと，蛇行試験区間はシロザケおよびカラフトマス親魚に利用されないことが予測される．さらに，蛇行試験区間入口の水深もサケ科魚類親魚の経路選択に影響を与える要因であると考えられる．また，2004〜2007

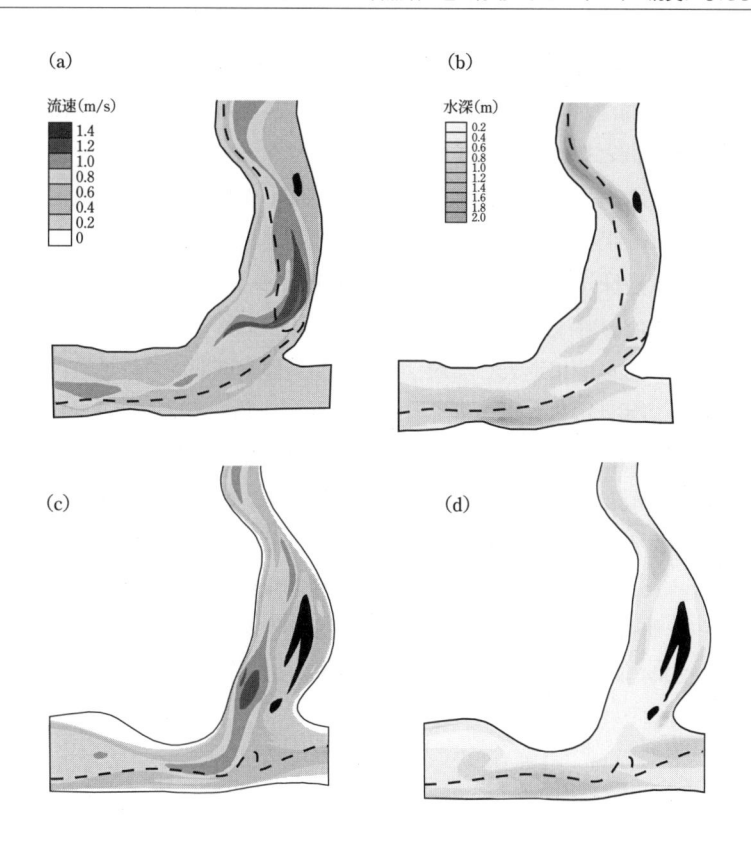

図 5.6 蛇行試験区間入り口の 2004 年の流速分布(a),水深分布(b),および 2008 年の流速分布(c),水深分布(d)
点線は各年のカラフトマスの典型的な遊泳軌跡を示す(2004 年個体番号＃1,2008 年個体番号＃7).

年に蛇行試験区間へ進入した実験魚,および 2008 年に直接蛇行区間に放流した実験魚は,蛇行試験区間を問題なく通過し,2008 年に直線区間に進入した実験についても分水堰を通過している.これらのことから,現況における 2way の試験区間は,シロザケおよびカラフトマス親魚の遡上を障害するような条件になっていないと考えられる.

●第5章● 蛇行河川と水生動物

(2) サケ科魚類の遡上行動はどのように変化したか？

　蛇行試験区間がサケ科魚類親魚の遡上行動に与える影響を明らかにするために，直線区間と蛇行試験区間におけるシロザケおよびカラフトマスの遊泳行動を経年的に比較した．比較した遊泳行動は，EMG情報より推定された遊泳速度，単位時間当たりに進んだ距離を表す対地速度，および遡上時の遊泳効率を示す遊泳効率の指標(Swimming Efficiency Index：以下，SEI)である．SEIは対地速度を遊泳速度で除した値で求めた．2006年において一部のシロザケが蛇行試験区間に進入しなかったため蛇行試験区間における遊泳速度およびSEIの情報は得られなかった．2006年蛇行試験区間におけるシロザケの対地速度が直線区間に比べて有意に低くなる結果が得られたが，経年的にこれらの遊泳行動は両区間において両魚種ともに違いは見られなかった．

　次にシロザケおよびカラフトマス親魚の遡上時における定位行動に注目し解析を行った．サケ科魚類親魚は河口から産卵場に到達するまで限られたエネルギーを効率的に利用するために，定位と遡上を繰り返しながら遊泳する．ここで，2004年から2008年まで経年的に直線および蛇行試験区間における

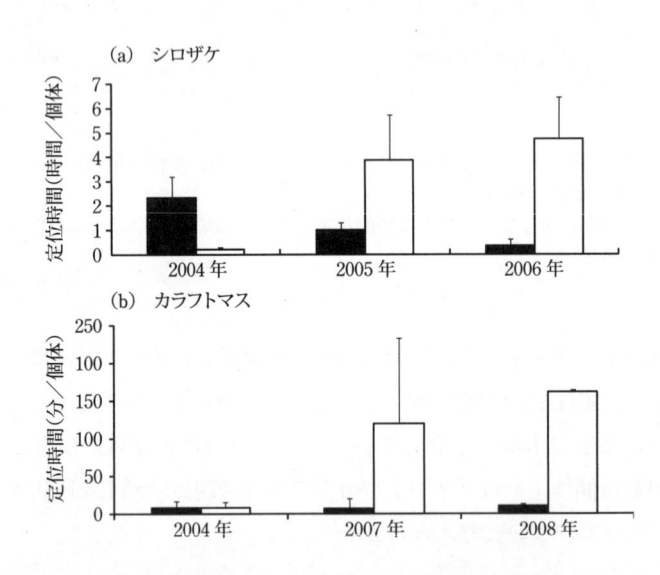

図5.7　シロザケ(2004〜2006年)およびカラフトマス親魚(2004, 2007, 2008年)の直線区間(黒)と蛇行試験区間(白)における定位時間

シロザケおよびカラフトマス親魚の定位時間を比較した（図 5.7）．すると，2004 年においては蛇行試験区間においてほとんど定位行動は観察されなかったが，2005 年以降は長時間の定位行動が両魚種において観察されるようになった．つまり，蛇行区間は 2005 年を境にシロザケおよびカラフトマス親魚にとって定位しやすい環境が形成されていることが考えられた．では，蛇行試験区間ではどのような物理環境変化が起きて，さらに，これらサケ科魚類にとってどのような物理環境が定位しやすい環境なのであろうか？

(3) 蛇行試験区間の物理環境はどのように変化したか？

2005 年以降サケ科魚類の定位行動が長く観察されるようになったが，2004 年と 2005 年では蛇行試験区間の物理環境にどのような変化が起きたのであろうか？　蛇行試験区間においてシロザケおよびカラフトマスの定位行動に影響を与えた物理環境要因を明らかにするために，長時間の定位行動が観察され始めた 2004 年から 2005 年にかけて蛇行試験区間における水深（図 5.8）と流速（図 5.9）を比較した．水深は，2004 年から 2005 年にかけて水深が深くなっている箇所が増加していた．また，シロザケ親魚の定位行動は，水深の深くなっている場所において頻繁に観察される傾向があった．流速については，2004 年に比べて 2005 年において流速分布が複雑になっていた．また，シロザケ親魚の定位行動は流速の低下する場所において頻繁に観察される傾向があった．つまり，蛇行試験区間には 2005 年以前にはなかった水深および流速の"複雑さ"が形成されてきており，これに伴いシロザケおよびカラフトマス親魚の定位行動が増加したものと考えられる．蛇行した水の流れによって河川の物理環境形態に多様性が生まれ，そして安定していくという報告がある（Downs & Thorne, 1998）．また，過去の研究よりデンマークの Gelså 川において行われた蛇行復元後，約 3 年で蛇行復元地の物理環境が安定するという報告がなされている（Friberg et al., 1998）．この結果は，2002 年に蛇行が復元されてから物理環境が変化した 2005 年までの 3 年間に一致している．また，シロザケ親魚の定位場所としては水深が深く流速が遅い場所を選択的に利用している傾向が見られた．つまり，蛇行区間に形成されつつある淵の構造が，シロザケおよびカラフトマス親魚の定位場所として利用されていると考えられる．

●第5章●蛇行河川と水生動物

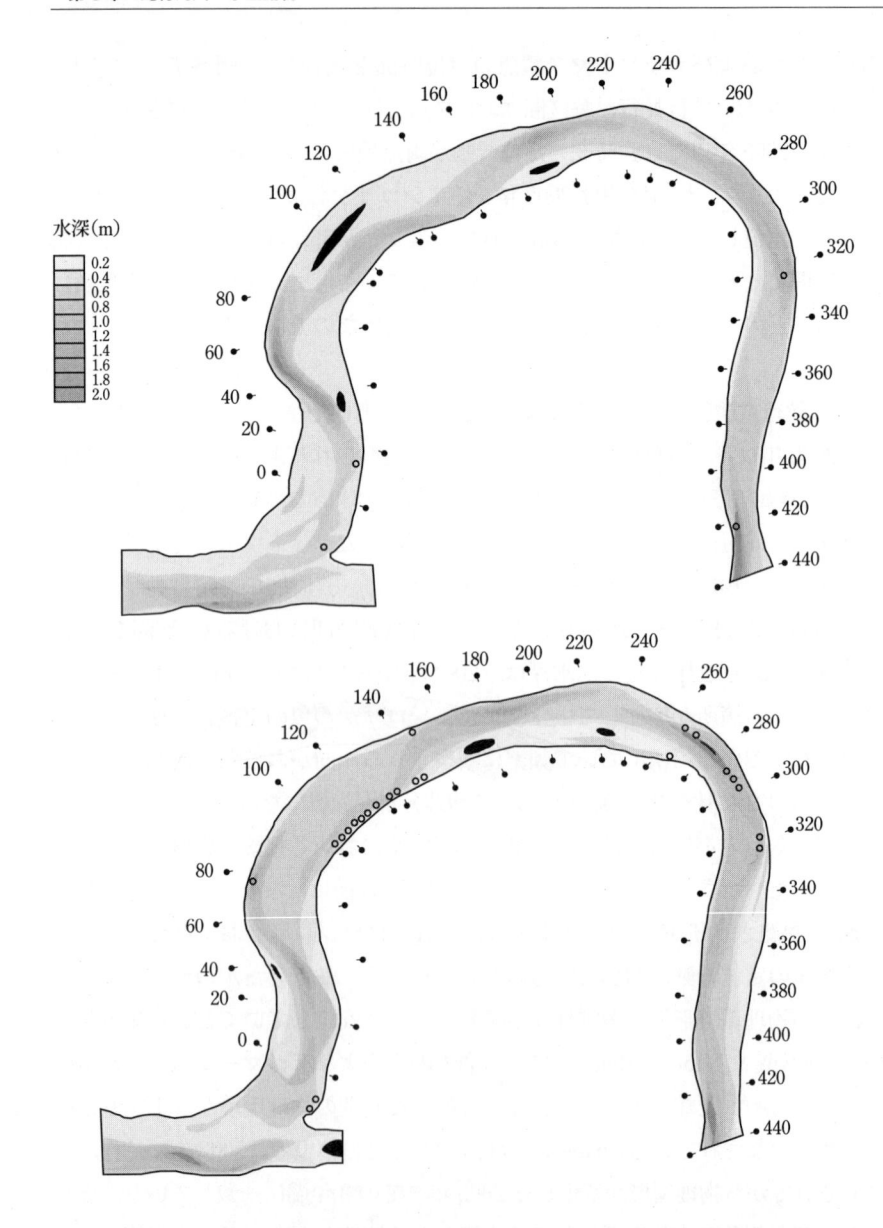

図 5.8 2004 年(上段)および 2005 年(下段)の蛇行試験区間における水深分布図　数字は直線区間との合流点からの距離(m)を表す．白丸は観察されたシロザケ親魚の定位場所を表す．

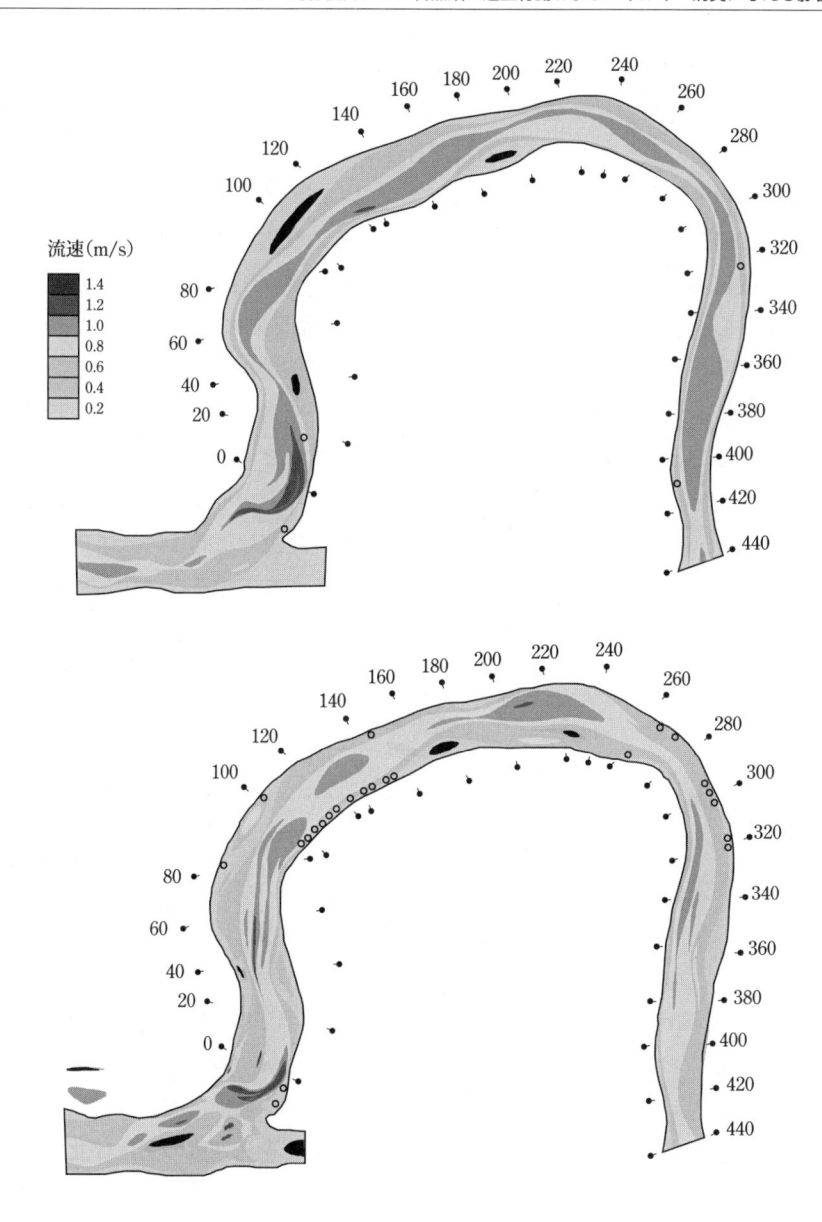

図 5.9 2004 年（上段）および 2005 年（下段）の蛇行試験区間における流速分布図 数字は直線区間との合流点からの距離（m）を表す．白丸は観察されたシロザケ親魚の定位場所を表す

(4) 蛇行試験区間と直線区間の物理環境の違いは？

では，長い定位行動が観察された2005年の蛇行試験区間と直線区間では物理環境にどのような違いがあるのだろうか？ 2005年の蛇行試験区間と直線区間の物理環境を比較したところ，水深および流速の平均値は両区間においてほぼ同じ値を示していた．しかし，それらの変化が直線区間に比べ蛇行試験区間において複雑になっていることが確認された(図5.10)．この結果からも明らかなように直線区間に比べて，蛇行試験区間には2005年より前年までにはなかった複雑な水深，流速といった物理環境が形成されており，水深および流速の複雑さがシロザケおよびカラフトマス親魚の定位環境として重要であることが考えられた．魚類は蛇行や倒木などによって発生した複雑な流れを定位場所や生息環境として好んで利用するという報告がされている(Hinch & Rand, 2000)．また，複雑な流れにより発生した渦は遊泳エネルギーを最小にする(Liao et al., 2003)という報告もなされていることから，蛇行試験区間において形成されている複雑な物理環境変化は，シロザケおよびカラフトマス親魚をはじめとし魚類が定位しやすい場所として利用されやすいことが示唆された．

(5) サケ科魚類の遊泳速度と定位行動の関係は？

本研究で実験魚に装着しているEMG発信機は，取得した筋電位情報から時系列で実験魚の遊泳速度を推定することができるのが特徴である．それでは，定位行動前後において実験魚の遊泳速度はどのように変化していたのであろうか？ 本研究ではシロザケおよびカラフトマス親魚の臨界遊泳速度(コラム参照)を測定した．臨界遊泳速度は魚類の有酸素運動と無酸素運動の臨界点を意味しており，サケ科魚類の遊泳能力の指標として非常に有効である．つまり，臨界遊泳速度を超える遊泳速度の後には必ず筋肉に酸素を供給するために休息が必要であることを意味している．臨界遊泳速度の測定は北海道立水産孵化場道東支場の流速が調節可能な循環式水槽を用いて行った．図5.11は代表的なシロザケの遡上経路とそれに伴った遊泳速度を示している．このシロザケは蛇行試験区間に入ったのちに，定位行動を行った．蛇行試験区間入口付近において臨界遊泳速度を超える遊泳速度で遡上をしていたが，

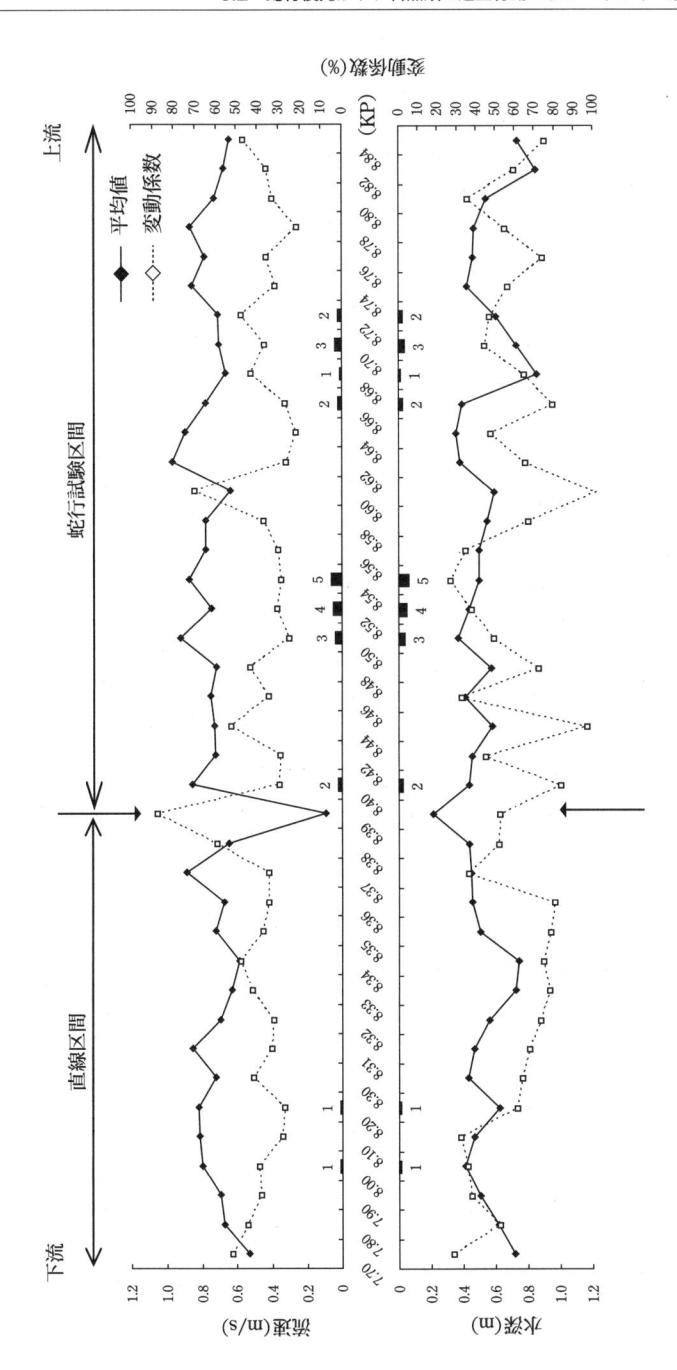

5.2 蛇行復元がサケ科魚類の遡上行動およびエネルギー消費に与える影響

図 5.10 流況調査の各計測点における平均流速およびその変動係数(上)と平均水深およびその変動係数(下)
横軸は標津川河口からの距離(km)を表す．黒塗りの棒グラフとその数字は観察されたシロザケ親魚の定位行動の場所と回数を表す．下向きの矢印は直線区間と蛇行試験区間の合流地点を表す．

153

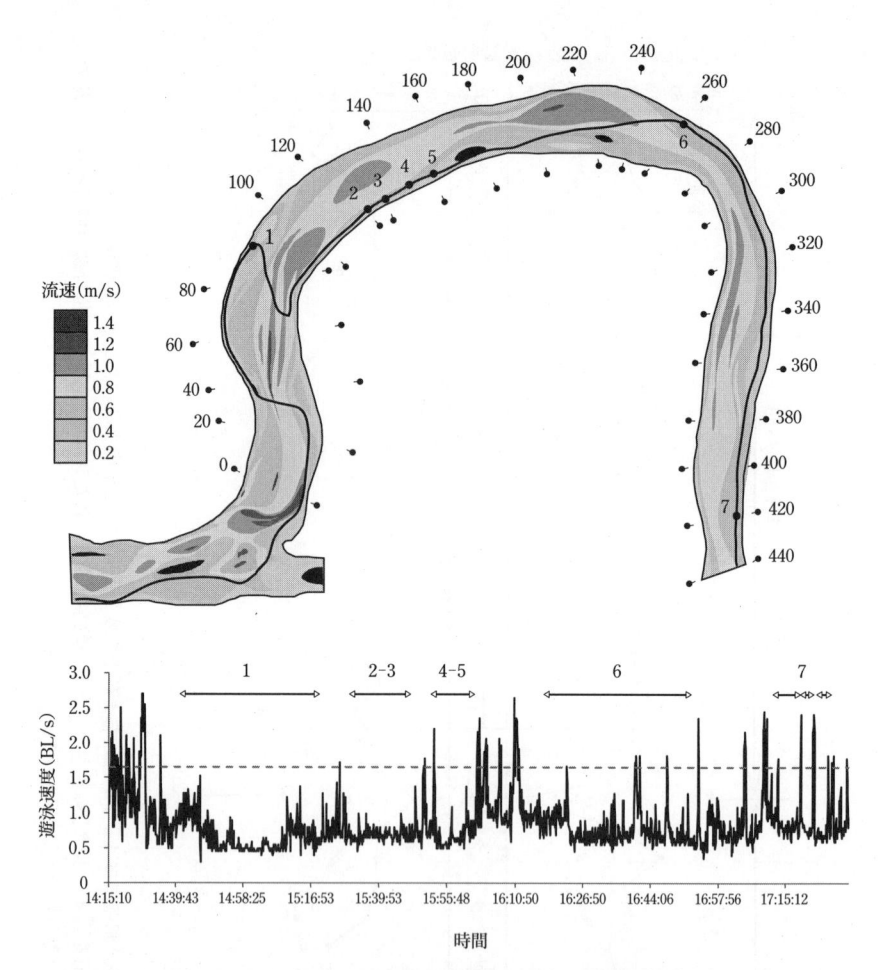

図 5.11　上図は 2005 年の蛇行試験区間の流速分布図．黒線は典型的なシロザケ親魚の遊泳軌跡を表す（個体番号 #2）．黒丸は定位地点を表す．下図はこの遊泳軌跡における EMG 値より推定された遊泳速度の時系列図．黒い横線は遊泳水槽実験により得られた臨界遊泳速度を表す．

定位時には臨界遊泳速度を下回る遊泳速度が観察された．サケは定位するためにも流れに逆らって遊泳しなければならないが，定位中の低く安定した遊泳速度は，遡上中の筋肉の疲労を回復させるためのものであると考えられた．シロザケおよびカラフトマス親魚にとって定位行動は，産卵場に到達するた

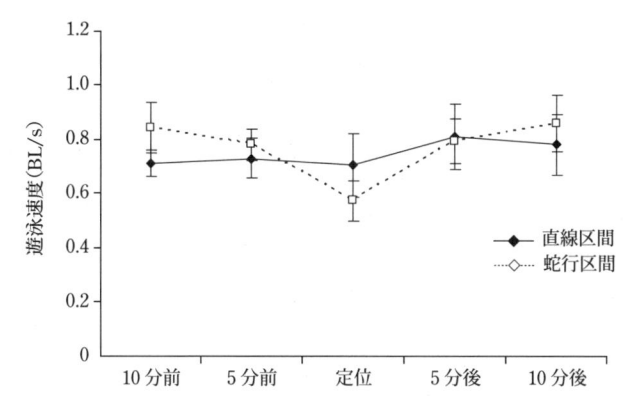

図 5.12 EMG 値より推定されたシロザケ親魚の平均遊泳速度の定位前後における比較

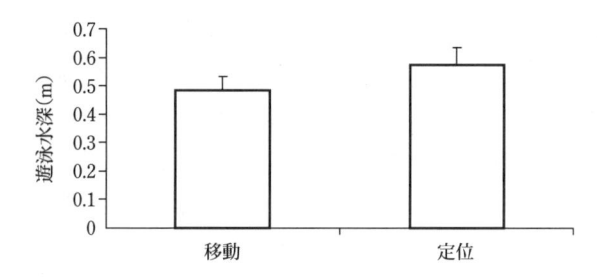

図 5.13 DT ロガーの水深データから得られたシロザケ親魚の移動時と定位時における遊泳水深

めの遊泳による疲労回復として非常に重要であることが示唆された．また，直線区間は単調な流況なので遊泳速度は大きく変化しないが，蛇行試験区間は複雑な流況となり定位前後に比べて定位時に遊泳速度が低下する傾向が見られた（図 5.12）．つまり，蛇行試験区間はシロザケおよびカラフトマス親魚の有効な定位場所として機能している可能性が考えられた．

(6) 遊泳水深と定位行動との関係は？

一部のシロザケ親魚に装着した DT ロガーから，シロザケ親魚の遊泳時の遊泳水深を解析した．するとシロザケ親魚の遊泳水深は，移動時に比べて定位時において深くなる傾向が見られた（図 5.13）．一般に，遊泳流速は河床

コラム　臨界遊泳速度とは何か

　魚類の遊泳速度は，持続的に泳ぐことのできる巡航速度と逃避・急流遡上時など瞬間的に見られる突進速度の2つに大別される．遊泳速度については，体長(BL)を用いてBL/sで表すと，多くの魚種で巡航速度は2～3BL/s程度，突進速度は10BL/s程度といわれる．巡航速度は有酸素運動，突進速度は無酸素運動によって成り立っている．つまり，遊泳速度が上昇していくと有酸素運動から無酸素運動に切り替わる速度が存在することになる．この有酸素運動と無酸素運動への切り替わりの遊泳速度が臨界遊泳速度と定義されている．この臨界遊泳速度はBrett(1964)によって提唱され，魚類の最大有酸素運動時の遊泳速度を意味している．臨界遊泳速度は，水温，照度，魚体サイズ，種などさまざまな要因によって影響を受けることが報告されている(Hammer, 1995)．サケ科魚類に関して臨界遊泳速度はさまざまな研究で測定が行われており，サケ科魚類の遊泳能力を測る指標として非常に有効である．例えば，ベニザケ(*O. nerka*)で2.08BL/s(Lee et al, 2003)，ギンザケ(*O. kisutch*)で1.66BL/s(Lee et al., 2003)，シロザケで1.63BL/s(Makiguchi et al., 2008)，カラフトマスで1.93BL/s(Makiguchi et al., 未発表)などが報告されている．

　臨界遊泳速度の測定には流速が調節可能な循環式水槽を用いる(**写真**)．実験前にあらかじめ実験魚の体長(BL)および体重を測定する．体長の半分の速度(0.5BL/s)で実験魚を水槽内で1時間馴致する．その後，流速を0.75BL/sにし，15分ごと(T_i)に0.25BL/s(V_p)ずつ速度を上昇させていき実験魚を強制的に遊泳させる．実験魚が水槽の下流側に張り付き，完全に遊泳できなくなったら，そのときの流速(V_f)および速度を変えたタイミングからの時間(T_f)を記録する．これらのパラメータをBrett(1964)の式にあてはめて臨界遊泳速度(U_{crit})を求めることができる．

$$U_{crit} = V_p + (T_f / T_i) V_f$$

さらに，遊泳水槽内に魚が存在することによって水の流れる断面積が減少し，流速が上昇する現象(流速上昇効果：Solid Blocking Effect)は臨界遊泳速度の計算の過程で補正を行っている(Bell and Terhune, 1970).

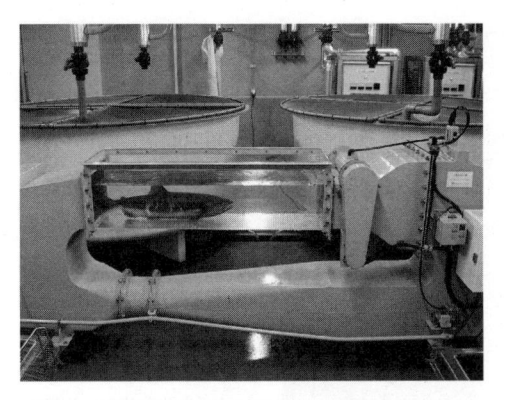

写真 北海道立水産孵化場道東支場の循環式水槽

に近くなるほど，つまり水深が深くなるほど河床との摩擦により低下する傾向がある．つまり，実験魚は定位時にはより流速の低下する箇所を選択的に利用していることが考えられた．また，蛇行試験区間におけるシロザケおよびカラフトマス親魚の定位箇所としては水深が深く，流速が低下する淵の構造を持った場所を高頻度で利用していたことが観察された．これらの結果からもシロザケ親魚は，定位場所として比較的遊泳エネルギーを必要としない場所を選択的に利用しており，蛇行試験区間に形成されつつあるこのような環境の存在がシロザケおよびカラフトマス親魚の遡上行動にとって非常に重要であることが示唆された．

(7) 蛇行という環境はサケ科魚類の遡上エネルギー消費に影響を与えるのか？

先にも述べたが，サケ科魚類は河川に遡上する際に餌を食べずに，海洋生活で蓄えたエネルギーだけを使って産卵場まで到達しなくてはならない．つまり，河川を遡上するサケ科魚類にとって，エネルギー消費(代謝量)は非常に重要な問題である．流速や水深といった河川の物理環境は，サケ科魚類親魚の遡上エネルギー消費に影響を与える最も大きな要因の1つである．では，蛇行試験区間と直線区間を遡上するサケ科魚類のエネルギー消費は区間によって異なるのであろうか？　本研究では北海道立水産孵化場道東支場の流速

写真 5.4　カラフトマスのエネルギー消費を求めた循環式水槽

が調節可能な循環式水槽を密閉できるアクリル製のふたを作製し，カラフトマス親魚の遊泳速度に伴った溶存酸素量の減り方を調べた（**写真 5.4**）．酸素消費量は一般に代謝量の指標として用いられる．標準状態の酸素 1ml がエネルギー消費の 4.8 cal に相当することから，単位時間にどれだけ酸素を消費したかを測定することで，どれだけエネルギーを消費したかを求めることができる．しかし，野外で実験魚のエネルギー消費量を直接測定することは困難であるため，遊泳速度と酸素消費量についてモデルを作成し（コラム），EMG 発信機の情報から推定した遊泳速度を用いて野外で遊泳するカラフトマスの酸素消費量を推定した．**図 5.14** は蛇行試験区間と直線区間で単位距離当たりのエネルギー消費量を示している．エネルギー消費量の両区間での有意な差は認められなかったが，蛇行試験区間におけるエネルギー消費量は直線区間に比べて低くなる傾向が見られた．本研究結果から，蛇行試験区間におけるサケ科魚類親魚が遡上の際に利用しやすい定位環境は，エネルギー消費を低く抑えることが示唆されており，この結果と一致する．つまり，蛇行した河川は直線化された河川に比べてサケ科魚類のエネルギー消費をより少なくできる可能性が考えられる．しかし，一般に産卵場に到達するまでのサケ科魚類の遡上距離に比べて，蛇行試験区間は約 500 m と短いため，さらに長い遡上距離におけるサケ科魚類のエネルギー消費についての検証実験が必要である．

　本研究では標津川における蛇行復元がシロザケおよびカラフトマス親魚の

5.2 蛇行復元がサケ科魚類の遡上行動およびエネルギー消費に与える影響

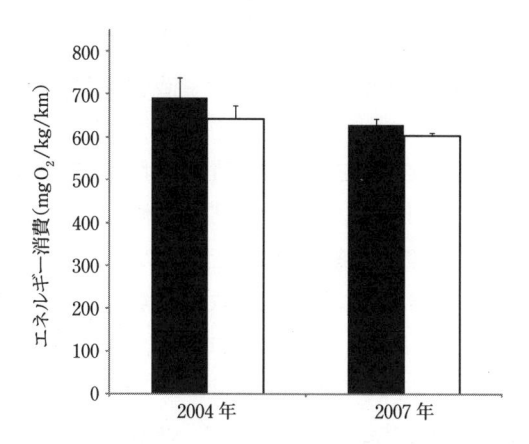

図5.14 エネルギーコストモデルから推定したカラフトマス親魚の直線区間(黒)と蛇行試験区間(白)における単位距離当たりのエネルギー消費量

遡上行動に与える影響を生物学的および物理学的側面からのアプローチにより解析し，環境修復のための基礎的な知見を得ることができた．しかし，蛇行復元が，本当の意味で過去に存在していた自然蛇行河川の安定(平衡)状態に落ち着くまでにはさらに年数を要すると考えられる．つまり，再蛇行の評価を行ううえでは今後の継続的な調査が必要である．また，EMG発信機を用いることで筋肉の微小電位という生理学的情報から遊泳速度および遊泳エネルギー消費を推定し，DTロガーを組み合わせることで河川内でのシロザケおよびカラフトマス親魚の遡上行動を多角的に解析することができた．標津川にはこれらサケ科魚類のほかにサクラマス($O.\ masou$)の遡上が観察されている．サクラマスの場合，シロザケやカラフトマスとは異なり春先に河川へ遡上し秋の産卵まで半年以上河川で生活する生活史を持つ，重要な水産有用魚種でもある．今後，本手法を用いて河川環境の変化がサクラマスの河川内行動に与える影響を明らかにしていく必要があると考えられる．

コラム 遊泳速度からエネルギー消費を推定するモデル

　代謝量の指標として用いられる酸素消費量は，標準状態1mlがエネルギー消費の4.8calに相当する．つまり，単位時間当たりにどれだけ酸素を消費したかを測定することで，どれだけエネルギーを消費したかを求めることができる．しかし，野外で遊泳する魚の酸素消費量をリアルタイムで測定することはほぼ不可能である．そこで魚の遊泳速度と酸素消費量の関係をあらかじめ室内実験により求めておくことで，野外に放流した魚の遊泳速度を求め，エネルギー消費が推定できるのである．

　遊泳速度とエネルギー消費量との関係を求めるには，臨界遊泳速度の測定に用いた流速が調節可能な循環式水槽を用いる．測定手順は臨界遊泳速度の手順とほぼ一緒であるが，遊泳速度に対する酸素消費量を求めるために，循環式水槽を密閉し時系列で溶存酸素量を測定する必要がある．一般に，酸素消費量は遊泳速度に対して指数関数的に上昇することが過去の研究から報告されている(Behrens et al., 2006)．本研究では過去の式に当てはめ，酸素消費量を求めた．

$$MO_2(\text{mg O}_2/\text{kg/h}) = ae^{bU}$$

MO_2 ：単位時間・サイズ当たりに消費する酸素量
U 　：遊泳速度(BL/s)
e 　：自然対数の底(ネイピア数)
a, b ：定数

　本研究で求めたカラフトマス親魚では，遊泳速度に対して指数関数的に酸素消費量が上昇した(**図1**)．さらに，上記の式を微分してやることで単位距離当たりのエネルギー消費量を推定するモデルを導くことができる．

$$COT(\text{mg O}_2/\text{kg/km}) = COT = ae^{bU}/U$$

COT ：単位距離・サイズ当たりに消費する酸素量

　標津川に放流したカラフトマスのEMG発信機の情報から推定され

た遊泳速度を用いて，この遊泳速度と酸素消費量の関係式（モデル）により標津川を遡上したカラフトマス親魚のエネルギー消費を推定することが可能となる（**図2**）．

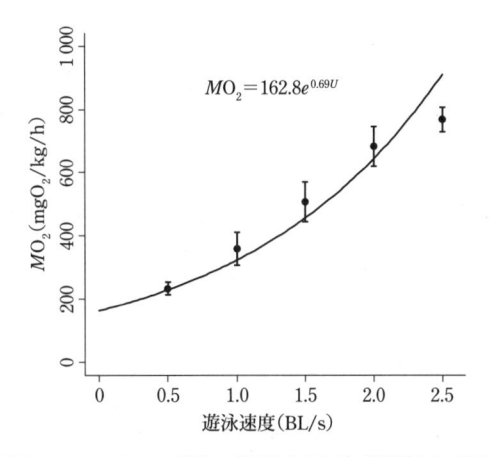

$$MO_2 = 162.8e^{0.69U}$$

図1 カラフトマス親魚の遊泳速度と酸素消費量の関係

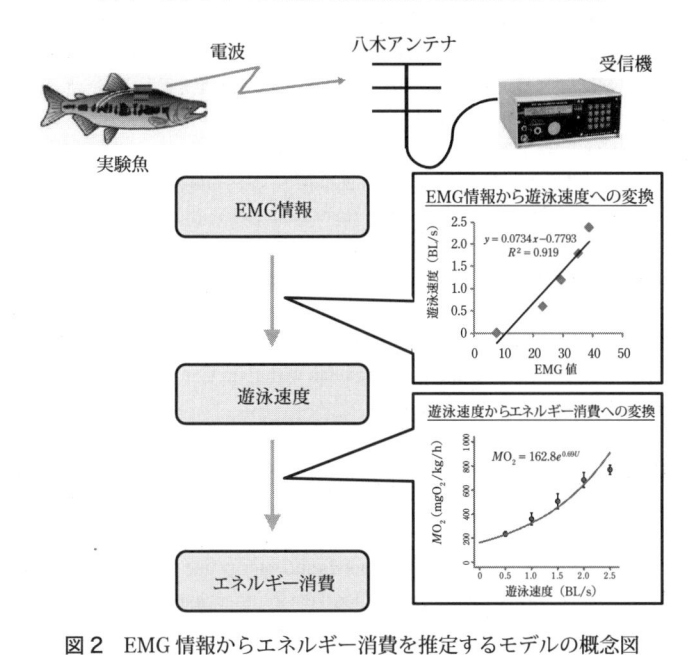

$$y = 0.0734x - 0.7793$$
$$R^2 = 0.919$$

$$MO_2 = 162.8e^{0.69U}$$

図2 EMG情報からエネルギー消費を推定するモデルの概念図

《引用文献》
1) 粟倉輝彦(1964)：サケ科魚類に寄生したカワシンジュガイ幼生について，北海道立水産孵化場研究報告 19, pp.1-16.
2) 粟倉輝彦(1968)：カワシンジュガイ有鈎子幼生の寄生生態について，北海道立水産孵化場研究報告 23, pp.1-21.
3) Banks, J. W. (1969): A review of the literature on the upstream migration of adult salmonids, Journal of Fish Biology 1, pp.85-136.
4) Bauer, G. (1997): Host relationships at reversed generation times: Margaritifera (Bivalvia) and salmonids, pp.69-79 in Bauer, G & Wachter, eds., Ecology and evolution of the freshwater mussels Unionoida, Springer, Berlin.
5) Beddow, T. A. & McKinley, R. S. (1999): Importance of electrode positioning in biotelemetry studies estimating muscle activity in fish, Journal of Fish Biology 54, pp.819-831.
6) Behrens, J. W., Praebel, K. & Steffensen, J. F. (2006): Swimming energetics of the Barents Sea capelin (*Mallotus villosus*) during the spawning migration period, Journal of Experimental Marine Biology and Ecology 331, pp.208-216.
7) Bell, W. M. & Terhune, L. D. B. (1970): Water tunnel design for fisheries research, Technical Report Fisheries Research Board of Canada 195, pp.1-69.
8) Bogan, A. E. (1993): Freshwater bivalve extinctions (Mollusca : Unionoida), A search for causes, American Zoologist 33, pp.599-609.
9) Brett, J. R. (1964): The respiratory metabolism and swimming performance of young sockeye salmon, Journal of the Fisheries Research Board of Canada 21, pp.1183-1226.
10) Cooke, S. J., Hinch, S. G., Wikelski, M., Andrews, R. D., Kuchel, L. J., Wolcott, T. G. & Butler, P. J. (2004): Biotelemetry: a mechanistic approach to ecology, Trends in Ecology & Evolution 19, pp.334-343.
11) Downs, P. W. & Thorne, C. R. (1998): Design principles and suitability testing for rehabilitation in a flood defense channel: The River Idle, Nottinghamshire, UK, Aquatic Conservation-Marine and Freshwater Ecosystems 8, pp.17-38.
12) Friberg, N., Kronvang, B., Hansen, H. O. & Svendsen, L. M. (1998): Long-term, habitat-specific response of a macroinvertebrate community to river restoration, Aquatic Conservation-Marine and Freshwater Ecosystems 8, pp.87-99.
13) Hammer, C. (1995): Fatigue and exercise tests with fish, Comparative Biochemistry and Physiology a-Physiology 112, pp.1-20.
14) Hinch, S. G., Diewert, R. E., Lissimore, T. J., Prince, A. M. J., Healey, M. C. & Henderson, M. A. (1996): Use of electromyogram telemetry to assess difficult passage areas for river-migrating adult sockeye salmon, Transactions of the American Fisheries Society 125, pp.253-260.
15) Hinch, S. G. & Rand, P. S. (1998): Swim speeds and energy use of upriver-migrating sockeye salmon (*Oncorhynchus nerka*) : role of local environment and fish characteristics, Canadian Journal of Fisheries and Aquatic Sciences 55, pp.1821-1831.
16) Hinch, S. G. & Rand, P. S. (2000): Optimal swimming speeds and forward-assisted propul-

sion: energy-conserving behaviours of upriver-migrating adult salmon, Canadian Journal of Fisheries and Aquatic Sciences 57, pp.2470-2478.
17) 河口洋一, 中村太士, 萱場祐一(2005): 標津川下流域で行った試験的な川の再蛇行化に伴う魚類と生息環境の変化, 応用生態工学 7, pp.187-199.
18) Kobayashi, O. and T. Kondo (2005): Difference in host preference between two populations of the freshwater pearl mussel *Margaritifera laevis* (Bivalvia: Margaritiferidae) in the Shinano River system, Japan, Venus, 64, pp.63-70.
19) Kondo, T., M. Yamada, Y. Kusano and K. Sakai (2000): Fish host of the freshwater pearl mussels *Margaritifera laevis* (Bivalvia: Margaritiferidae) in the Furebetsu River, Hokkaido, Venus, 59, pp.177-179.
20) Kurihara, Y., H. Sakai, S. Kitano, O. Kobayashi and A. Goto (2005): Genetic and morphological divergence in the freshwater pearl mussel, *Margaritifera laevis* (Bivalvia: Margaritiferidae), with reference to the existence of two distinct species, Venus, 64, pp.55-62.
21) Lee, C. G., Farrell, A. P., Lotto, A., Hinch, S. G. & Healey, M. C. (2003): Excess post-exercise oxygen consumption in adult sockeye (*Oncorhynchus nerka*) and coho (*O. kisutch*) salmon following critical speed swimming, Journal of Experimental Biology 206, pp.3253-3260.
22) Liao, J. C., Beal, D. N., Lauder, G. V. & Triantafyllou, M. S. (2003): Fish exploiting vortices decrease muscle activity, Science 302, pp.1566-1569.
23) Makiguchi, Y., Nii, H., Nakao, K. & Ueda, H. (2008): Migratory behaviour of adult chum salmon, *Oncorhynchus keta*, in a reconstructed reach of the Shibetsu River, Japan, Fisheries Management and Ecology 15, pp.425-433.
24) Miyake, Y. and S. Nakano (2002): Effect of substratum stabikity on diversity of stream invertebrates during baseflow at two spatial scales, Freshwater Biology 47, pp.219-230.
25) 内藤順一, 前安井 明, 田村龍弘(1994): カワシンジュガイの自然生息地調査, カワシンジュガイ保護増殖検証事業報告(環境庁 編)三晃社, pp.21-38.
26) 中村太士, 河口洋一, 中野大助, 永山滋也, 赤坂卓美, 高津文人, 布川雅典(2011): 蛇行河川における陸域・水域生態系のつながり, 川の蛇行復元—水理・物質循環・生態系からの評価—(中村太士編)技報堂出版, pp.197-230.
27) 岡田 旬, 石川嘉郎(1959): カハシンジュガイ *Margaritifera margaritifera* (L.) の生態研究(第1報), 北海道立水産孵化場研究報告 14, pp.73-81.
28) Smith, D. G. (2001): Systematics and distribution of the recent Margaritiferidae, pp.33-40 in Bauer, G & Wachter, eds., Ecology and evolution of the freshwater mussels Unionoida, Springer, Berlin.
29) Taylor, D. W., 上野輝弥(1965): 北太平洋周辺地域におけるカワシンジュガイとサケ科魚類の寄生特異性及びその進化, Venus 24, pp.199-209.
30) Ziuganov, V., A. Zotin, L. Nezlin and V. Tretiakov (1994): The freshwater pearl mussels and their relationships with salmonid fish, VNIRO Publishing House, Moscow.

第6章

農業流域の物質循環
―窒素循環の河川水質への影響を中心にして

6.1 はじめに

　タンパク質やDNAを構成する窒素は，生態系において必要不可欠な生元素である．窒素は，大気中ガスの78％を占める窒素ガス(N_2)として大量に存在しているが，窒素ガスは化学的に不活性であり，ほとんどの生物は直接利用することができない．生物が利用できる窒素は，反応性窒素と呼ばれるもので，自然界では，窒素固定菌の活動で主に生産される(生物的窒素固定)．人為的には，豆科作物に共生する根粒菌や，化学肥料の製造，化石燃料の燃焼により生産される．反応性窒素には，アンモニア，アミン，アミノ酸などの還元態の窒素と，窒素酸化物，硝酸，亜硝酸などの酸化態の窒素がある．

　地球の陸域に年間に固定される反応性窒素は，人間活動が顕在化する前(1860年ごろ)には自然起源で125.4 Tg N yr^{-1}(陸域の生物窒素固定120，大気中での放電5.4)であり，人為起源(15 Tg N yr^{-1})の8.4倍に相当していたと見積もられている．ところが1990年代には，人為起源の反応性窒素は156 Tg N yr^{-1} と10倍に増大し，自然由来の量(112.4 Tg N yr^{-1})を上回った(Galloway et al., 2004)．この人為的に固定された反応性窒素は，高温高圧下で水素と窒素を反応させてアンモニアを生産するハーバー・ボッシュ法による工業的な窒素固定，窒素固定作物による固定，化石燃料の燃焼によって生じるNO_xの生成に大別される．ハーバー・ボッシュ法による窒素固定は100 Tg N yr^{-1} に上り，そのうち86％が化学肥料として消費され，窒素固定作物による反応性

165

窒素(31.5 Tg N yr^{-1})と合わせると人為起源の反応性窒素の75％が農業生産に由来する．

しかし，農業生産物の増産のために窒素が過剰に使用されたことに伴い，環境負荷が生じている．自然生態系へ大気降下物として多量の窒素がもたらされると，生物多様性を減少させたり，農地排水，下水処理場から河川や湖沼へ過剰な窒素が流入すると，有毒藻類の増殖など沿岸生態系に対して富栄養化による悪影響をもたらす．硝酸態窒素は人体内で亜硝酸態窒素に還元され，これがヘモグロビンと結合しメトヘモグロビンを形成することから，酸素欠乏症(メトヘモグロビン血症)を引き起こす要因となる．特に乳幼児の胃腸内は酸度が弱いため，微生物による硝酸態窒素還元が起きやすく，メトヘモグロビン血症にかかりやすいとされている．微生物の硝酸化成と脱窒反応によって生じる亜酸化窒素は，対流圏の温暖化と成層圏のオゾン層の破壊に関与する(IPCC, 2001)．

農業が集約化するにつれ，圃場に窒素の余剰が生じ，多くの地域で環境問題が顕在化してきた(OECD, 2001)．この負荷の実態を明らかにし，対策を講じるために，圃場，経営体，流域，地域，国レベルのさまざまなスケールで窒素収支が求められるようになった．ここで述べる窒素収支とは，対象とする圃場や流域などにおける窒素の投入と持ち出しの差分量であり，正ならば余剰，負ならば不足として面積当たりの量(kg ha^{-1}，Mg km^{-2} など)で表される．余剰窒素量は，圃場スケールであれば硝酸溶脱量と，流域スケールであれば河川窒素流出量と正の相関関係を示すことが報告されてきており，系外への窒素負荷予測因子として有用である．しかしながら，余剰窒素と流出の関係の定量的な証拠例は限られており，流出負荷をもたらす窒素循環の仕組みが十分理解されているとは言い難い．

食料の生産から消費に至る食物連鎖に関わる窒素循環の仕組みは複雑である．したがって，そこから生じる窒素の負荷も多様な要因からなる．しかし，負荷の低減のためには，その正確な理解が必要である．そのためには，窒素循環に関わるフローを可能な限り網羅的に調査する必要がある．そのことを通して，生産体系を包括的に評価し，モデル予測により環境が許容できる負荷の限度を見積もり，全体として少しでも環境負荷の少ない生産効率の高い

生産体系を開発することが可能になろう．

本章では，標津川を含めた農業流域，特に草地酪農を主体とする流域において，窒素循環を定量的に把握し，河川への窒素流出について解析した結果について述べる．

6.2 流域の窒素収支の概要

図 6.1 に示すように，農業流域には人間活動に伴って投入される窒素フローと持ち出される窒素フローがある．投入される窒素フローは，化学肥料，マメ科作物による窒素固定，窒素降下物，輸入食料と飼料である．一方，持ち出される窒素フローは，輸出食料と飼料である(Howarth et al., 1996)．この投入と持出の窒素フローの差分が窒素収支であり，流域における窒素の過不足を表す．換言すれば純窒素投入量(Net Nitrogen Input)である．本章では，この英語の頭文字をとって，窒素収支を NNI と呼ぶことにする．

NNI を式で表すと次のようになる．

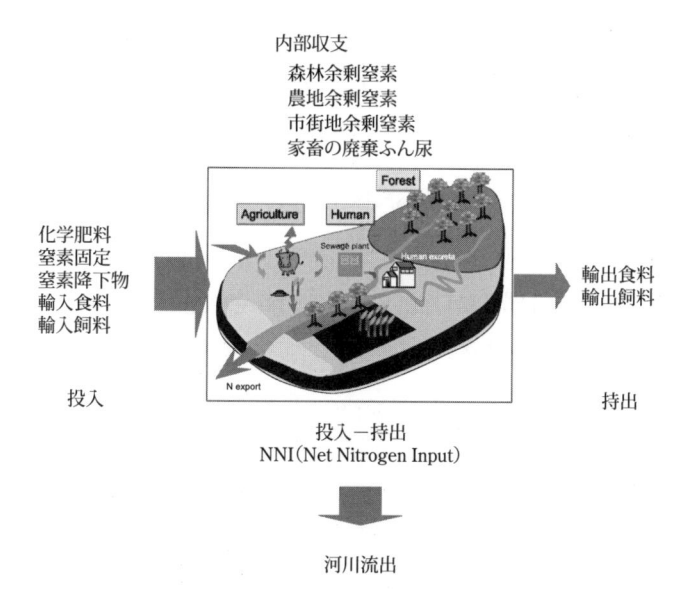

図 6.1　純窒素投入量(NNI)の概念図(Howarth ら, 1996)

$$\text{NNI} = 化学肥料 + 窒素固定 + 窒素降下物 + 輸入食料 + \\ 輸入飼料 - 輸出食料と飼料 - 人間の収支 - 家畜の収支 \tag{6.1}$$

人間の収支と家畜の収支は，それぞれ人間と家畜の窒素の出入りから計算され，体への蓄積，すなわち増体量を表すと考え，持出として計上される．

また，流域は，森林系，農地系，市街地系，そして家畜系の4つのサブシステムからなると考えられ，NNIはそれら個々の系の窒素収支の合計としても表すことができる（図6.1）．

$$\text{NNI} = 森林余剰窒素 + 農地余剰窒素 + 市街地余剰窒素 + \\ 家畜の廃棄ふん尿 \tag{6.2}$$

ここで，

$$森林余剰窒素 = 森林への窒素降下物 \tag{6.3}$$

$$農地余剰窒素 = 化学肥料 + 窒素固定 + 農地の窒素降下物 + \\ アンモニア沈着 + 家畜ふん堆肥 + 作物残渣 - 作物収穫 - \\ 化学肥料由来アンモニア揮散 - 作物残渣 \tag{6.4}$$

$$市街地余剰窒素 = 市街地への窒素降下物 + 下水発生量 \tag{6.5}$$

$$家畜の廃棄ふん尿 = 家畜ふん尿 + 敷料 - 家畜ふん堆肥 - \\ 家畜ふん尿由来アンモニア揮散 \tag{6.6}$$

なお，窒素降下物は流域外部由来のもののみを想定しており，内部で発生したアンモニアやNO_xは含まれない．

$$窒素降下物 = 森林への窒素降下物 + \\ 農地への窒素降下物 + 市街地への窒素降下物 \tag{6.7}$$

エネルギー生産に伴うNO_xの生成は人為起源の窒素であるが，農業流域では，その寄与は無視できるものとした．化学肥料や家畜ふん尿から発生するアンモニアは，乾性および湿性の降下物として流域内に再沈着すると指摘さ

れている.揮散したアンモニアの大気中濃度へ影響は,畜産地帯の中央部である発生源から1 km 以内までであり,それ以上離れた地点では小さい(寳示戸ら,2006a).降水中の窒素濃度も,発生源から離れた地点では畜産地帯中央部よりも極めて低く(寳示戸ら,2006b),アンモニアの沈着範囲は狭い.すなわち,農地と畜舎から揮散したアンモニアのすべてが農地に沈着すると仮定できる.式(6.4)のアンモニア沈着量は,家畜ふん尿由来と化学肥料由来のアンモニア揮散量の合計である.

本収支モデルでは,人為起源の窒素,とりわけ,食糧の生産と消費に伴う窒素のみを考慮し,森林,雷などの自然起源の窒素はバックグラウンドとして収支計算に含まない.また,土壌窒素の無機化速度と有機化速度は等しいと仮定し,1年間の時間スケールで見た土壌窒素の正味の変化(土壌中の有機態窒素の増減)は無視している.このように,流域レベルの窒素の物質収支研究には,多くの仮定や統計資料などのデータセットの信頼性の限界が常に伴う.しかし,その解析結果は,人間活動が地域の窒素循環をどのように変貌させてきたかを定量的に表し,その改善目標を指摘できると期待される.流域における窒素循環の評価は,窒素循環の全体像の理解に加え,流域の窒素負荷緩和策を提案する際の貴重な情報源となりうると考えられる(Boyer et al., 2002).

6.3 窒素フローの見積もり方法

前項で述べた窒素収支(NNI)を求めるためには,人間活動に伴う窒素フローを知る必要がある.ここでは Hayakawa et al.(2009)が示した窒素フローの見積もり方法を用いて,具体例として,標津川流域での計算方法を述べる.

標津川流域のある北海道東部は牛乳生産の盛んな日本最大の酪農地帯である.流域を構成する中標津町では,24 500 ha の牧草地に 40 000 頭の乳牛を飼養し,酪農が当該地域の基幹産業となっている.流域の年降水量は約 1 150 mm,年平均気温約 5℃である.流域の土壌は,摩周岳火山灰由来の黒ぼく土を主体とし,下流の低地帯には灰色低地土や一部に泥炭が分布している.標津川流域(679 km^2)の土地利用は,森林 45.6%,農地 51.4%,市街地 1.4%,

荒地 1.6% であり，農地の 95% 以上を牧草地が占め，草地あたりの家畜密度は 1.7 頭 ha^{-1} である(Woli et al., 2004)．主要な牧草種はチモシーで，5% の農地の主な栽培作物は，青刈りトウモロコシ，甜菜(てんさい)，馬鈴薯，大根である．河口から 15 km ほど上流(標津川中下流部)に中標津町市街地があり，人口(24 000 人)のおよそ 90% が集中する．中標津郊外の下水屎尿処理場では，家庭からの下水および屎尿が流入し処理されている．

標津川流域はさまざまな小流域の集合体としてとらえることができる．NNI と河川への窒素流出量や河川水質との関係を見るために，小流域についての NNI についても計算を試みた．窒素流出量の測定は，土地利用割合と流域面積が異なるように 5つの流域で行った(図 6.2，表 6.1)．A 流域は，流域内に B，C，D，E 流域を含む最下流地点であり，E 流域は集水域がすべて森林の流域である．E 流域と C 流域は同一支流の上流と下流の関係にある．また，D 流域の農地率は 5流域の中で最も高い 90.3% である．市街地率は A 流域の 1.4% が最大である．

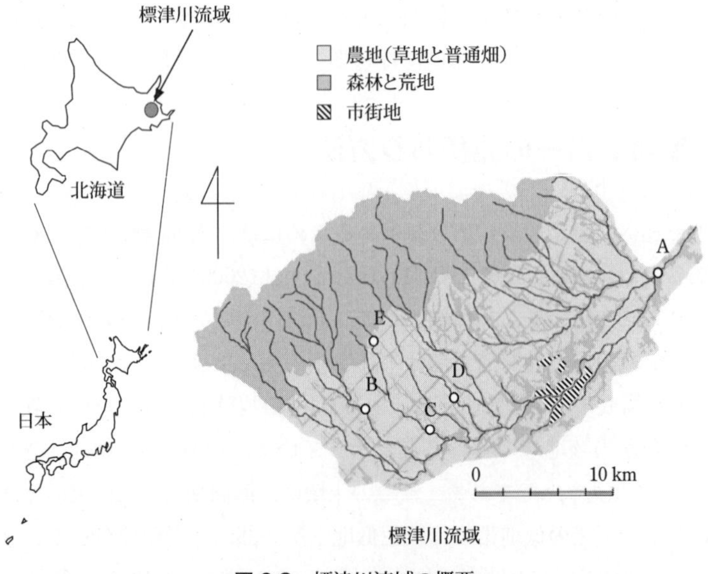

図 6.2　標津川流域の概要

表6.1 5流域の概要

流域	面積 (km²)	土地利用			
		農地 (％)	市街地 (％)	荒地 (％)	森林 (％)
A	679	51.4	1.4	1.6	45.6
B	76	14.7	0.1	0.1	85.1
C	28	52.2	0.0	1.9	45.9
D	9.3	90.3	0.0	0.5	9.3
E	2.9	0.0	0.0	0.0	100.0

6.3.1 データソース

耕地面積，作付け面積，収穫量，家畜頭数，牛乳生産量などの基礎統計量は，北海道農林水産統計年報農業統計市町村別編の中標津町データから得た．中標津町の人口データは，北海道統計から得た．気象データ（日降水量，日平均気温，積雪深など）は，中標津測候所データを利用した．

6.3.2 化学肥料

化学肥料による窒素施与量は，作物別の原単位に作付け面積を乗じて求めた．草地の化学肥料施与量は，根釧地域で実施された農家圃場の聞き取り調査の平均値 63 kg N ha^{-1} yr^{-1} を引用した．そのほかの土地利用については，北海道施肥ガイドの推奨値を引用した．

6.3.3 窒素固定

草地の窒素固定は，文献値を引用し 27 kg N ha^{-1} yr^{-1} とした．そのほかの農地については一律 5 kg N ha^{-1} yr^{-1} とした．

6.3.4 窒素降下物

窒素降下物量は，流域内 5 地点での露地雨を実測して求めた．水量加重平均濃度に年間降水量を乗じて年間 DIN（NO_3-N＋NH_4-N）降下物量を求め，5 地点の平均値を流域外からの降雨による窒素投入量とした．

6.3.5　食料飼料の輸出入

　家畜ふん尿や人間の屎尿は地域内で生じる循環フローであるため，流域外からの投入窒素とはみなされない．これらの窒素は，食料と飼料の輸出入のフローに含まれる(Boyer et al., 2002)．食料と飼料の正味の輸出入は，人間系と家畜系を構成する窒素フローから計算される．

　人間の収支は以下のように表されるが，下記の理由からこの収支はゼロと仮定した．

$$人間の収支＝自給食料＋輸入食料－下水発生量 \tag{6.8}$$

　自給食料量は，食料自給率を農家，非農家でそれぞれ37％，0％として計算した(南雲，2000)．輸入食料は食料需要量と自給食料の差分とした．下水発生量は，1人当たりの原単位に総人口を乗じて見積もった．ここで，食料需要量は下水発生量と等しいと仮定したために，人間の収支はゼロとなる．

　家畜の収支は次のように表される．

$$家畜の収支＝自給飼料＋輸入飼料－家畜ふん尿－\\家畜生産量 \tag{6.9}$$

　家畜の自給飼料，輸入飼料，ふん尿量，生産量についても，文献より畜種別の原単位を得て，統計資料の家畜頭羽数を乗じて窒素量を得た．家畜の自給飼料は，流域内で収穫された牧草，青刈りトウモロコシ，飼料用カブとし，それぞれすべて家畜の飼料に用いられると仮定した．輸入飼料は，家畜の窒素需要量と自給飼料の差分とした．人間の収支はゼロと仮定したが，家畜の収支は，需要量，自給飼料，ふん尿，生産量を個別の文献値および統計量から推定しているので，ゼロにはならない．家畜の収支は家畜への蓄積分などを示すと考えられる．

　食料および飼料の輸出は，以下の式で計算される．

$$輸出食料と飼料＝作物収穫＋家畜生産量－自給食料－\\自給飼料－敷料窒素量 \tag{6.10}$$

式(6.8)～(6.10)を式(6.1)に代入すると以下の式が得られる.

$$NNI=化学肥料＋窒素固定＋窒素降下物＋家畜ふん尿＋\\下水発生量＋敷料－作物収穫 \qquad (6.11)$$

作物収穫窒素量，残渣窒素量は，収量，残渣量に窒素含量を乗じて求めた．牧草の窒素含有率は当該地域における実測の窒素含量を引用し，そのほかの作物は既往の報告値から引用した．文献から副産物/主産物比を引用し，主産物の乾物収量から副産物量を推定し，窒素含量を乗じて残渣窒素量を求めた．残渣窒素はすべて農地に還元されると仮定したので，作物の残渣窒素は，農地での投入と持出の両方にカウントされる循環フローとなる（式6.4）．家畜の敷料窒素は，各家畜の原単位から求め，すべて農地収穫物からの自給と仮定した．

6.3.6　アンモニア揮散と沈着

アンモニア揮散量は，化学肥料由来と家畜ふん尿由来とした．化学肥料，家畜ふん尿の窒素量にアンモニア発生係数を乗じてアンモニア揮散量を求めた．揮散したアンモニアはすべて農地に沈着すると仮定した．

6.3.7　流域当たりの窒素量換算

中標津町区界と標津川流域区界を一致させるため，統計資料で得られた値を流域当たりに換算した．A流域は流域内に中標津町の市街地をほぼ含み，近隣市町村の市街地は含まないため，人間系の収支は中標津町の統計資料の値をそのまま引用した．一方耕地面積は，A流域の348 km^{2}に対し，2003,2004年度の中標津町の統計資料の値では245 km^{2}であるため，その比1.42を統計資料で得られた農地の窒素フローに乗じることで，流域当たりに換算した．

A流域以外の4流域のNNIは，式(6.2)に基づき推定した．流域全体で見積もられた森林余剰窒素，農地余剰窒素，市街地余剰窒素，家畜の廃棄ふん尿窒素について，それぞれの土地利用当たりの原単位を求め，それらを各集水域の土地利用面積割合に応じて案分した．

6.4 河川窒素流出量の見積もり

標津川のA，B，C，D，Eの5流域(図6.2，表6.1)において，各集水域の最下流部を観測点とし，平水時，降雨流出時および融雪流出時の観測を行った．ここでは観測方法を示す．

6.4.1 河川流量

河川流量の連続値は，河川水位と河川流量を随時測定することにより水位-流量(H-Q)式を作成しておき，別に連続測定した水位の値をH-Q式に代入することにより求められる．A流域では，国土交通省の水文水質データベースより1時間間隔の水位データが得られ，釧路開発建設部がH-Q式を測定しているので，それらを用いて流量の連続値を得た．A流域以外の4流域では，感圧式水位センサにより15分間隔の測定を行い，河川水位測定値と随時実測した流量観測からH-Q式を作成し，流量を得た．流量の測定は，川幅を測定後，河川横断方向に8から10等分割し，小断面の断面積と平均流速を乗じて小断面の流量を求め，それらを積算して求めた．測定は平水時のほか，高い流量時の実測値を得るため，流量の増大した融雪期に行った．

6.4.2 水質分析

河川水を採水して，全窒素(TN)，溶存成分(全溶存態窒素(TDN)，溶存有機態窒素(DON)，硝酸態窒素(NO_3-N)，アンモニウム態窒素(NH_4-N)，溶存有機炭素(DOC)，溶存ケイ素(Si)濃度を測定した．平水時の河川水採水は，4，7，9，11月の増水の影響が小さい時期に手採水で行った．河川中央部の流心の河川水をポリプロピレン製の1Lボトルに採水した．降雨時と融雪期の採水は自動採水器を使用して行った．採取した水試料は保冷剤入りのクーラーボックスに入れて実験室に持ち帰った．自動採水器による採取試料の回収は外注し，現地から実験室まで冷蔵輸送した．未濾過試料をTNの分析に供し，残りは0.2μmのメンブランフィルターで濾過し溶存成分の分析に供した．試料は分析まで4℃で保存した．

6.4.3 河川成分流出量の見積もり

採水時の流量に成分濃度を乗じると，成分の負荷量が得られる．負荷量は流量と高い相関関係を示す場合が多く，その関係式(L-Q式)を流量の連続値に適用することにより，成分の流出量が得られる．5流域それぞれで，TN，TDN，NO_3-N，DOC，Siは融雪期とそれ以外の時期でL-Q式が得られ，これらを流量に適用して流出量を求めた．NH_4-Nについては精度のよい関係式が得られなかったため，流量加重平均濃度を年間流量に乗じて推定した．粒子態窒素(PON)流出量は，TN流出量とTDN流出量の差分として得られ，DON流出量は，TDN流出量と無機態N(NO_3-N，NH_4-N)流出量の差分として得られる．

6.5 標津川流域の窒素フローとNNI

2003年，2004年に見積もった，窒素フローとNNIを**表6.2**に示す．これらは，流域(679 km^2)当たりの年間窒素量(kg N ha^{-1} yr^{-1})で表している．以下2年間の平均値を用いてその特徴を述べる．

流域への窒素投入のうち，主要な成分は輸入飼料であり，全投入量(86.9 kg N ha^{-1} yr^{-1})の44%を占めた．次いで化学肥料(37%)，マメ科植物の窒素固定(15%)であった．窒素降下物量は投入窒素の2%であった．一方，窒素の持ち出しは，輸出食料と飼料であり，全持ち出し窒素(32.3 kg N ha^{-1} yr^{-1})の76%だった．人間の収支は0と仮定したが，家畜の収支は，7.6 kg N ha^{-1} yr^{-1}と見積もられた．NNIは55 kg N ha^{-1} yr^{-1}となり，投入窒素の63%に相当した．

式(6.2)のNNIの構成成分のうち農地余剰窒素が最も大きく，NNIの90%を占めた．ついで，家畜廃棄ふん尿で，NNIの6.3%を占めた．市街地余剰窒素は，NNIの2.1%，森林余剰窒素は1.7%だった．

式(6.11)のNNIを構成する主要窒素フローのうち，家畜ふん尿(72.1 kg N ha^{-1} yr^{-1})が主要であり，化学肥料の2.2倍で，作物収穫量(67.5 kg N ha^{-1} yr^{-1})を上回っていた．また，下水発生量(1.11 kg N ha^{-1} yr^{-1})はNNIの2%にすぎなかった．

表 6.2 2003, 2004年の標津川流域(A 流域)おける窒素フローと純窒素投入量 NNI(kg N ha^{-1} yr^{-1})

		2003	2004	平均値
流域の収支				
投入:	化学肥料	32.4	32.4	32.4
	作物による窒素固定	13.4	13.4	13.4
	窒素降下物	2.22	1.6	1.9
	輸入食料	1.1	1.1	1.1
	輸入飼料	41.5	34.7	38.1
	合計	90.6	83.2	86.9
持出:	輸出食料と飼料	24.4	25.0	24.7
	人間の収支	0.0	0.0	0.0
	家畜の収支	7.6	7.6	7.6
	合計	32.0	32.6	32.3
	NNI(投入−持出)(式 6.1)	58.5	50.6	54.6
内部収支	農地余剰	52.9	45.3	49.1
	市街地余剰	1.13	1.13	1.13
	森林余剰	1.0	0.8	0.9
	廃棄ふん尿	3.5	3.4	3.4
	合計　NNI(式 6.2)	58.5	50.6	54.6
NNI を構成する主要窒素フロー	化学肥料(a)	32.4	32.4	32.4
	作物による窒素固定(b)	13.4	13.4	13.4
	窒素降下物(c)	2.2	1.6	1.9
	家畜ふん尿(d)	71.6	72.7	72.1
	下水発生量(e)	1.10	1.11	1.11
	敷料(f)	1.2	1.1	1.2
	作物収穫(g)	63.3	71.7	67.5
	NNI((a)+(b)+(c)+(d)+(e)+(f)−(g))(式 6.3)	58.5	50.6	54.6

　一方，流域内部を循環する家畜ふん尿と化学肥料から揮散するアンモニアは大きな内部フローであり，それぞれ 18, 2 kg N ha^{-1} yr^{-1} と見積もられた．

　5 流域の NNI は 1.6 から 99 kg N ha^{-1} yr^{-1} の範囲にあり，森林流域の E 流域で最も少なく，農地率が 90.3% の D 流域で最も多かった．

NNI のうち，流域から河川を通して窒素の流出が起こる．次項では窒素流出について述べる．

6.6 河川窒素流出と NNI の関係

図 6.3 は降水量，積雪深，気温，A 流域の日比流量(単位面積当たりの日流量)，形態別窒素濃度の推移である．降雨時に TN 濃度と PON 濃度の顕著なピークが認められた．NO_3-N 濃度は融雪期の前半(4 月上旬から下旬)にかけて上昇する傾向にあり，融雪流量のピーク前後(5 月から 6 月)に低下する傾向が認められた．5 流域の NO_3-N 濃度の中央値は，D(1.60 mg N L^{-1})＞C(1.07 mg N L^{-1})＞A(0.54 mg N L^{-1})＞B(0.30 mg N L^{-1})＞E(0.06 mg N L^{-1})であった．

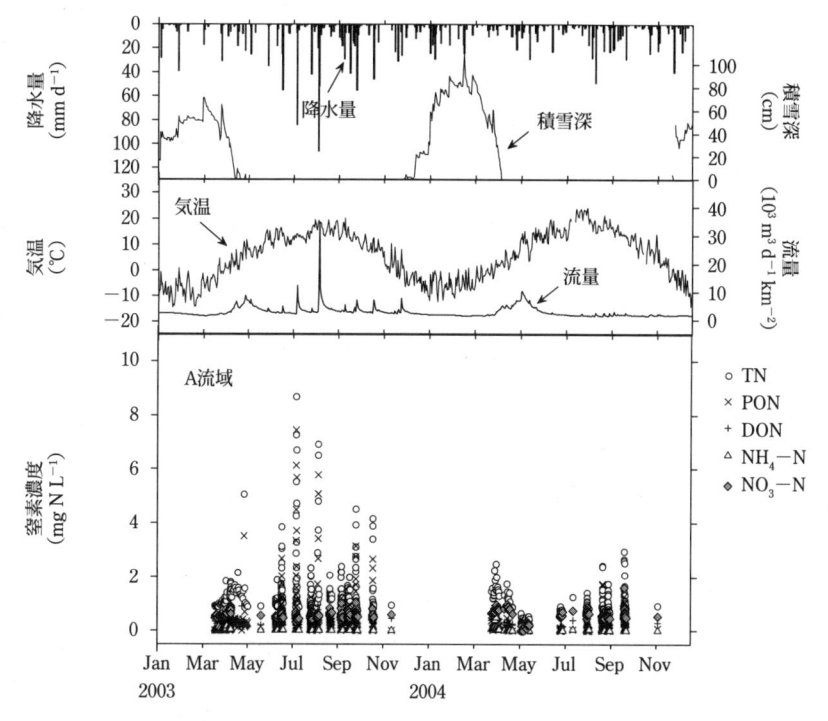

図 6.3 標津川(A 流域)の降水量，積雪深，気温，日流量，各種窒素濃度の推移

図 6.4 に河川窒素流出量と NNI の関係を示す．NH_4–N を除き，いずれの形態の窒素も森林流域の E 流域で最も少なかった．NO_3–N 流出量および TN 流出量と NNI との間には，有意な正の相関(それぞれ $r=0.909$, $P<0.01$, $r=0.698$, $P<0.05$)が認められた．また，DON 流出量にも NNI との間に有意な正の相関関係が認められた($P<0.01$)．回帰式の傾きを NNI に対する窒素の流出割合の近似値と考えると，NO_3–N, TN 流出量はそれぞれ NNI の 14％, 27％ に相当することになる．

図 6.5 に示すように，西欧，北米，南米，中国などでの既往の報告値に本研究結果を加えた NNI と TN 流出量の関係の回帰式の傾きは 0.30 であった．流域のスケール($2.9〜679\,000$ km^2)や地点は異なるが，標津川流域で得られた値と類似していた．これらの結果は，河川は，流域からの窒素の主要な排出経路であることを示している．しかし，河川を通した窒素流出は NNI の 30％ 程度にすぎず，残りの 70％ の行方が説明できないことも示している．

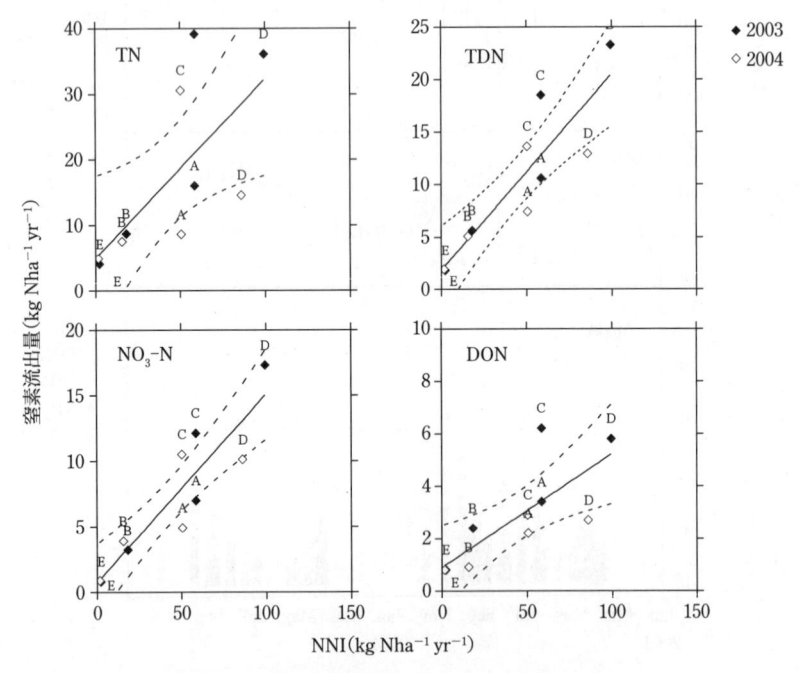

図 6.4　純窒素投入量(NNI)と窒素流出量の関係

図6.5　純窒素投入量(NNI)と窒素流出量の関係

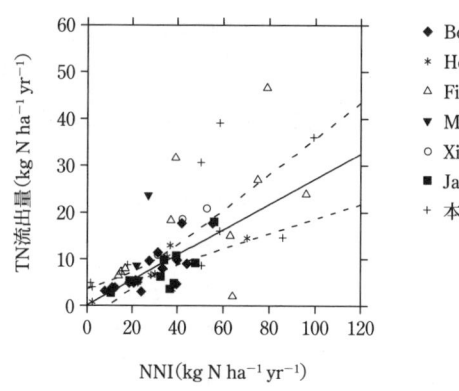

残りの NNI はミッシング窒素と呼ばれ，土壌や植物(樹木)への蓄積，根圏以深への浸透，脱窒などと考えられている(Van Breemen et al., 2002)．

なお，表 6.2 に示した市街地余剰窒素に含まれる下水発生量の一部は下水処理場において浄化処理される．下水処理場の水量と水質の実測データに基づき，処理場への流入窒素負荷量と処理場からの流出窒素負荷量から窒素除去率を計算すると，窒素除去率は流入窒素負荷量の 69％ であった．流域表層の大部分を覆っている土壌にもこのような高い窒素除去能があるならば，土壌の脱窒が NNI の行方の相当量を説明する可能性がある．一般に土壌の脱窒能は湿地で高い．標津川流域では大部分の湿地を草地に転換したため，現存湿地における脱窒は期待できない．しかし，泥炭土草地の豊富な有機態炭素と嫌気部位の共存によって，脱窒量が 87 kg N ha^{-1}yr^{-1} に達したという報告(Van Beek et al., 2004)がある．NNI が同程度である A 流域と C 流域に見られる窒素流出量の差は(図 6.4)，下流域における脱窒能の違いを表しているのかもしれない．

6.7 有機態成分流出

DON 流出量は NNI と有意な正の相関にあり(図 6.4)，DOC 流出量も有意ではないが NNI と正の相関傾向にあった($P=0.10$)ことから，水溶性有機態

成分は窒素施与によって流出が高まった可能性がある．また，DOC/DON 流出量比は NNI の増加とともに低下していた（図 6.6）．McDowell et al.(2004)は，10年間の長期的な窒素添加実験(NH_4NO_3を5および $15\,g\,N\,m^{-2}\,yr^{-1}$)で林床の土壌水をモニタリングした結果，DON 濃度およびNO_3−N 濃度は有意に上昇したが DOC 濃度に有意な変化は見られないため，DOC/DON 濃度比はコントロール区の約35から，$15\,g\,N\,m^{-2}\,yr^{-1}$ 添加区の約15にまで低下したと報告した．

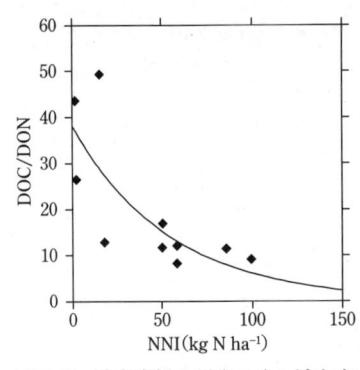

図 6.6　純窒素投入量(NNI)と溶存有機態炭素(DOC)流出量/溶存有機態窒素(DON)流出量の関係

一方，標津川流域の草地では過去数十年にわたり牛ふん堆肥が施用されてきた．堆肥は有機質の肥料であるから，堆肥中には水溶性の有機態成分も多く含まれている．さらに，流域の堆肥施用量は化学肥料の2.2倍であった．したがって，標津川流域では，無機窒素肥料とともに牛ふん堆肥の施用も，NNI および DON 流出量の増大と，DOC/DON の低下（図 6.6）をもたらした可能性がある．一般に，堆肥化の進んだ牛ふん堆肥のC/N は 15〜20 前後といわれており，NNI の増大とともに河川水 DOC/DON がその比に近似することは，堆肥成分の流出も示唆する．Seitzinger ら(2002)は，農地や市街地由来の DON のほうが自然由来のそれよりも淡水圏の微生物に利用される割合が高いことを示し，人為由来の有機態窒素の流出は水圏生態系に大きな影響を及ぼすことを指摘している．

6.8 窒素循環と流域の窒素管理

標津川流域において，輸入飼料が最大の窒素源であった(表 6.2)．標津川流域では，自給飼料は家畜の窒素需要量の 63% を満たすに過ぎないために，残りの 37% を系外からの輸入飼料に依存する「窒素輸入型」の生産体系であった．その結果，家畜ふん尿の窒素発生量は農地の窒素吸収量を上回り，農地で吸収しきれない余剰ふん尿が生じ，農地の余剰窒素を増大させる要因とな

っていた．これは，日本の集約的畜産地域に見られる典型的な窒素循環である（築城・原田，1996）．

化学肥料も標津川流域における主要な窒素源であった．メキシコ湾への NO_3-N 流出量の増加には，ミシシッピ川流域での化学肥料施与量の増加が強く関与していたと報告されており（Goolsby and Battaglin, 2001），標津川流域においても化学肥料の施用が NO_3-N 流出の増加をもたらした可能性がある．Woli et al.(2004)は，化学肥料施与量が北海道の河川水 NO_3-N 濃度の予測因子として有用であることを示している．酒井ら(2004)は，当該地域の放牧草地の化学肥料による窒素施与量を 80 kg N ha^{-1}yr^{-1} から 40 kg N ha^{-1}yr^{-1} に低減しても，放牧草の生産性，草種構成，土壌の化学性を良好に維持できると報告した．本収支モデルで使用した草地の化学肥料施与量 63 kg N ha^{-1}yr^{-1} を 40 kg N ha^{-1}yr^{-1} に低減しても牧草の生産性が維持されたとすると，NNI は 23% 低下することになる．オランダの研究農場「De Marke」では，適切な窒素の管理を施すことで，作物収量と牛乳生産量を維持したまま化学肥料と輸入飼料を低減することを可能にした（Aarts et al., 2000）．一般に，農家レベルの窒素の利用効率は個々の農家で大きくばらつくために（Ondersteijn et al., 2002），窒素を有効に利用する生産体系を構築する余地が残っていると思われる．特に，家畜ふん尿，化学肥料，輸入飼料の効率的な利用は，流域全体の NNI と窒素負荷の低減につながるであろう．

ところで，珪藻類を優勢種とする植物プランクトンの体構成成分の Si/N モル比は 2.7 であり，それ以下となると貝毒を誘発する鞭毛藻類となる（Kudo and Matsunaga, 1999）．Si/N モル比を河川水質の富栄養化の指標とすると（コラム参照），Si/TN モル比は NNI の増加に伴い指数的に低下しており，NNI が 100 kg N ha^{-1}yr^{-1} 以上のときに 2.7 を下回る（図 6.7）．A 流域の NNI は 2003, 2004 年でそれぞれ 59, 51 kg N ha^{-1}yr^{-1} であるから，

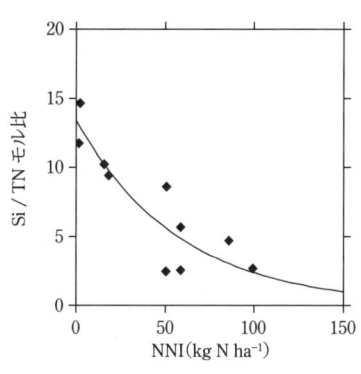

図 6.7　純窒素投入量(NNI)と Si/TN モル比の関係

コラム　ケイ素と窒素のバランスと沿岸域の生態系

　ケイ素は，植物プランクトンの珪藻にとって被殻を形成する材料であり，増殖を制限する必須の元素である．ケイ素（溶存ケイ酸）は岩石の風化によって陸水に供給されるため，陸域は水圏へのケイ素の供給源である．珪藻類の構造成分として使われるケイ素の形態は，水和して形成される不定形のケイ酸（$SiO_2 \cdot nH_2O$）である．

　ところで，北海道南部の噴火湾では，3月末から4月初旬にかけ，スプリングブルームと呼ばれる藻類の大増殖が起こる．これは自然現象であり，食物連鎖を通じた北海道の豊かな漁業生産を支えてきた（松永，1993）．植物プランクトンは大別するとケイ素を必須要素とする珪藻類と，必須要素としない鞭毛藻類に分けられる．スプリングブルームは多くの場合，珪藻類の増殖によってもたらされ，一方，漁業被害をもたらす赤潮や貝毒の発生は，鞭毛藻類の増殖が主な原因とされる（松永，1993）．ケイ素が枯渇した状態になると，ケイ酸塩を必要としない鞭毛藻類の増殖へ進む（Tsunogai and Watanabe, 1983）．沿岸域における栄養塩は生物の増殖に伴って枯渇し生物生産量を制限しており，その濃度とモル比（例えば，Si/T-N，Si/T-P）はプランクトン種を制限している．

　例えば，Kudo and Matsunaga（1999）によると，噴火湾における藻類増殖時の珪藻のSiとNの体構成成分モル比（Si/N）は2.7であり，この比を下回る過剰な窒素が供給された際に，ケイ素を必須元素としない鞭毛藻類の増殖へ遷移したとされる．実際に北海道の河川水質を広域で調査した結果，融雪期の噴火湾の周辺のSi/TNモル比は2.7を下回っていた（南雲・波多野，2001）．

　このように，河川から供給される栄養塩の量と質が，沿岸海域の生態系にとって重要である．

現状の標津川流域全体の窒素循環は河川水質に対して適正な範囲にあるように思われる．ところが，農地あたりの余剰窒素は 2003，2004 年で 103，88 kg N ha^{-1}yr^{-1} となるため，農地割合の高い上流の集水域(例えば D 流域)では NNI が増大し，Si/N モル比 2.7 を下回る水質となる．NNI が増加すると予想される農地率の高い集水域では，特に窒素の管理に注意を払う必要がある．メキシコ湾における貧酸素域の拡大や富栄養化の悪影響の主要因は，ミシシッピ川からの栄養塩の流入であるとされ(Goolsby and Battaglin, 2001)，その流出は，上流域の集約農業地帯に由来するとされる．例えば，David et al.(2000)は，ミシシッピ川の総流量に占めるイリノイ州の寄与は 5.7% にすぎないが，窒素流出量は 15% に相当することを示した．

　点源の制御も窒素負荷の削減に重要である．標津川全体での人間の下水発生量は，総量では NNI の 2% にすぎないが，市街地あたりに換算すると 79 kg N ha^{-1}yr^{-1} に上り，処理場による除去を考慮しても，市街地あたり 36 kg N ha^{-1}yr^{-1} と決して少なくない．また，酪農家の畜舎の排水やパーラー排水，堆肥盤からの栄養分の漏出は，汚染の点源と認識されている(Hooda et al., 2000)．下水処理場の処理排水に加えて場合によっては畜舎排水も直接河川に流入していることも考えられるため，これら点源に関しても十分に監視していく必要がある．

6.9 流域の脱窒能：蛇行河川と後背湿地の重要性

　図 6.5 で見たように NNI と河川への窒素流出には強い相関関係があり，NNI の約 30% が流出することを示していた．ただし，この関係には大きなばらつきがあった．そのばらつきの 1 つに，窒素を除去する能力(脱窒能)の流域間差が考えられる．

　脱窒は，酸素の欠乏した嫌気環境において，分子状酸素の代わりに窒素酸化物が使われて有機物が二酸化炭素に酸化される微生物の呼吸形態の一種であり，このとき，NO$_3^-$は最終的に N$_2$ガスまで還元される．したがって，脱窒を制御する主要な因子は，有機物，NO$_3^-$の供給と嫌気環境ということができる．そのため，以上の条件が揃っている場所においては，脱窒が活発に起こ

っている可能性が高い．例えば，農地と河川の間に位置する河畔域では，農地に由来する高濃度の NO_3^- が浅層地下水を介して供給され，落葉などによる有機物から溶存有機物(DOC)が盛んに供給され，しかも浅い地下水位のため，脱窒が起こりやすいと考えられる．また，湿地や池の堆積物も高い脱窒能を持つと考えられている．流域内のこのような脱窒の場が，余剰窒素に対する河川流出割合やその流域間差をもたらしている可能性がある．

北海道東部の別寒辺牛川流域($555.7\ km^2$)は，標津川同様に亜寒帯気候に属し，農地の95％以上が牧草地であり，草地あたりの家畜密度は別寒辺牛川流域，標津川流域で，それぞれ1.6, 1.7頭ha^{-1}であり，さらに両流域ともに土壌は火山灰由来の黒ぼく土を主体としている．しかし，流域間で大きく異なるのは蛇行した自然河川と周辺に広がる湿地の存在である．別寒辺牛川流域は，流域面積の15.3％ ($83.2\ km^2$)を，別寒辺牛湿原と著しく蛇行した別寒辺牛川が，河川の中流から下流域にかけて広く占めており，中流域には一部高層湿原が見られるほか，大部分はヨシやスゲ類，ハンノキの群集が占める低層湿原がある(新庄，2001)．一方，標津川流域($679\ km^2$)は，戦後，治水と農地開発を目的とした河道の直線化と湿地の草地化が進行し，戦前まで下流域に広がっていた蛇行河川と湿地帯は消失した．現在，残存している湿地帯は，約200 haにすぎない(中村，2003；橘ら，1997)．両流域におけるこのような蛇行河川と湿地の存在の違いは，河川への窒素流出に及ぼす脱窒の影響に違いをもたらすと考えられる．

土壌の脱窒能は，アセチレン阻害法により測定される(Tiedje, 1994)．脱窒は，$NO_3^- \rightarrow NO_2^- \rightarrow NO \rightarrow N_2O \rightarrow N_2$ と進む反応である．N_2 は大気中に大量にあるため，微量の N_2 生成速度を測定することは難しい．しかし，大気中に10％のアセチレンがあると $N_2O \rightarrow N_2$ の酵素反応が阻害されて，N_2O で反応が止まってしまう．N_2O は微量ガスであるので，この濃度を測定するのは容易である．そこで，このことを利用して，$NO_3^-\text{-}N$ を添加した土壌試料を，窒素ガスと10％アセチレンを吹き込んだ無酸素状態において一定時間培養し，生成する N_2O を測定することにより，間接的に脱窒速度を測定している．ここでは，別寒辺牛川流域と標津川流域内の草地と，それに隣接する河畔域，湿地のそれぞれを評価した．土壌を深度別($0\sim15$, $15\sim30$, $30\sim60$, $60\sim90\ cm$)に採

取し分析に供した．本研究では，脱窒菌が利用可能な有機炭素供給量の地点間差を見るため，NO_3^-N のみを添加して脱窒能を測定した．

なお，培養に用いた土壌中の全炭素，全窒素含量を乾式燃焼法により測定した．また，土壌中の水溶性の有機態炭素，窒素含量を測定するために，土試料をイオン交換水で固液比1：5で抽出（湿地土壌は1：20）し，抽出液の有機態炭素（DOC），有機態窒素（DON）を測定した．特に，水溶性有機態炭素には，脱窒菌が利用可能な炭素画分も含まれていると考えられる．

図 6.8 は，別寒辺牛川流域と標津川流域における草地，河畔域，湿地の脱窒能を示している．脱窒能は，草地，河畔域，湿地の順に高く，別寒辺牛川

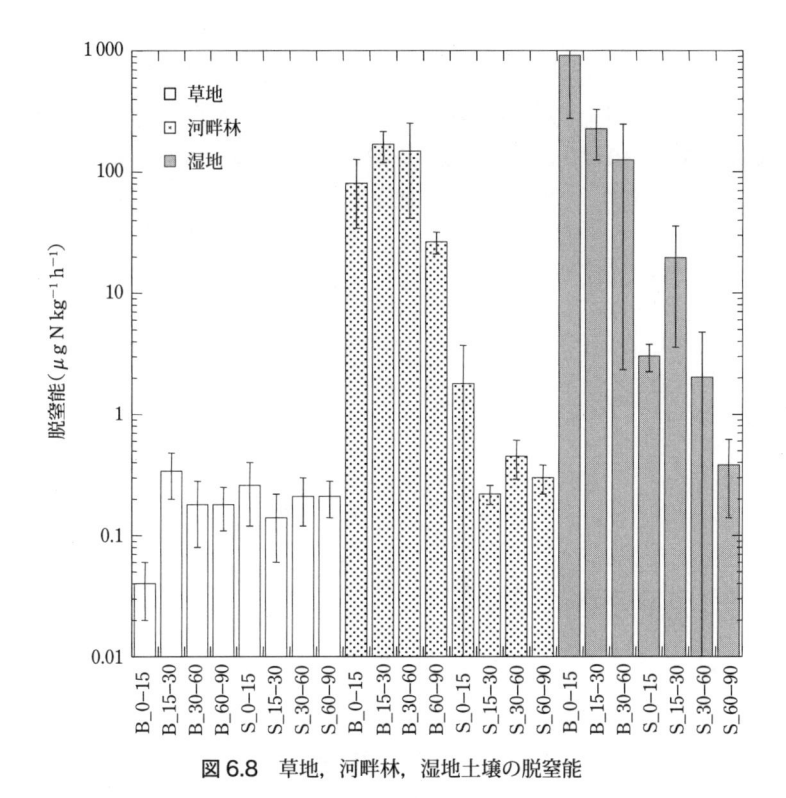

図 6.8 草地，河畔林，湿地土壌の脱窒能

B_ は別寒辺牛川流域，S_ は標津川流域をそれぞれ表す．横軸の数値は土壌の採取深度を表す．エラーバーは標準偏差を表す（$n=3$）．

流域の河畔域，湿地の脱窒能は標津川流域の10倍から100倍と極めて高かった．深度別で見ると，すべての地点で0〜30cmで最大値を示した．このことは，流域の約15%を湿地が占める別寒辺牛川流域全体の脱窒活性が高いことを示唆する．

図6.9は，脱窒能の対数値と水溶性有機態炭素/土壌炭素比の関係を示している．脱窒能の対数値と水溶性有機態炭素/土壌炭素比の間には，全体では弱い正の相関傾向が見られ（$r=0.11$），流域別で見ると別寒辺牛川流域で有意な正の相関（$r=0.848$，$P<0.01$）があった．このことは，土壌炭素に占める水溶性有機炭素の割合が高いほど脱窒が起こりやすいことを示す一方で，流域間の回帰式の傾きの違いは，水溶性炭素の質の違いによってもたらされたことを示唆する．すなわち，別寒辺牛川流域土壌の水溶性炭素は，標津川流域のそれと比べて脱窒菌に使われやすい画分であったと考えられる．脱窒能の高かった別寒辺牛川流域の湿地帯では，分解されやすい新鮮な有機物が，湿地に繁茂しているヨシから土壌へ供給されていたと考えられる．また，含

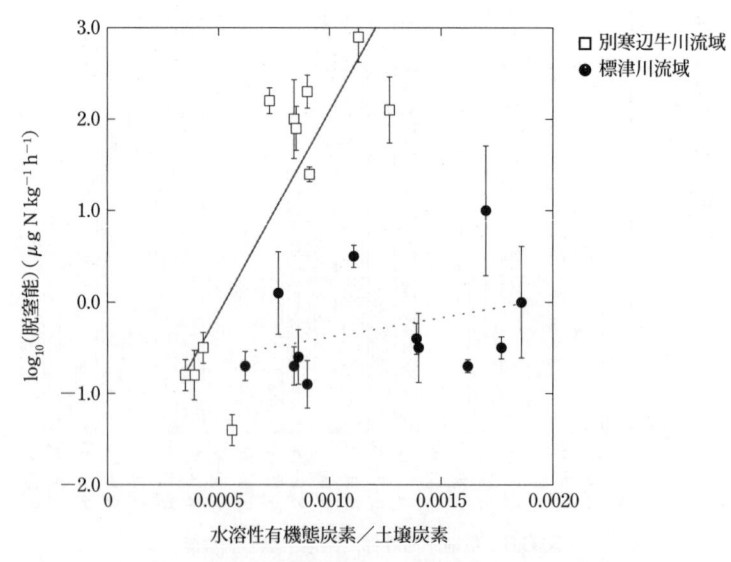

図6.9 水溶性有機態炭素／土壌炭素と脱窒能の関係
エラーバーは標準偏差を表す（$n=3$）．

水率と土壌炭素，土壌窒素含量の間には，有意な正の相関関係が認められた($r=0.989, 0.988$)．含水率と水溶性有機態炭素，有機態窒素含量の間にも，有意な正の相関関係が認められた($r=0.955, 0.970$)．湿潤環境が有機物を土壌に蓄えることをよく表している．

これらのことは，脱窒は土壌有機物の質と量に強く影響を受けており，その質と量の維持には湿潤な環境が必要であることを示している．Murray et al.(2004)は，砂壌土における草地の下層土では有機炭素が脱窒能の制限となり，低分子炭素(グルコース)添加処理で脱窒能が高まったとした一方，Van Beek et al.(2004)は，泥炭土の草地では利用可能な十分な有機炭素供給があったため，有機炭素が脱窒の制限ではなかったとしている．脱窒能の予測に共通の指標となる有用な有機炭素画分を提示することは困難であるが(Hill and Cardaci, 2004)，図6.8に見られた草地，河畔域，湿地で見られた脱窒能の序列は，有機炭素の質，量を反映し，図6.9で示したように，特に，別寒辺牛川流域と標津川流域の湿地および河畔域に認められた脱窒能の差異は，有機炭素の質の違いをよく反映していたと思われる．

6.10 土地利用の河川水窒素濃度への影響

土地利用が河川水窒素濃度に及ぼす影響を見るために，別寒辺牛川流域と標津川流域の集水域の大きさと土地利用面積率が異なる小流域それぞれ21，23点で，2003年4，7，9，11月に採水してTN，NO_3-N，NH_4-N，DON，PON濃度を測定した(Hayakawa et al., 2006)．脱窒にかかわりの深いと考えられるDOC濃度も測定した．表6.3に採水地点の土地利用割合，水量，TN，NO_3-N，NH_4-N，DON，PON，DOC，濃度の平均値，標準偏差，最大最小値，中央値を示す．全平均成分濃度はNO_3-Nを除き，別寒辺牛川流域で標津川流域よりも高かった．

図6.10は，流域におけるNO_3-N濃度分布である．別寒辺牛川流域のNO_3-N濃度は下流域で低く，上流，中流域に比較的高い地点が認められた．一方，標津川流域のNO_3-N濃度は上流で低く($0.0 \sim 0.2$ mgN L^{-1})，中流から下流にかけて上昇する傾向にあった．両流域ともに農地率とNO_3-N濃度の

表 6.3 別寒辺牛川流域と標津川流域における各集水域の土地利用割合，河川流量，河川水の窒素

	流域面積 (km^2)	農地 (%)	森林 (%)	市街地 (%)	湿地 (%)	荒地 (%)	流 (m^3
別寒辺牛川流域 (n =21)							
平均値	55	51.7	37.1	1.2	6.0	4.1	2.3
標準偏差	100	26.7	21.6	1.0	6.8	3.5	5.0
中央値	13	51.0	36.5	1.1	3.6	3.4	0.3
最大値	360	98.1	71.6	4.3	18.5	14.7	18.1
最小値	1	7.4	0.0	0.2	0.0	0.0	0.0
標津川流域 (n =23)							
平均値	84	40.2	54.2	0.5	–	0.8	3.2
標準偏差	134	28.7	30.4	0.8	–	0.7	5.8
中央値	29	44.0	52.7	0.1	–	0.8	0.9
最大値	543	90.3	100.0	3.4	–	1.9	22.7
最小値	3	0.0	0.0	0.0	–	0.0	0.0

DON：溶存有機態窒素　　PON：粒子態窒素　　DOC：溶存有機態炭素

表 6.4 別寒辺牛川流域と標津川流域における各集水域の土地利用割合と水質の関係のピアソンの

	農地	森林	市街地	湿地	荒地
農地		**−0.967**	*0.492*	**−0.708**	**−0.422**
森林	**−0.758**		*−0.492*	*0.543*	0.291
市街地	0.397	−0.322		*−0.487*	−0.045
湿地	–	–	–		0.234
荒地	*0.492*	−0.323	0.361	–	
TN	**0.910**	**−0.688**	**0.570**	–	0.400
NH$_4$–N	*0.509*	*−0.432*	**0.829**	–	0.365
NO$_3$–N	**0.912**	**−0.705**	0.444	–	0.316
DON	**0.918**	**−0.661**	**0.571**	–	*0.462*
PON	0.230	−0.060	*0.455*	–	**0.611**
DOC	**0.934**	**−0.729**	**0.574**	–	**0.550**

太字：P<0.01，斜体字：P<0.05　　上側三角：別寒辺牛川流域（n=20；1点の点源流域除く
DON：溶存有機態窒素　　PON：粒子態窒素　　DOC：溶存有機態炭素

6.10 土地利用の河川水窒素濃度への影響

度の基礎統計量

流量 km^{-2}	TN (mg l^{-1})	NO$_3$-N (mg l^{-1})	NH$_4$-N (mg l^{-1})	DON (mg l^{-1})	PON (mg l^{-1})	DOC (mg l^{-1})
030	1.34	0.63	0.12	0.50	0.10	4.65
017	0.79	0.61	0.16	0.13	0.04	0.73
025	1.07	0.50	0.04	0.46	0.09	4.59
078	3.47	2.73	0.67	0.88	0.17	6.20
005	0.50	0.06	0.00	0.37	0.04	3.33
031	0.95	0.62	0.05	0.32	0.03	2.55
012	0.72	0.51	0.07	0.18	0.03	0.74
031	1.03	0.58	0.02	0.33	0.04	2.74
051	2.54	1.66	0.30	0.64	0.09	4.01
003	0.00	0.00	0.00	0.03	0.00	1.38

TN	NH$_4$-N	NO$_3$-N	DON	PON	DOC
691	*0.522*	**0.634**	**0.616**	0.092	0.310
656	*−0.491*	**−0.608**	*−0.540*	−0.137	−0.366
772	0.285	**0.858**	*0.520*	−0.210	−0.189
589	*−0.467*	*−0.545*	*−0.538*	0.111	−0.006
287	−0.124	−0.264	*−0.466*	−0.013	−0.043
	0.706	**0.947**	**0.869**	0.103	0.119
718		0.463	**0.714**	*0.478*	*0.501*
985	**0.632**		**0.731**	−0.125	−0.102
977	**0.656**	**0.952**		0.264	0.326
248	0.202	0.127	0.308		0.365
962	**0.698**	**0.932**	**0.959**	0.318	

側三角：標津川流域($n=23$)

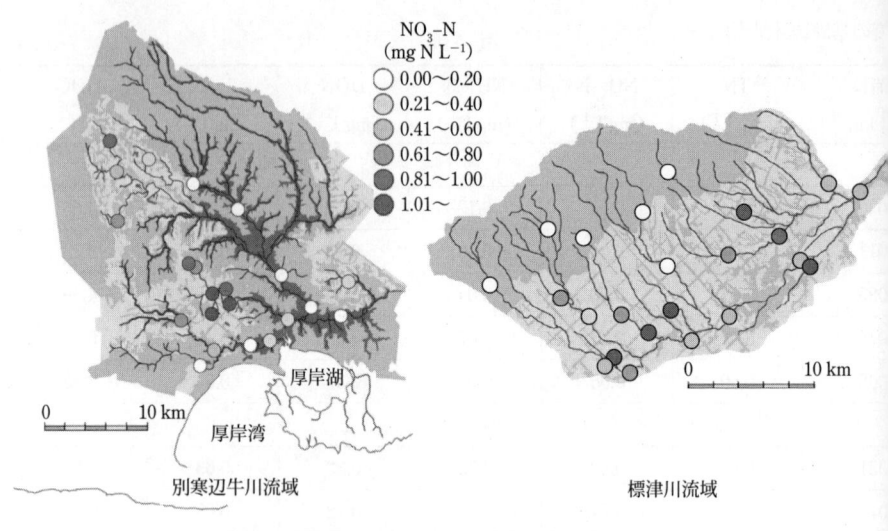

図 6.10　別寒辺牛川流域と標津川流域の硝酸態窒素濃度の空間分布

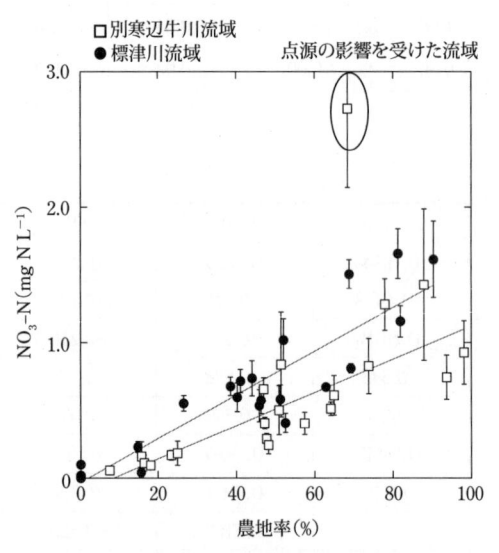

図 6.11　農地率と硝酸態窒素濃度の関係

エラーバーは標準偏差を表す（$n=4$）

間に有意な正の相関関係が認められた（図 6.11）．別寒辺牛川流域では，NO_3-N 濃度と湿地率の間に有意な負の相関が認められ，市街地の面積割合と

6.10 土地利用の河川水窒素濃度への影響

も正の相関があった(表6.4).また,別寒辺牛川流域の1地点は,これらの関係からはずれた濃度の高い地点が認められたが,堆肥盤からの直接流入による影響を受けたと見られる.

農地率とNO_3–N濃度の回帰式の傾きは,標津川流域の0.0161に対し,別寒辺牛川流域は0.0123で有意に小さかった($P<0.05$).このことは,同一農地率に対するNO_3–N濃度は,別寒辺牛川流域が標津川流域よりも24%低いことを示している.別寒辺牛川流域と標津川流域の窒素投入量はそれぞれ134,143 kg N ha^{-1}と標津川流域で6.5%多いが,回帰式の傾きの違いを説明できるほどの差はなかった.一方,各集水域の比流量は単位面積当たりの水量なので希釈効果の尺度になると考えられるが,各集水域の平均値とそのばらつき程度は両流域とも同程度であったため(表6.3),別寒辺牛川流域で希釈効果が卓越していたわけでもなかった.したがって,流域間の農地率とNO_3–N濃度の回帰式の傾きの違いは,NO_3–Nの除去効果によるものと考えられる.

前項で見たように,別寒辺牛川流域の湿地や河畔林の脱窒能が高いことに,土壌有機物の質,量が強く関与し,その維持に土壌水分が重要であることが

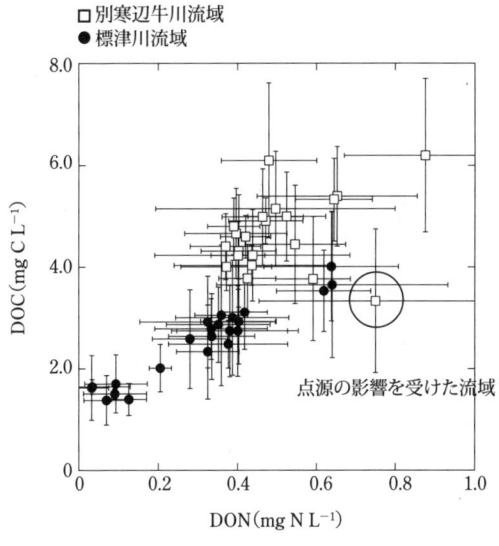

図6.12 溶存有機態窒素(DON)濃度と溶存有機態炭素(DOC)濃度の関係

エラーバーは標準偏差を表す($n=4$)

示唆されたが，図6.12に見るように河川水のDOC，DON濃度も別寒辺牛川流域で有意に高かった．標津川流域では，DOC，DON濃度ともに農地率と高い正の相関関係があり，農地がDOC，DONの供給源であることを示していたが，別寒辺牛川流域では，農地率とDOC，DON濃度の関係は，標津川流域に比べて弱く，農地以外の有機態成分の供給源が示唆された(表6.4)．人為影響の小さい流域において，泥炭地の割合がDOC，DON濃度の説明要因となる可能性があると報告されている(Willett et al., 2004など)．しかし，別寒辺牛川流域では，DOC濃度は湿地率と無相関であり，DON濃度とは負の相関となっており，その起源は明瞭ではなく，湿地はむしろDONを吸収している構造となっていた．すなわち，別寒辺牛川流域では，流域全体が有機態成分の供給源となっており，このことが流域の脱窒能を高めていると思われた．

図6.13に土地利用と河川水平均窒素濃度の関係性を図示した，冗長性分析による解析結果を示す．冗長性分析は，生態学の分野で，生物群落(応答変数)への環境要因(説明変数)の影響を総合的に評価するためによく用いられる手法で(Braak and Smilauer, 1998)，ここでは，主要な土地利用(森林，農地，湿地，市街地，荒地)を説明変数として，窒素成分(TN，NO_3-N，NH_4-N，

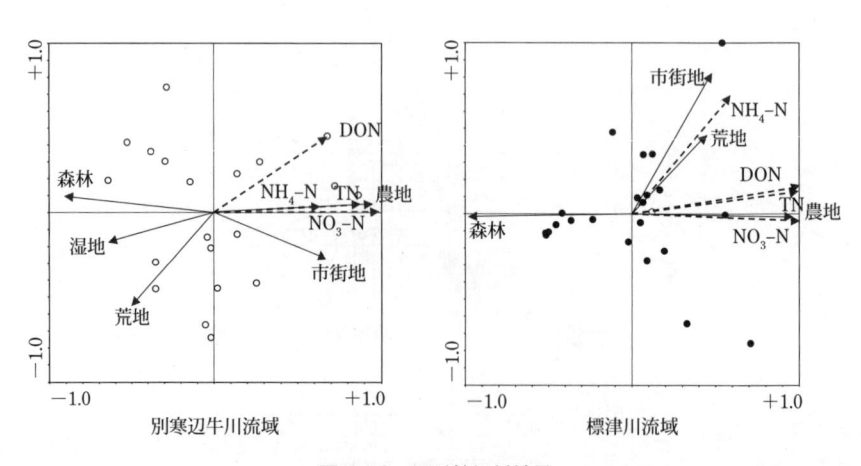

図6.13 冗長性解析結果

実線は説明変数(土地利用：農地，森林，市街地，湿地，荒地)を表し，破線は応答変数(河川水窒素濃度: TN，NO_3-N，NH_4-N，DON)を表す．

DON) を応答変数として解析した結果を表した．図6.13に示される矢印の長さは変数の影響の強さを示し，長いほど影響が強いことを意味する．一方，矢印の向きは変数間の相関関係を表し，同一方向を指す場合は正の相関関係にあることを，反対方向を指す場合は負の相関関係にあることを表す．図中の丸プロットは，各流域内の採水地点を表している．両流域ともに各窒素成分は，農地および市街地と正の対応を示していた．特に，TN と NO_3-N は，農地とほぼ重なる正の対応をとった．NH_4-N は，標津川流域で市街地の影響を受けるのに対し，別寒辺牛川流域では農地の影響のほうが強い傾向にあった．DON は，標津川流域では農地と正の対応を示すのに対し，別寒辺牛川流域では農地から外れていた．一方，各窒素成分と森林は，ほとんど負の対応を示した．それとともに，別寒辺牛川流域では，湿地は森林とともに，各窒素成分に対して，負の対応を示していた．別寒辺牛川流域の湿地は NO_3-N のみならず，河川水中のすべての窒素の吸収源であった．

6.11 おわりに

本稿では，北海道東部の酪農流域を例にして，流域の窒素循環の定量的な把握により，河川への窒素負荷が予測可能であり，環境負荷を抑制するための窒素収支レベルも提案することができた．流域は，本来大きな窒素の浄化機能を持っている．そして，その大半は河川に流出するまでにあり，蛇行河川に形成される地下水位の高い湿地や河畔林による除去機能が重要であることが示唆された．流域の自然資源および土地利用の適切な管理には，自然の持つ自浄作用を適切に評価することが重要である．

《引用文献》

1) Aarts, H. F. M., Habekotte, B., van Keulen, H. (2000): Nitrogen (N) management in the 'De Marke' dairy farming system, Nutrient Cycling in Agroecosystems 56, pp.231–240.
2) Braak CJF and Smilauer P. (1998): CANOCO Reference Manual and User's Guide to Canoco for Windows–Version 4, Chapter 1, pp.9–12. Centre for Biometry, Wageningen.
3) Boyer, E. W., Goodale, C., Jaworski, N. A., Howarth, R. W. (2002): Anthropogenic nitrogen sources and relationships to riverine nitrogen export in the northeastern U.S.A., Bio–

geochemistry 57/58, pp.137-169.
4) David, M. B., Gentry, L. E. (2000): Anthropogenic input of nitrogen and phosphorus and riverine export for Illinois, USA, J. Environ, Qual 29, pp.494-508.
5) Galloway, J. N., Dentener, F. J., Capone, D. G., Boyer, E. W., Howarth, R. W., Seitzinger, S. P., Asner, G. P., Cleveland, C. C., Green. P. A., Holland, E. A., Karl, D. M., Michaels, A. F., Porter, J. H., Townsend, A. R., Vorosmarty, C. J. (2004): Nitrogen cycles: past, present, and future, Biogeochemistry 70, pp.153-226.
6) Goolsby, D. A., Battaglin, W. A. (2001): Long-term changes in concentrations and flux of nitrogen in the Mississippi River basin, USA, Hydrological Processes 15, pp.1209-1226.
7) Hayakawa, A., Woli, K. P., Shimizu, M., Nomaru, K., Kuramochi, K., Hatano, R. (2009): The nitrogen budget and relationships with riverine nitrogen exports of a dairy cattle farming catchment in eastern Hokkaido, Japan, Soil Sci. Plant, Nutr 55, pp.800-819.
8) Hayakawa, A., Shimizu, M., Woli, K.P., Kuramochi, K. and Hatano, R. (2006): Evaluating stream water quality through land use analysis in two grassland catchments: Impact of wetlands on stream nitrogen concentration, J. Environ, Qual 35, pp.617-627.
9) Hill, A. R., Cardaci, M. (2004): Denitrification and organic carbon availability in riparian wetland soils and subsurface sediments, SSSAJ 68, pp.320-325.
10) 寶示戸雅之, 林健太郎, 村野健太郎, 森 昭憲(2006a)：集約的畜産地帯における大気中アンモニア濃度の実態, 日本土壌肥料学雑誌 77, pp.53-58.
11) 寶示戸雅之, 松波寿弥, 林健太郎, 村野健太郎, 森 昭憲(2006b)：集約的畜産地帯における窒素沈着の実態, 日本土壌肥料学雑誌 77, pp.47-52.
12) Hooda, P. S., Edwards, A. C., Anderson, H. A., Miller, A. (2000): A review of water quality concerns in livestock farming area, The Science of the Total Environment 250, pp.143-167.
13) Howarth, R. W., Billen, G., Swaney, D., Townsend, A., Jaworski, N., Lajtha, K., Downing, J. A., Elmgren, R., Caraco, N., Jordan, T., Berendse, F., Freney, J., Kudeyarov, V., Murdoch, P., Zaho-Liang, Z. (1996): Regional nitrogen budgets and riverine N and P fluxes for the drainages to the North Atlantic Ocean: Natural and human influences, Biogeochemistry 35, pp.75-139.
14) IPCC (2001): Climate change 2000, the scientific basis, http://www.ipcc.chpp
15) Kudo, I., Matusnaga, K. (1999): Environmental factors affecting the occurrence and production of the spring phytoplankton bloom in Funka Bay, Japan, J. Oceanogr 55, pp.505-513.
16) 松永勝彦(1993)：森が消えれば海も死ぬ—陸と海を結ぶ生態学—, 講談社ブルーバックス, pp.190.
17) McDowell, W. H., Magill, A. H., Aitkenhead-Peterson, J. A., Aber, J. D., Merriam, J. L., Kaushal, S. S. (2004): Effects of chronic nitrogen amendment on dissolved organic matter and inorganic nitrogen in soil solution, FOREST ECOLOGY AND MANAGEMENT 196, pp.29-41.
18) Mctiernan, K. B., Jarvis, S. C., Scholefield, D., Hayes, M. H. B. (2001): Dissolved organic carbon losses from grazed grasslands under different management regimes, Water Re-

search 35, pp.2565-2569.
19) Murray, P. J., Hatch, D. J., Dixon, E. R., Stevens, R. J., Laughlin, R. J., Jarvis, S. C. (2004): Denitrification potential in a grassland subsoil: effect of carbon substrates, Soil Biology and Biochemistry 36, pp.545-547.
20) 南雲俊之(2000)：食料の生産・供給に伴う地域における窒素循環と環境負荷の評価に関する研究，北海道大学博士論文，pp.157.
21) 南雲俊之，波多野隆介(2001)：北海道における融雪期河川水質の地域特性，日本土壌肥料学雑誌 72(1)，pp.41-48.
22) 中村太士(2003)：河川・湿地における自然復元の考え方と調査・計画論—釧路湿原および標津川における湿地，氾濫原，蛇行流路の復元を事例として—，応用生態工学 5，pp.217-232.
23) OECD (2001): Environmental indicators for agriculture, Vol. 3 Methods and results, pp.410, OECD publication.
24) Ondersteijn, C. J. M., Beldman, A. C. G., Daatselaar, C. H. G., Giesen, G. W. J., Huirne, R. B. M. (2002): The Dutch Mineral Accounting System and the European Nitrate Directive: implications for N and P management and farm performance, Agriculture, Ecosystems and Environment 92, pp.283-296.
25) 酒井 治，寶示戸雅之，三木直倫，三枝俊哉(2004)：チモシー・シロクローバ混播草地の集約放牧条件における施肥量低減，日本土壌肥料学雑誌 75(6)，pp.711-714.
26) Seitzinger, S. P., Sanders, R. W., Stles, R. (2002): Bioavailability of DON from natural and anthropogenic sources to estuarine plankton, Limnol, Oceanogr 47, pp.353-366.
27) 新庄久志(2001)：別寒辺牛湿原の概要，別寒辺牛湿原調査報告書(厚岸町教育委員会)，pp.1-4.
28) 橘ヒサ子，井上 京，新庄久志(1997)：標津湿原の発達過程と植生，北海道の湿原，自然保護助成基金 1994・1995 年度研究助成報告書(辻井達一，橘ヒサ子 編)，pp.151-170.
29) Tiedje JM: (1994): Denitrifiers. In: Weaver RW, Angle S, Bottomley P, Bezdicek D, Smith S, Tabatabai A, Wollum A, editors, Method of Soil Analysis, Part 2, Microbiological and Biochemical Properties-SSSA Book Series. Madison, USA, pp. 245?257.
30) 築城幹典，原田靖生(2006)：酪農経営における物質循環の定量的な把握に関する研究(1)窒素フローの推定，システム農学 12(2)，pp.113-117.
31) Tsunogai, S. and Watanabe, Y. (1983): Role of dissolved silicate in the occurrence of a phytoplankton bloom, J. Oceanogr. Soc. Jpn 39, pp.231-239.
32) van Beek, C. L., Hummelink, E. W. J., Velthof, G. L. (2004): Denitrification rates in relation to groundwater level in a peat soil under grassland, Biol. Fertil. Soils 39, pp.329-336.
33) Van Breemen, N., Boyer, E. W., Goodale, C. L., Jaworski, N. A., Paustian, K., Seitzinger, S. P., Lajtha, K., Mayer, B., Van Dam, D., Howarth, R. W., Nadelhoffer, K. J., Eve, M., Billen, G. (2002): Where did all the nitrogen go? Fate of nitrogen inputs to large watersheds in the northeastern U.S.A. Biogeochemistry 57/58, pp.267-293.
34) Willett, V. B., Reynolds, B. A., Stevens, P. A., Ormerod, S. J., Jones, D. L. (2004): Dissolved organic nitrogen regulation in freshwaters, J.Environ. Qual 33, pp.201-209.

35) Woli, K. P., Nagumo, T., Kuramochi, K., Hatano, R. (2004): Evaluating river water quallity through land use analysis and N budget approaches in livestock farming areas, Sci. Total Environ 329 (1-3), pp.61-74.

第7章
蛇行河川における
陸域・水域生態系のつながり

　曲がった川と直線の川は何が違うのか？　曲がった川の持つ生態学的意味は何なのか？　多くの人が自然界には直線的な河川はなく，すべての自然河川は曲がっていることを知っている．しかし，蛇行した川が，生物にどんな役割を果たすのかについて，答えられる人は少ないだろう．本章では，蛇行試験地での研究成果を中心に，曲がった川が持つ意味について，川の地形形成と水生動物の生息場環境とのつながり，ならびに氾濫原に生育する河畔林と川の動物相とのつながり，そして蛇行河川に棲む生物同士のつながりについて述べてみたい．

7.1 蛇行河川の底生動物はどこに棲んでいるのか？

　蛇行した川の外側には流れが集中し，淵が形成されるのはよく知られている．一方，内側には，寄州(point bar)が形成される．直線部に形成される州は，時間とともに下流に移動するのが一般的であるが，蛇行部に形成される寄州は砂礫などの構成材料は交換しても，その場に継続して維持される安定した地形である．
　底生動物に関する日本の研究は，山地の渓流で実施された例が多く，沖積低地の大河川で実施された例は，ほとんどない．そこで，標津川の南に位置し自然の蛇行流路が残る沖積低地河川である西別川を復元目標となるリファレンスとして選び，標津川の(河川改修により)直線化された区間および蛇行

●第7章●蛇行河川における陸域・水域生態系のつながり

試験地を合わせた3か所で調査を行った.この調査では,流路を横断する調査線(トランセクト)を設定し,トランセクト上における物理環境と底生動物群集のパターンを比較した.当初,著者らは,「蛇行した川には,寄州による浅瀬や流れが集中する淵など,さまざまな流速と水深,そして底質が形成され,こうした多様な環境に対応して多様な種が生息しているであろう.これに対して直線区間は,流速や水深が一様で,この環境に適応できた種のみが生息しているのであろう.」という仮説を立てた.結果は,仮説とは多少異なるものであった.

自然蛇行河川が残っている西別川では,湾曲部の内側が浅くなり外側が深くなるという,沖積低地河川に典型的な非対称型の横断地形が見られ,底生動物の種数と生息密度は,湾曲部内側に形成される寄州水際領域で非常に高くなった(図7.1)(中野ら,2005).この水際領域は,浅くてゆっくりした流れになっており,横断線上で確認された種のほとんどが出現していた.一方,標津川の蛇行試験地でも同様に,水際領域が湾曲部の内側に形成され,底生動物の種数と生息密度が高くなった.そして,トランセクト上で確認された20種類のうち,19種類が,この水際領域で出現していたのである.一方,標

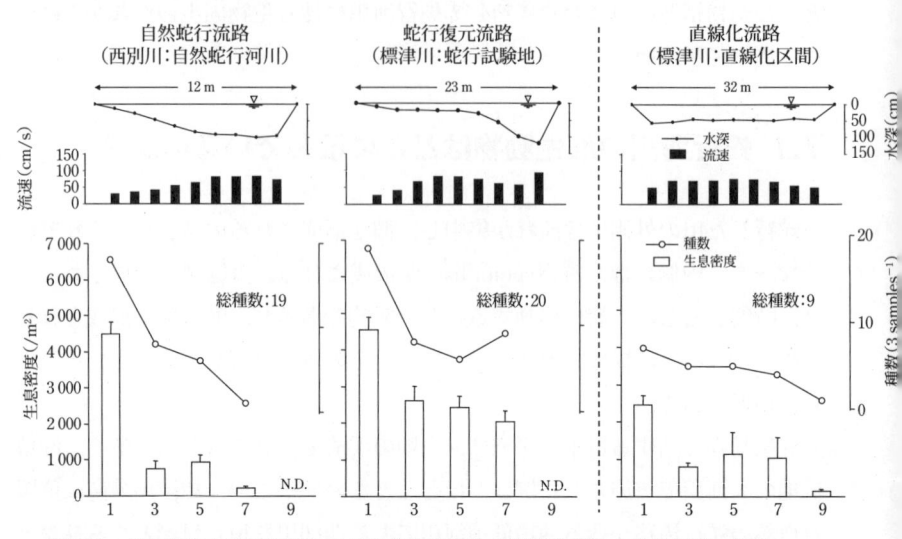

図7.1 蛇行河川と直線河川における物理環境および底生動物の生息密度と種数の横断分布パターン

津川の直線化された区間では，砂州や中州の形成は見られず，改修された河川で典型的に見られる函型の横断地形であった(図7.1)．この区間における底生動物群集は，種数，生息密度ともに自然蛇行河川や蛇行試験地と比べて，非常に低い値となった．

自然蛇行河川である西別川では寄州が湾曲部内側に安定して分布し，それに伴い浅い水際領域が形成されていた．底生動物は，この水際領域に集中して分布しており，この分布様式は沖積低地の蛇行河川における特徴であると考えられる．米国のミシシッピ川では，流心部に比べて水深の浅い岸際の植生帯において底生動物の多様性が高くなることが報告されている(Anderson and Day, 1986)．しかし，標津川や西別川の研究対象地では，植生帯がほとんど見られないため，水生植物による影響とは考えられない．蛇行河川という景観からは，とうとうとゆっくり流れる川が想像されるが，実際の流速はかなり速い．また河床を構成している材料は，砂や小礫で，移動しやすい．このため，流速の速い場所では，河床材料は常に流されており，底生動物は生息できない．唯一，寄州の水際に，浅くて流速の遅い領域が形成され，底生動物は生息できることになる．

そこで今度は，河床材料を動かす水の流れの強さと底生動物の関係を調べることにした．河床を構成している砂礫を動かす力は掃流力と呼ばれ，流水が河床の砂礫を擦って動かすような力で表される．そして掃流力は，水深が深く，勾配が急で，速い流れのときに大きくなる．掃流力を速度の次元に置き換えた摩擦速度と底生動物の種数および生息密度の関係を見てみると図7.2のようになる(Nakano and Nakamura, 2008)．掃流力が強いと，底生動物の種数も生息密度も著しく減少するのがわかる．標津川の直線区間では，曲がった川が持つ水際領域は形成されず，流れは一様に速く深いため，掃流力の強い領域が河床全体を占めている．河床の砂礫は常に移動しており，底生動物が生息するには厳しい環境であり，種数も生息密度も著しく低下することが理解できる．蛇行河川の寄州に形成される水際領域では，水深も浅く，流速も遅いため，掃流力が小さい．したがって，多くの種類の底生動物が高い密度で生息できるのである．Miyake and Nakano(2002)は，平常時であっても河床が不安定な生息場所では，底生動物の生息密度が低くなることを明らか

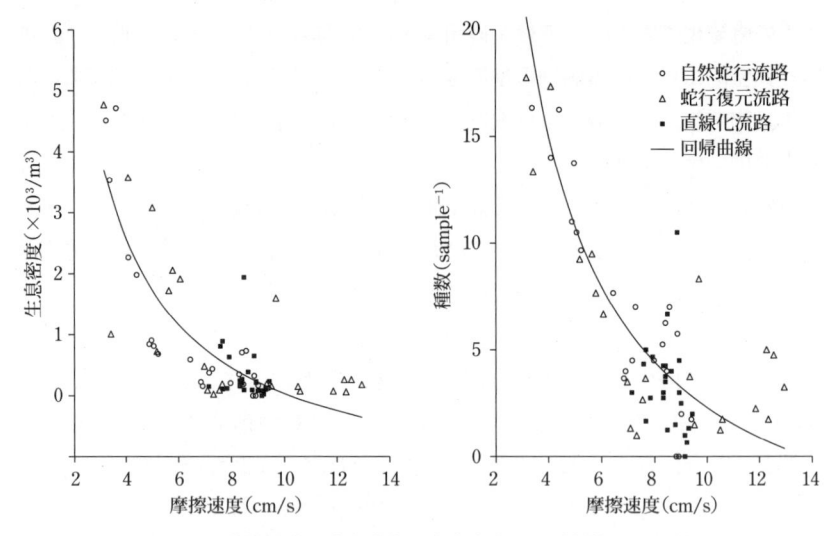

図 7.2　摩擦速度と底生動物の生息密度および種数との関係

にしている．また，カナダの大河川においても，掃流力の増加が底生動物の生息密度や種数を減少させることが報告されている(Rempel et al., 1999)．以上のことから，直線化された沖積低地河川の再蛇行化は，河床安定性の高い生息場所（水際領域）を生み出すことにより，底生動物の生息密度や種数を増加させたと考えられる．河川改修などにより減少した沖積低地河川の底生動物群集の生息密度や多様度を回復させる手法として，蛇行復元は有効なツールであると考えられる(Nakano et al., 2008)．

　本研究から沖積低地河川では，河床安定性の高い水際領域が，底生動物の生息場所として重要であることが示された．直線流路でも，交互砂州や中州の形成により，浅く流れの緩い場所が生じる可能性はある．しかし，交互砂州や中州は時間とともに下流に移動し変形するため，寄州に比べて不安定である．寄州は自然蛇行を行う沖積低地河川に特徴的な地形であるが，底生動物の生息場所に対する寄州の影響に着目した研究はまだ少なく，今後，さらなる研究が必要である．

　こうした水際領域は，いわば陸域生態系と水域生態系の接点であり，生態学では移行帯（エコトーン，ecotone）と呼ぶ．直線区間は函型で陸域と水域は

ほぼ分離した形を呈し，移行帯は形成されていない．自然界ではさまざまな移行帯が形成され，生態系のつながりが確保されているが，人為的景観では，生態系は分断され，それぞれ独立して存在している．生物の多くは生態系のつながりに依存して生きており，河川管理においても，水際領域のような移行帯をどうやって保全していくかが重要な課題である．

7.2 蛇行河川の魚はどこに棲んでいるのか？

　底生動物と同様に，標津川の蛇行試験地と上流そして下流直線区間において，魚類相の調査を実施した．これまでの魚類の研究の多くは，川幅の狭い小河川で実施されてきた事例が多く，川幅が30 m を超える大河川で実施された調査は極めて少ない(Murphy et al., 1989；Beechie et al., 2005)．標津川は，沖積低地の大河川であり，正確に魚類相やその生息量を把握することは非常に難しく，定置網，刺網，サデ網，投網，潜水観察など，さまざまな方法を駆使して調査を実施した．その結果，蛇行試験地の魚類生息量は，サケ科魚類を除いて直線河道と比べてそれほど大きな差はなかった(河口ら，2005)．こうした理由として，直線区間と比較して蛇行試験地では縦横断的な地形の違い(瀬淵構造)は見られたが，水深や流速，底質といった物理環境要素は直線河道と比較して大きく異ならず，蛇行試験地の勾配がいまだ急であり，流れが速いことが原因と考えられた．

　一方，サクラマス(*Oncorhynchus masou*)を中心としたサケ科魚類は直線区間と比べて蛇行試験地で多く生息していることが明らかになった．また，直線区間では観察されなかったアメマス(*Salvelinus leucomaenis*)，ニジマス(*Oncorhynchus mykiss*)，サクラマス，カラフトマス(*Oncorhynchus gorbuscha*)など，体長30 cm を超える大型の個体が蛇行試験地では観察された．これらサケ科魚類の幼魚と親魚の多くは，蛇行試験地の河道の湾曲部で，河岸の側方侵食が進み，河畔から倒れ込んだ倒木の周辺で観察された．倒木が作る水中カバー(障害物などの陰にできる暗い場所や流れの遅い場所で，魚類の生息場所として重要な要素である)や，倒木が速い流れをブロックするために作られる非常に遅い流れの領域，もしくは流れがゆっくりと渦を巻いたような領

域は，サケ科魚類にとって極めて重要な生息場である．蛇行試験地では，旧川と連結するために，人為的に掘削した区間もあり，通水した当初は，第3章で述べたように，河川の澪筋(みおすじ)(流れの中心)が定まらず頻繁に移動していた．このため，流水が当たる水衝部では，河畔に生育している樹木個体が倒れ，上に述べた環境がところどころに形成されていた．その結果，蛇行試験地には，サケ科魚類が多く確認されたと思われる．

　川の倒流木と魚の関係については，米国を中心にすでに多くの研究がある(Dolloff and Warren, 2003；Zalewski et al., 2003)．倒流木は，large wood もしくは coarse wood と呼ばれ，大型の有機物片を意味する．かつて，倒流木は米国においても魚の遡上を阻害する要因として除去されてきた．しかし，1980年代から倒流木を除去した川では，地形が単純化し，魚の生息数が減っていることが報告されるようになってきた．その後，倒流木が，川の微地形を変化させる機能が注目され，川の修復事業(rehabilitation)として，今度は，川に倒木を人為的に投入する事業が多くの河川で実施されるようになった(永山ら，2008；Nagayama and Nakamura, 2010)．

コラム 蛇行河川の構造を見る

　河川をじっくり観察してみると，流速や水深の大きさが場所によって異なることに気づく．河川は，こうした物理的特徴が異なる場所が集まった構造体としてとらえることができ，ここではそれらを河川の「構成ユニット」と呼ぶことにしたい．

　河川の構成ユニットは，不規則かつ無秩序に存在しているわけではなく，河川地形に対応するように，ある程度規則的に配置されている．それゆえ，地形や流況に着目することで，その河川の主要な構成ユニットを類型化することが可能である．

　こうした視点を用いて，標津川中流の蛇行河道を調べたところ，**図**のように，6つの主要な構成ユニットが見いだされた．「河跡湖」は，主流路から孤立した止水環境であった．湾曲部外側に形成される「水衝部」は，

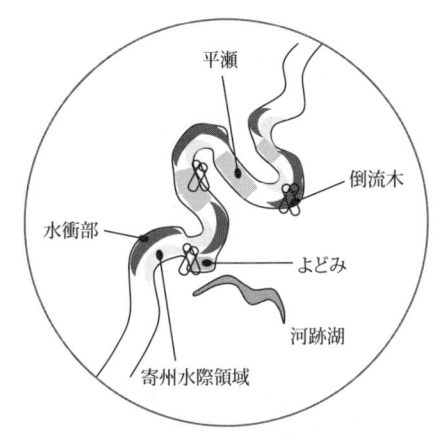

図　蛇行河川の主要な構成ユニットを示すイメージ

流水が集中するため，流速，水深ともに大きく，逆に湾曲部内側には，流速，水深ともに小さな「寄州水際領域」が形成された．7.1の結果が示した蛇行河道における底生動物の集中分布箇所は，この寄州水際領域である．また，7.2の結果にある蛇行試験地における倒木発生箇所は水衝部に位置する．再蛇行前の試験地の状態は河跡湖に相当し，止水環境に適応する独特の魚類群集が見られる．

　隣り合う湾曲部は，流速，水深ともに比較的一様な「平瀬」で結ばれており，湾曲部周辺に度々観測された河岸のくぼ地は，流れが緩くて深い「よどみ」を形成していた．これらの場所には，水衝部などではあまり見られない小型のサクラマス幼魚が多く，特によどみでは止水環境を好むトゲウオ類や河床の砂泥に潜って生活するヤツメウナギ類の幼生が見られる．

　河川内に存在する大きな倒流木は，ほかとは異なる流況をその周囲に形成していたことから，蛇行河川における1つの主要な構成ユニットと判断された．7.3.2および7.3.3の倒木投入実験でも明らかなように，倒木周辺には多様な流況が形成され，生息場要求の異なるさまざまな魚類の棲み場所になるだけでなく，底生動物に対しても安定した棲み場所を提供する．〔永山滋也〕

倒流木は，流況に影響を与えることで淵を形成したり(Nakamura and Swanson, 1993；Abbe and Montgomery, 1996)，それ自体が水中カバーとして機能したりすることで(Inoue and Nakano, 1998；Nagayama et al., 2009)，生息する魚の種類や量に影響を及ぼしている．倒流木と魚の関係を調べた研究のほとんどは，河道内に倒流木の量が増えると魚の生息量も増える傾向を示しており(Riley and Fausch, 1995；Inoue and Nakano, 1998)，倒流木が魚の生息場を創出する重要な要素であることが理解される．河道内の淵容積の約40％およびカバー面積の約50％が倒流木によって形成されていたという報告もある(阿部・中村，1996)．そこで，倒流木を除去する実験を行ったところ，除去した区間は除去しなかった区間に比べて，サクラマスの個体数が顕著に減少した(阿部・中村，1999)．また，火山軽石を底質とする緩勾配渓流において，倒流木による淵形成がニジマスの現存量(バイオマス)を増大させることも報告されている(Urabe and Nakano, 1998)．一方で，淵形成よりも，水中カバーの創出効果のほうが大きいと結論している研究事例もあり(Inoue and Nakano, 1998)，川の大きさや形態によって倒流木の魚類生息場としての機能は異なる可能性が高い．特に，沖積低地の蛇行河川における倒流木の役割については不明な点が多く，蛇行河川の発達と河畔林の形成・破壊，そして水生動物との生態学的つながりについては，ほとんどわかっていない．

コラム　河川内の倒流木

　自然の河川では，河岸の侵食などで水中に倒伏した倒木と，増水時に上流から運ばれて堆積した流木がたくさん観察される．これら倒木と流木を総称して，倒流木と呼ぶことが多い．

　一口に倒流木といっても，その形態や河川地形に及ぼす影響の大きさは，流程によって異なる．上流の小河川では，河畔や山地斜面から供給された樹木の長さ(樹高)は，川幅に対して相対的に大きいため，増水時においても容易に流されず，単体で存在することが多い．例えば，川を横断するように倒伏した樹木は，低いダムのような役目を果

たし，その上流に土砂を堆積させ，その下流に淵を形成する(**写真1**)．また，横断はしないまでも，河岸から突き出す形で安定した倒木は，先端側に流れが集中するため早瀬を形成し，その逆側の倒木下流によどみのような環境を形成する(**写真2**)．このように，小河川では，倒木が河川地形や流況に強い影響を及ぼしており(Nakamura and Swanson, 1993)，魚類や底生動物に対して多様な生息場を提供している．

一方，発生した倒流木の長さよりも，相対的に川幅が大きい中下流部の河川では，倒流木は増水時において流されやすいため単体では存在しにくく，複数の倒流木が集積したログ・ジャム(log jam)を形成することが多い．扇状地に見られる網状河川では，ログ・ジャムの下流にしばしば安定した中州が形成され，植物の生育に適した立地が形成される(Abbe and Montgomery, 1996；**写真3**)．沖積低地を流れる蛇行河川では，河岸からの倒木をきっかけとしたログ・ジャムや，平瀬の両岸付近に集積したログ・ジャムが多く見られる(**写真4**)．ログ・ジャムの周辺では地形の変化も見られるが，それはあくまで局所的であり，河道全体の地形に対する影響の度合いは小河川に比べれば小さい．（永山滋也）

写真1　川を横断した倒木

写真2　河岸から突き出た倒木

写真3　中州上のログ・ジャム

写真4　河岸際のログ・ジャム

7.3 蛇行河川における倒木の役割——倒木投入実験

　蛇行試験地では，湾曲部外側が流水によって侵食され，そこに倒れこんだ樹木の周辺において，海から遡上した大型のサケ科魚類（サクラマスとカラフトマス）やサクラマス幼魚が多く確認された．底生動物については，先に述べたように蛇行によって形成される寄州が生息場所として機能していた．これは，寄州の河床が安定していることに起因していたが，河床を安定させる効果は，倒流木にもしばしば認められる．さらに，倒流木は一度河床に堆積すると，平水時にはほとんど移動しないため，底生動物に安定した足場を提供すると考えられた．実際，倒木表面では，底生動物の生息密度や種数，生産力が非常に高くなることが知られている(Benke et al., 1984)．そのため，倒流木は底生動物に対し，新たな定着基質を提供することによって生息数を増加させることも想定された．

　そこで，蛇行試験地に倒木を人為的に投入・固定した場合，魚類や底生動物の生息環境がどのように変化するのか検討することにした．蛇行試験地への倒木投入が魚類に及ぼす影響として，①倒木周辺の流速が小さくなり，多様な魚類が利用できる．また底生動物への影響として，②倒木周辺の河床を安定化させて，河床に生息する底生動物に生息場所を提供する，③倒木自体が底生動物の生息場所として機能する，という効果が考えられた．これまで，沖積低地河川において魚類そして底生動物の両側面から倒木の効果を実験的に検証した研究は見当たらない．そうした意味からも，本実験は，曲がった川が倒れこんだ樹木を介して発揮する生態的機能を，日本で初めて検証した貴重な成果である．また，今回の実験のように樹高 10 m を超える大木を河道に設置し，水生生物の生息場の改善を試みた事例は国内ならびに東アジア全域でも初めてだと思われる．

　投入・固定した倒木は，根 1 セット（重さ約 0.8 t）とアカエゾマツ 1 本（樹高約 10〜13 m），ヤナギ類 2 本（樹高約 8〜10 m）を組み合わせたものである（図 7.3，写真 7.1）．根 1 セットは，2〜3 個の根を組み合わせてワイヤーで固定した．これらの倒木や根は，出水時に下流に流されないようワイヤーで陸上のアンカーに固定した．この方法は，かつてコンクリート護岸がまだ一

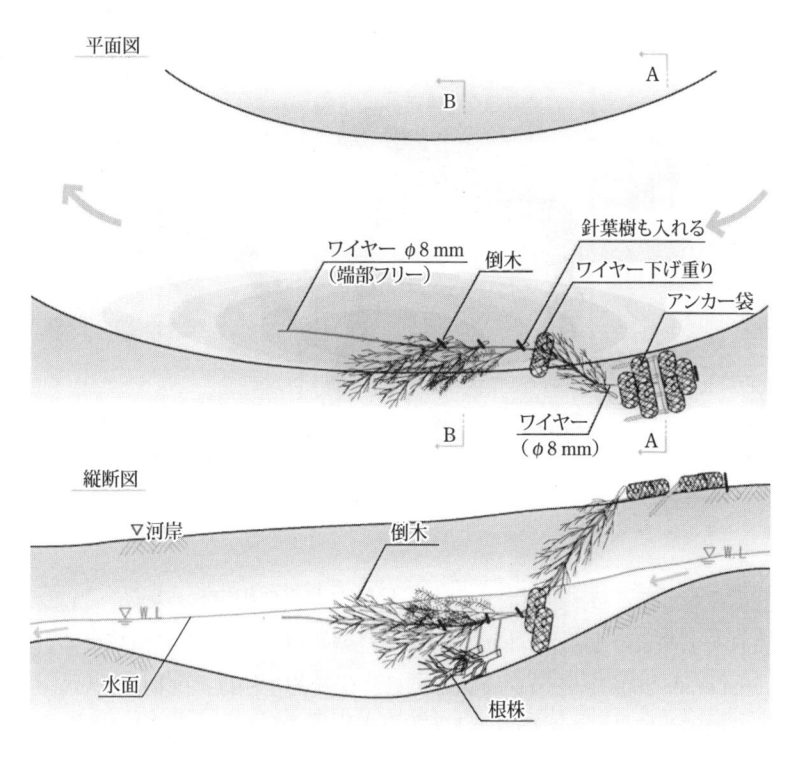

7.3 蛇行河川における倒木の役割—倒木投入実験

平面図

針葉樹も入れる
ワイヤー φ8 mm
（端部フリー）
倒木
ワイヤー下げ重り
アンカー袋
ワイヤー
（φ8 mm）

縦断図

▽河岸
倒木
▽W L
水面
根株

図 7.3　倒木の投入・固定方法

写真 7.1　倒木の投入・固定

図 7.4　倒木区と対照区の配置

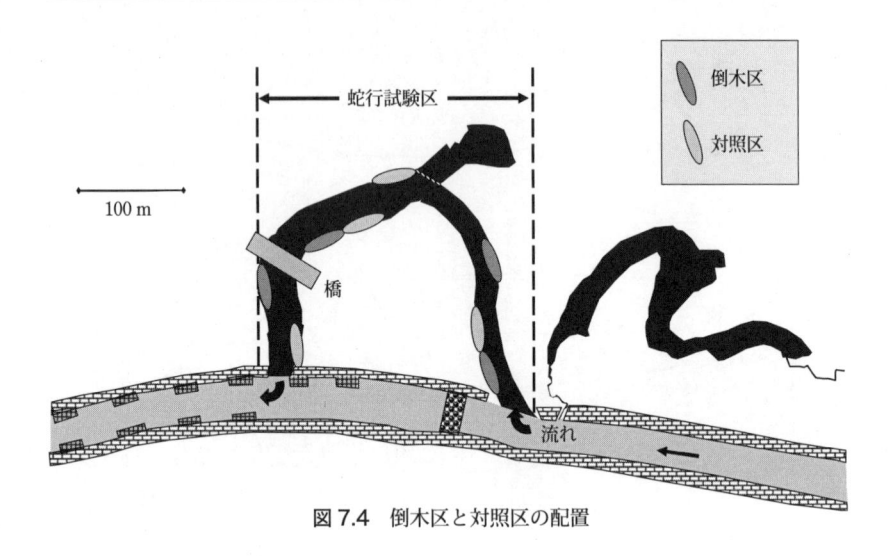

般的でなかったころ，河畔林を倒して堤防のり面に固定し，堤防へ当たる水の流れを弱めようとした「木流し(きながし)」という伝統的な水防工法に似ている(Nagayama et al., 2008). そういう意味では，伝統的工法は，生物にとってもよい生息環境を提供できていたのかもしれない．

　実験は，蛇行試験地内で水深や底質などがほぼ同じである8つの区間を調査区として選択し，倒木を設置する倒木区と，倒木を設置しない対照区を4つずつ設定した(図 7.4)．

7.3.1　物理環境はどのように変化したか？

　倒木投入後，物理環境はどのように変わったのであろうか．倒木投入前，倒木区の平均水深は対照区より若干大きいが似通った値だった(図 7.5 上図)．倒木投入1か月そして6か月後も，調査区間で平均水深に大きな違いは見られなかった．これは，倒木を投入したことによる微地形の変化がなかったことを示しているが，その理由として，倒木設置後に大規模な出水がなかったことが考えられる．しかし，流速については倒木を投入した効果が見られた．倒木投入前，平均流速は対照区より倒木区でわずかに小さいだけだったが，6か月後にその差は広がり，倒木区では緩やかな流れが形成された(図 7.5 中図)．

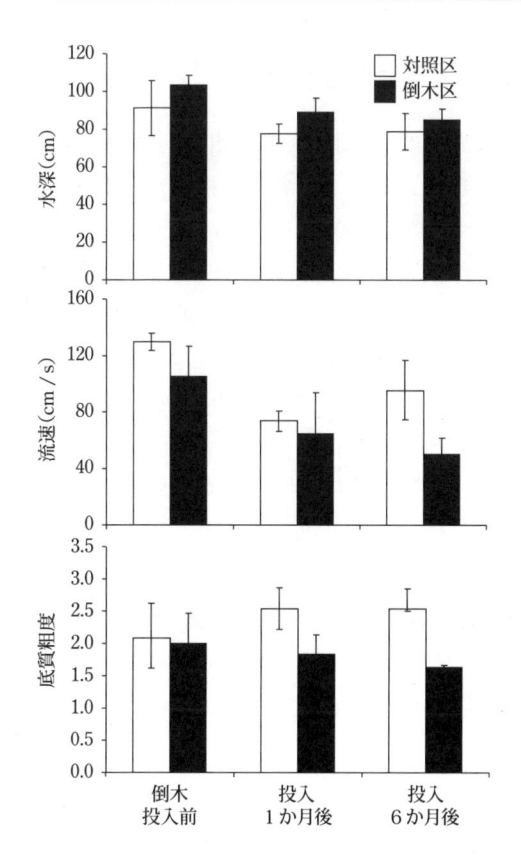

図 7.5 倒木投入前・後における対照区と倒木区の水深(上)，流速(中)，底質粗度(下)の変化(平均 ± SE).
底質粗度は，2 mm未満の砂を1，2 mm以上16 mm未満の小礫を2，16 mm以上64 mm未満の中礫を3，64 mm以上256 mm未満の大礫を4，256 mm以上の巨礫を5として扱い，その平均を求めた．

　倒木投入に伴う流速の変化は，底質(河床材料)にも影響を及ぼした．倒木投入前，両調査区の底質は2 mm以下の砂と16 mm以上64 mm未満の中礫が優占し，その割合もほぼ同じで底質粗度は等しかった(図7.5下図)．しかし，倒木投入1か月および6か月後には，対照区と比べて倒木区の底質粗度が小さくなった．これは，倒木が設置され流速が減少したことにより河床が安定し，砂の占める割合が大きくなったためと考えられる．

7.3.2　魚はどのように応答したか？

　倒木投入前，魚類生息数は倒木区と対照区で変わらなかったが，倒木投入1か月後，6か月後，1年後では，常に対照区より倒木区で多くなった（図7.6）．魚類の多くは，標津川の優占種であり，かつ潜水で観察しやすいサクラマスであった．倒木投入6か月後の冬季に確認数が少ないのは，低水温時に小型のサクラマスが河岸近くの流速の遅い領域を作り出す水中の構造物（カバー）付近に身を寄せるため，潜水では観察しにくかったことが原因であると思われる．このとき，観察されたのは，40 cm を超える大型のニジマス，シロザケ，エゾウグイであった．

　倒木投入前後における倒木区と対照区との比較から，倒木の存在が魚類の種数，生息密度を増大させることが示された．倒木投入1か月後，物理環境の変化はあまり大きくなかったが，魚類の応答は早かった．投入前，魚類の個体数および種数は調査区間で等しかったが，倒木を投入することで1か月後には対照区と比べて個体数で約8倍に，種数も約2倍に増加した．倒木区では全調査区で8種の魚類が確認されたが，そのほとんどはサクラマスの幼

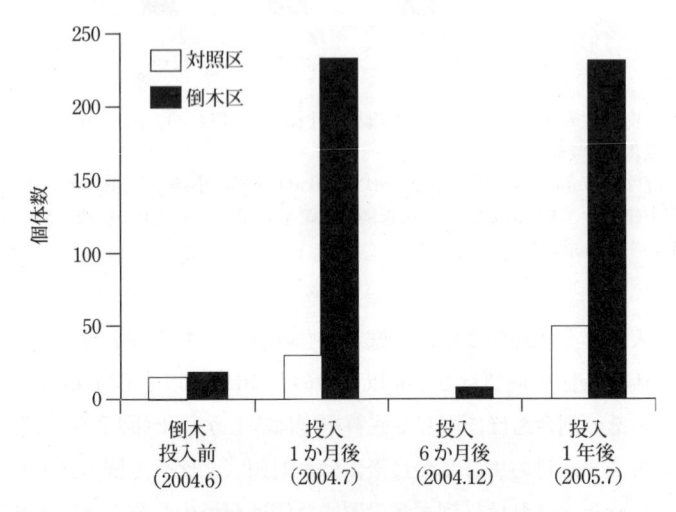

図7.6　倒木投入前後において対照区と倒木区で潜水観察により確認された魚類の総個体数

魚と海から遡上した親魚であった．そのほか，ヤツメウナギ類のアンモシーテス幼生(*Lethenteron* spp.)，フクドジョウ(*Noemacheilus barbatulus toni*)，トミヨ属淡水型(*Pungitius* sp.(Freshwater type))，エゾハナカジカ(*Cottus amblystomopsis*)といった魚類が確認されたが，個体数としては非常に小さかった．しかし，初期条件の調査時にまったく確認されなかった魚種が確認できたことは，倒木を投入した効果だと考えられる．

　魚類は種や体サイズによって異なる生息場を選好する．また，生息場が複雑な空間構造であればあるほど生息数が増加する(Fausch, 1993)．それゆえ，倒木投入による生息環境の多様化が，魚類の種数と生息密度を増加させたものと考えられる．具体的には，倒木の投入により緩やかな流れの領域が形成され，止水性の魚類や小型のサケ科魚類に適した生息場が創出された(写真7.2)．また，根や幹の裏側にできた大きなカバーを伴う緩やかな流れの深場は，大型のサケ科魚類の生息場となり(写真7.3)，流れとそれに乗った餌が集中する倒木脇は中型のサクラマスにとって好適な生息場となった(Nagayama et al., 2009)．さらに，礫が比較的細かい本研究サイトにおいて，倒木の存在は礫に代わる底生魚の生息場になったと考えられ，流況の変化により堆積した砂や泥はヤツメウナギ類(アンモシーテス幼生)の格好の生息場となっていた．

写真7.2　倒木に集まるサクラマスの群れ(撮影：上田重貴)

写真 7.3　根株周辺にいたサクラマス親魚(撮影：上田重貴)

7.3.3　底生動物はどのように応答したか？

　倒木投入前，河床に生息する底生動物の種数および生息密度は倒木区と対照区で変わらなかったが，倒木投入1か月後，6か月後，1年後では，種数，生息密度ともに，常に対照区よりも倒木区で高い値が示された(図7.7)．さらに，倒木区では倒木それ自体が底生動物の生息場となっており，樹種(アカエゾマツ(*Picea glehnii*)，ヤナギ類(*Salix* spp.)による種組成の違いも確認できた．倒木区の河床を構成する砂礫から採取したサンプル(河床サンプル)とア

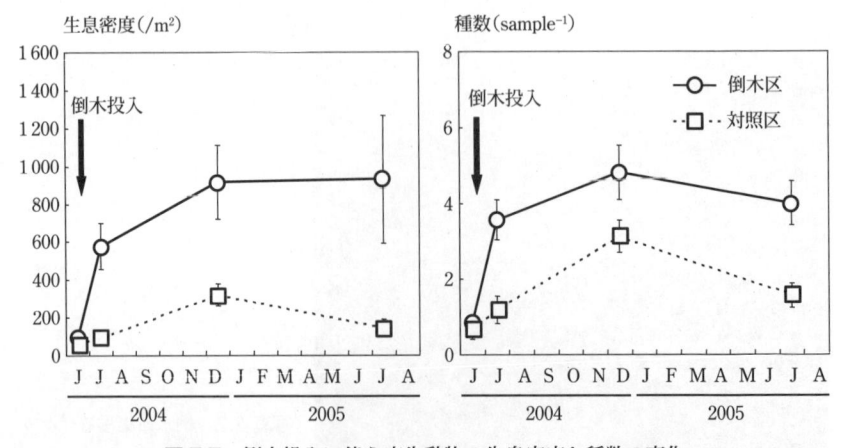

図 7.7　倒木投入に伴う底生動物の生息密度と種数の変化

カエゾマツ，ヤナギ類の枝葉から採集したサンプル（枝葉サンプル）の組成を比較したところ，どのサンプルでもハエ目(Diptera)の割合が最も高くなった（図 7.8）．しかし，倒木区の河床サンプルでは，ヨコエビ(Gammaridea)や水生ミミズなどを含む，その他の割合が高くなったのに対して，アカエゾマツやヤナギ類では，その他の割合は非常に低かった．また，ヤナギ類では，EPT タクサ(カゲロウ目(Ephemeroptera)，カワゲラ目(Plecoptera)，トビケラ目(Trichoptera)の 3 目に含まれる分類群)の割合が全体の 1/4 を超えており，アカエゾマツに比べて高くなっていた．

　沖積低地河川では，河床の安定性が底生動物の分布を決定する極めて重要な要因であることが知られている(Rempel et al., 1999；中野ら，2005)．そのため，倒木の投入による河床の安定化が底生動物の生息密度と種数を増加させたものと考えられる．倒木投入前後における河床の底生動物の生息密度や種の比較から，倒木の存在が，河床に生息する底生動物にも影響を及ぼすことが示された．また，この河床の安定化によって，河床には細かな土砂や有機物が貯留しやすくなり，ヨコエビや水生ミミズ類の割合の増加につながった．

　アカエゾマツとヤナギ類では，生息する底生動物の組成が異なっていた．倒木に生息する底生動物の組成が，樹種によって異なることは，先行研究でも示されている(Spänhoff et al., 2000)．これは，樹皮の構造や葉の形態，つき方などが，樹木によって異なるためと考えられる．これらの結果から，さ

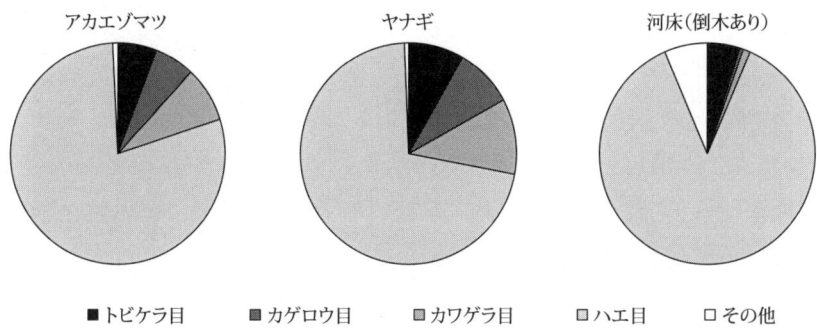

図 7.8　アカエゾマツ，ヤナギ，河床の底生動物の群集組成

まざまな樹種の倒木が川の中にあることによって，底生動物の生息場所の多様性が高まると考えられる．

7.4 蛇行河川で羽化した底生動物は何によって捕食されるのか？

7.4.1 ショウドウツバメ

蛇行試験地では，流れが当たる河岸が崩れ，ほぼ直角にせりあがった崖地形が形成されていた．その後，崖には，夏季，繁殖のために飛来したショウドウツバメ(*Riparia riparia*)が巣作りを始め，非常に多くの巣穴が崖に形成され，蛇行試験地には一大コロニーが誕生した(**写真 7.4**)．ショウドウツバメは，スズメ目ツバメ科に属し，日本国内では北海道のみで繁殖し，本州以南では春と秋の移動時期(越冬地は東南アジアなど)にのみ観察される鳥である(河井ら，2003)．北海道におけるショウドウツバメの営巣，繁殖期間は，5

写真 7.4 蛇行試験地に形成されたショウドウツバメの営巣(撮影：千嶋淳)

月末から8月初旬である.

　ショウドウツバメは,漢字で「小洞燕」と表すように,営巣は崖土に横穴を掘り,集団営巣地(コロニー)を形成する.巣は外敵から身を守るため,崖を横に掘り進んだ先に作られ,入り口は直径5〜9 cmほどである.標津川でもショウドウツバメの鳴き声を聞かなくなったと地域の人から聞いたことがあるが,護岸で固められた河川にはこうした砂泥質の崖はなく,河川改修とともに姿を消したとも考えられる.蛇行した自然の川に作られる崖は,ショウドウツバメが生息するためには,極めて重要な環境であることがわかった.

　さて,ショウドウツバメは何を食べているのだろうか.先の蛇行試験区と直線区における比較から,底生動物は,種数,生息密度ともに,蛇行試験区で非常に高くなることが明らかになった(図7.1).こうした状況から筆者らは,蛇行試験区に営巣しコロニーを作ったショウドウツバメは,蛇行試験区で増加した底生動物(主に水生昆虫)が羽化した,飛翔昆虫を捕食していると考えた.ショウドウツバメは極めて速いスピードで飛び,口を大きく開けて飛翔している昆虫を食べるため,双眼鏡などで何を食べているかを確認することには無理があった.そこで,近年,食物連鎖を調べるためによく使われるようになった炭素・窒素安定同位体比による分析(コラム参照)を使うことにした.

　ショウドウツバメが何を食べていたかを知るためには,ショウドウツバメとその餌となりうる昆虫類の炭素・窒素安定同位体比を測定し比較することになる.採集個体への負担を最小限に留めるため,ショウドウツバメの安定同位体比の測定には羽毛を使うことにした.カスミ網を用いてショウドウツバメの幼鳥を捕獲し,腹部の羽毛を数本抜いて採集したのち放鳥した.幼鳥を調査対象としたのには理由がある.繁殖期のみ日本を訪れる親鳥の羽毛は,日本に来る以前に食していた餌の影響を受けている可能性があるが,幼鳥は標津川で生まれ,その場所の餌で育てられているため蛇行試験地でショウドウツバメが何を食べているかを明瞭に反映しているのである.これと同時に,ショウドウツバメが餌としている可能性がある陸生や水生の飛翔昆虫を,ショウドウツバメのコロニーから約60 m離れた蛇行試験区の流路河岸と約200 m離れた牧草地から採集した.

このショウドウツバメの羽毛と水生昆虫，陸生昆虫の炭素・窒素安定同位体比（$\delta^{13}C$, $\delta^{15}N$）を測り，その結果から，ショウドウツバメにとってどの餌資源が相対的に重要であるかを明らかにすることができる．一般的に食う側の生物の$\delta^{15}N$の値は，食われる側の生物の$\delta^{15}N$より3.4‰上昇するのに対し，$\delta^{13}C$の値は食物連鎖段階ごとに1.0‰上昇する．この濃縮率を考慮することにより，ショウドウツバメが何を主に食べていたのかを推測しようとしたのである．

解析の結果，ショウドウツバメの羽毛の$\delta^{13}C$の平均値が−23.8‰，$\delta^{15}N$の平均値が9.2‰であり，バラツキは非常に小さかった（図7.9）（Nakano et al., 2007）．$\delta^{13}C$に関しては，水生昆虫の値は−32.9〜−26.2‰の範囲であり，陸生昆虫の値は−29.7〜−24.6‰の範囲であった．また，$\delta^{15}N$に関しては，水生昆虫の値は8.2〜12.6‰の範囲であり，陸生昆虫では，−1.3〜10.6‰の範囲であった．多少の重なりはあるものの，水生昆虫と陸生昆虫の安定同位体比は，明瞭に分けられた．

これは，蛇行試験区では，水生昆虫と陸生昆虫が食べている餌が異なることを示している．高津ら（2005）が行った研究からも，水生昆虫は河川内に堆積している非常に細かな有機物を，陸生昆虫は河畔に生育する植物を，それぞれ食べていたことが示されている．

図7.9に示された$\delta^{13}C$と$\delta^{15}N$のマップから，ショウドウツバメの餌を推定したい．先にも述べたように食物連鎖段階が1つ上がるに従って$\delta^{13}C$と$\delta^{15}N$が，それぞれ1.0‰，ならびに3.4‰上昇することが知られている．この濃縮率を考慮すると，ショウドウツバメの餌資源は，$\delta^{13}C$が−24.8‰，$\delta^{15}N$が5.8‰と予測される．この予測値に対して陸生ハエ目が，非常に近い値を示しており，再蛇行試験地に営巣したショウドウツバメの主要な餌は，陸生ハエ目であると考えられる．また，水生昆虫は，$\delta^{15}N$に関してはショウドウツバメと同様な値を示しており，餌としてほとんど利用されていない可能性が高いことが明らかになった．先に示した蛇行試験区における底生動物の研究から，水生昆虫の幼虫について生息密度が増加したことがわかった．当初，筆者らは，その増加した水生昆虫が羽化した飛翔昆虫を，ショウドウツバメが重要な餌として利用していたのではないかと仮説を立てたが，実際は異な

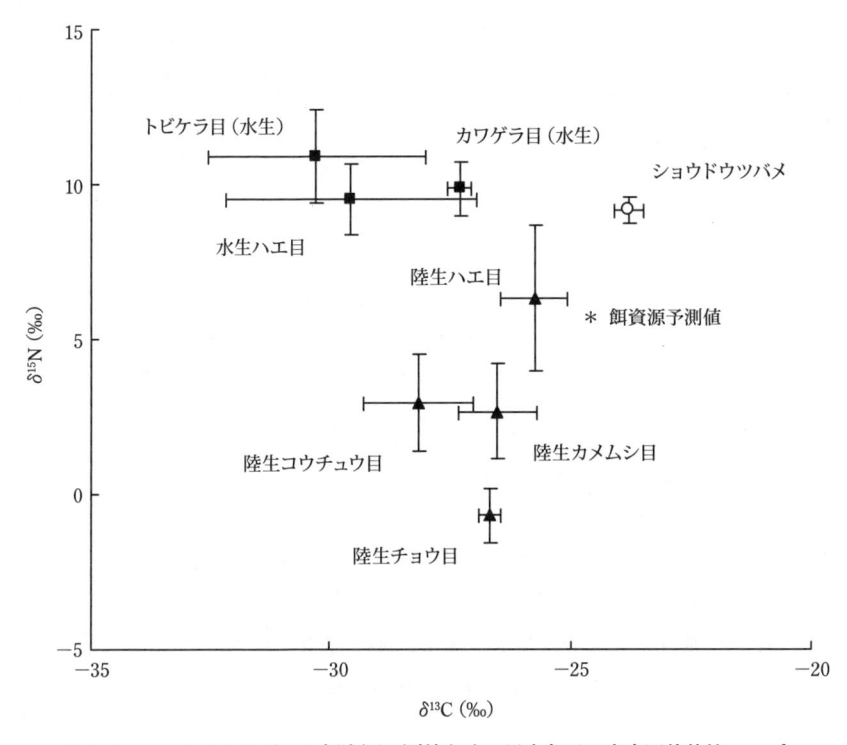

7.4 蛇行河川で羽化した底生動物は何によって捕食されるのか？

図7.9 ショウドウツバメと餌資源予測値（∗），昆虫各目の安定同位体比マップ

っており，ショウドウツバメは周りに広がる牧草地から供給される陸生昆虫を主要な餌としていたようである．蛇行試験区の面積は小さく流路全体のほんの一部であるのに対して，牧草地はコロニー周辺に大面積に広がっていることがその理由と考えられた．

したがって，蛇行試験区は，巣穴をほることができる切り立った土壁河岸を提供した点で重要な役割を果たしたが，餌環境への貢献度は小さかったと考えられる．

コラム 炭素・窒素の安定同位体比測定法とは何か

　世の中には重い同位体と軽い同位体の存在する原子が数多くある．同位体とは質量が異なるが，ほかの化学的性質が同じ原子のことをいい，この質量の違いが異なる同位体にさまざまな違いを生み出す．質量が違うと同じ温度条件下でも原子の振動数に違いが現れ，軽い同位体の結合は重い同位体を含んだ結合に比べ切れやすくなっている．このことから同位体を含む結合が切れる反応では，軽い同位体がより速く反応し，物質Aが反応して物質Bになる反応の場合(物質A→物質B)，物質Bには元の物質Aに比べて軽い同位体が多くなる現象がしばしば見受けられる．こうした現象は，軽い同位体のほうが重い同位体に比べて，物質Bへと変化しやすいことに起因し，反応の速度が，重い同位体と軽い同位体で異なることから「速度論的同位体効果」と呼ばれる．生物体内で食物が消化・吸収され，生物の体の一部となる一連の代謝過程の中にも速度論的同位体効果を持つ反応が幾つもある(高津ら，2005)．特に尿素やアンモニアの形で窒素が体外へ排泄される過程では，この速度論的同位体効果により軽い^{14}Nが体外へ排出され，^{15}Nが体内に蓄積するといわれている．その結果，生物体の^{15}N濃度は餌資源のそれに比べて少し上昇する．^{15}N濃度は実際には0.01％のオーダーで変化するだけである．

　そこで自然界での重い安定同位体と軽い安定同位体の存在比を議論する際には，試料中の^{15}Nの存在量を標準物質のそれで除した値が1からどれくらいずれているかを‰で表した窒素安定同位体比(δ^{15}N)を使って議論する．生物体の^{15}N濃度が餌資源のそれに比べてどの程度上昇するかをこのδ^{15}Nを表すと陸生生物平均で+3‰前後となる．また，同様に炭素安定同位体比(δ^{13}C)に関しても餌に比べて若干の濃縮が認められ，その濃縮の程度は陸生生物平均で+0.8‰とされている．したがって，非常に単純な食う食われる関係でつながった1本の食物連鎖が想定できる場合，その食物連鎖上の生物群の同位体特性をδ^{13}C vs. $\delta^{15}C$ の二次元上にプロットすると,傾きがおおよそ 3.0/0.8(すなわち 3.75) の 1 本の直線上に乗ることとなる.ただ,こうした直線性がはっきり見える生態系はバイカル湖の沖帯や外洋や深海といった比較的単純な食物連鎖の卓越した生態系に限られる(Yoshii et al., 1999).通常の生態系では何本もの食物連鎖が複雑に関係し合う食物網構造を作っており,同位体特性を見るだけでその餌資源を正確に言い当てることは難しい.

しかしながら,生物 A の多様な餌資源の同位体比の平均値($\delta^{13}C_F$, $\delta^{15}N_F$)のおおよその値は生物 A の同位体比($\delta^{13}C_A$, $\delta^{15}N_A$)から餌資源が生物体へ同化されるときの同位体比の濃縮の程度を差し引いたものとなり,先の議論から

$$\delta^{13}C_F = \delta^{13}C_A - 0.8 \qquad \delta^{15}N_F = \delta^{15}N_A - 3.0$$

の関係が示唆される.多くの餌資源候補の中で同位体特性が($\delta^{13}C_F$, $\delta^{15}N_F$)から大きく離れたものの餌資源の重要性は低いといえる.逆にいえば,餌資源候補の同位体比がともに似通っている場合は,こうした解析法では精度よく餌資源を特定できない.しかしながら,自然界の生物の同位体比は,大まかには表のようなケースでその同位体特性が大きく異なっており,それを利用することでどちらの餌資源を利用しているかといった解析ができる.安定同位体比による食物網構造の

表 1 大きな同位体比(δ)の違いのみられることの多い生態系(1 と 2)の組み合わせ.一般的には $\delta_{生態系1} < \delta_{生態系2}$ となる.

同位体比の種類	生態系 1	生態系 2
$\delta^{13}C$	湧水河川、湿原生態系	陸域生態系
	陸域生態系	大河川生態系
	陸域生態系	大きな湖の生態系
	小さな湖沼、河川生態系	海洋生態系
	湿潤な陸域生態系	乾燥地・半乾燥地の生態系
$\delta^{15}N$	渓流生態系	下流生態系
	湿潤な陸域生態系	乾燥地・半乾燥地の生態系
$\delta^{34}S$	大都市近郊生態系	海洋生態系

解析の詳細はほかの専門書を参考にしていただきたい(永田・宮島,2008).

標津川の再蛇行化事業においては,湧水河川や湿地生態系の生物群の$\delta^{13}C$が陸域生態系の生物群のそれより低くなっており,$\delta^{15}N$に関しては逆に高くなっていたことから,捕食者が陸域生態系か河川・湿地生態系のいずれの餌資源を主に利用していたかを解析できたといえる.河道の改変に伴う陸域と水域の生態系のつながりの変化を①生物の餌資源利用性,②溶存態や懸濁態有機物の起源,③無機態栄養塩のソースなど,多様な切り口で解析する研究の集積が今後必要と考えられる.流域の上流から下流,そして沿岸へと構成する生態系は変化する.その際,陸域生態系,湿原や小さな湖沼生態系,上流の渓流生態系,下流の河川生態系,海洋生態系の持つ固有の同位体特性は,餌資源を含めた物質の起源解析にとって非常に好都合であり,安定同位体解析が本研究分野の重要な解析ツールになると考えられる. (高津文人)

7.4.2 コウモリ類

コウモリと聞くと多くの読者は鳥の一種?と思われるかもしれないが,コウモリは鳥ではなく,哺乳類である.また,吸血コウモリを連想する読者がいるかもしれないが,血液を食べ物としているコウモリは南米に3種しかない.実際には,多くのコウモリ類は夜中に暗闇を飛び回って昆虫を食べていることが知られている.暗闇の中で昆虫を捕食できる理由は,人間には聞こえない超音波の声を発して,それが跳ね返ってくる音の情報から昆虫の飛んでいる場所を特定しているためである.餌動物の場所や飛んでいる周りの環境を認識するために音を使うことを,エコロケーション(反響定位)という.このエコロケーションを利用して生活している動物は,コウモリのほかには,海の哺乳類であるクジラやイルカなどがいる.

コウモリ類は,世界の哺乳類のおよそ1/4の種数を占めており,日本においても110種中35種を占め,哺乳類の種多様性に対する貢献度は非常に高い

分類群である.しかしながら,これまで生態が明らかになっている種はわずかであり,適切な保全および管理が求められている.一方で,コウモリ類は,種により多様なハビタットを要求すること,優れた飛翔能力を有すること,環境の変化に対し段階的に反応することなどの理由から,さまざまな広域の環境改変に対する指標動物として適した分類群であるといわれている(Jones et al., 2009).

蛇行試験地周辺の河川や河畔林においてカスミ網によって確認されたコウモリ類は,ドーベントンコウモリ(*Myotis petax*),ヒメホオヒゲコウモリ(*M. ikonnikovi*),そしてウサギコウモリ(*Plecotus sacrimontis*)の3種であった.しかし,全捕獲個体のうち85%を占め,河川上で捕獲された種は,ドーベントンコウモリのみであったことから,河川水面上を飛翔するコウモリはドーベントンコウモリであると判断した.このドーベントンコウモリであるが,本種はこれまでヨーロッパなどに広く分布する *M. dauentonii* と同一種であるとされてきたが,近年,別種(*M.petax*)であることが明らかになったコウモリである(Matveev et al., 2005).そのため,ドーベントンコウモリの生態については,河川を好むこと以外はほとんどわかっていない.本書では,2種(ドーベントンコウモリと *M.daubentonii*)の好む環境および形態が類似していることから,2種の生態は比較的類似していると考え,*M. daubentonii* の知見も併用して考察することにした.その際,*M.daubentonii* に関しては,便宜上ヨーロッパ産ドーベントンコウモリと標記することとする.

(1) ドーベントンコウモリは何を食べているのか？

ドーベントンコウモリは何を食べているのであろうか.筆者らは,先に述べた蛇行試験地や直線区間における底生動物(ほとんどが水生昆虫)の種類や生息密度の研究から,羽化して飛翔した水生昆虫も蛇行試験地で多いと仮定した.このため,豊富な羽化水生昆虫を目掛けてドーベントンコウモリも蛇行試験地に頻繁に飛来してくるであろうと考えた(Akasaka et al., 2009).

水面から羽化したのち上空を飛翔したり,水面上を飛翔している昆虫を捕獲するために,マレーゼトラップ(幅190cm,高さ100cm,1mm メッシュ)というネット式の捕虫容器を使った.飛んできた昆虫がその中に入れば出られ

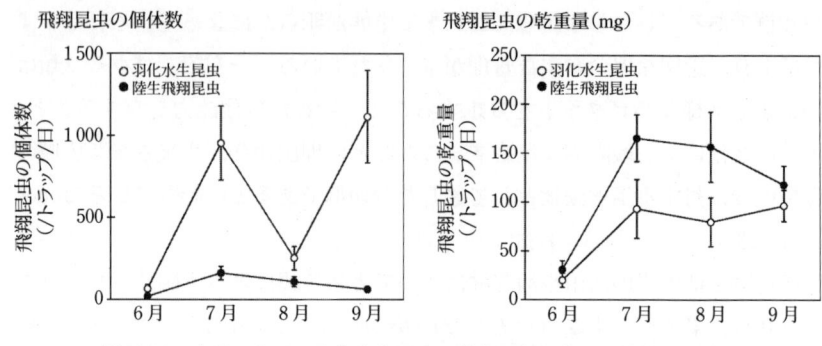

図 7.10　各月における羽化水生昆虫と陸生飛翔昆虫の個体数と乾重量

なくなり，中の仕掛けに沿って移動すれば，てっぺんの部屋に誘導され，エタノールなどの保存液を入れたビン状の収集容器に集められるようになっている．この器具を使って水面を飛ぶ昆虫相を調べた結果，採集した飛翔昆虫は，ハエ目(Diptera)，トビケラ目(Trichoptera)，カゲロウ目(Ephemeroptera)，ハチ目(Hymenoptera)，そしてチョウ目(Lepidoptera)を主とするさまざまな目から構成されていた．水生ハエ目は，ユスリカ科(Chironomidae)によって独占されており，一方で陸生ハエ目は，主にアシナガバエ科(Dolichopodidae)やタマバエ科(Cecidomyiidae)により構成されていた．昆虫の個体数分布パターンは，すべての月において羽化水生昆虫が陸生飛翔昆虫よりも極めて高い値を示していた(図 7.10)．また，羽化水生昆虫の個体数は，いずれの月においても飛翔昆虫全体の個体数の大半(70％以上)を占めていた．中でも，水生ハエ目の優占度は高く，各月の水生昆虫量のおよそ 90％以上を占めていた．一方，乾重量として測った生物量(バイオマスと呼ばれ，本研究では乾重量で測定した)で比べると羽化水生昆虫と陸生飛翔昆虫のバイオマスは類似した月変動を示し，いずれの月も陸生飛翔昆虫が優占していた(図 7.10)．

　一方，ドーベントンコウモリの採餌行動については，バットディテクターという，コウモリが発する超音波を人が聞くことができる音声に変える装置を使って調査した．さらに，その音声を日没から 4 時間録音し，識別されるエコロケーションコールの回数で採餌努力頻度を算出した．6000 回を超えるエコロケーションコールと昆虫個体数との関係を統計モデルによって解析し

たところ，羽化水生昆虫の個体数がドーベントンコウモリの採餌活動に強い影響を与えていることが明らかになった．また，昆虫の個体数のほうが，生物量よりも強い影響を与えていることが明らかになった．

本研究の結果から，ドーベントンコウモリの採餌活動は，まず，飛翔昆虫の生物量よりも個体数に依存することが明らかになった．ヨーロッパ産ドーベントンコウモリの餌を探知できる距離は短く，わずか128cmにすぎない(Kalko and Schnitzler, 1989). さらに，ヨーロッパ産ドーベントンコウモリのエネルギーバランスを保つためには，少なくとも採餌活動時間中において平均1時間に500個体(7秒に1個体)の餌が必要であることが，これまでの研究によりわかっている(Kalko and Braun, 1991). 大型の昆虫個体は，栄養価は高いが飛んでいる数が少ないため，獲得できる可能性が低くなると考えられる．

また，ドーベントンコウモリが羽化水生昆虫を主に捕食していた理由は，季節を通じて，羽化水生昆虫が陸生飛翔昆虫よりも著しく個体数が多かったことによると考えている(図7.10). さらに，水生ハエ目の個体数は，全調査期間を通して，最も多く捕獲されており，沖積低地帯の蛇行河川における季節を通じた水生のハエ目の重要性が明らかになった(表7.1).

多くの水生昆虫(ほとんどの水生のハエ目，トビケラ目，カゲロウ目，そしてカワゲラ目(Plecoptera))は，幼虫および羽化の段階で水面を漂流する(Todd and Waters, 2007). 加えて，水生ハエ目，トビケラ目，そしてカゲロウ目は，羽化後も水面付近で群れを作って飛ぶ(e.g., Ogawa, 1992；Gullefors and Petersson, 1993；Kriska et al., 2007). また，羽化水生昆虫は，飛翔能力の弱さから陸生飛翔昆虫よりも容易に捕食されやすい(Fukui et al., 2006). 本研究が実施された標津川では，すべての季節において，羽化水生昆虫量が多い場所で，ドーベントンコウモリは頻繁に採餌活動を行っていた．

興味深いのは，この結果は，湧水により滋養される森林小渓流で調べられたコウモリ類(trawlingを行う種を含む)の採餌パターンと異なっていることである(Fukui et al., 2006). 河畔林によって川の上空が覆われている小さな渓流では，羽化水生昆虫量と陸生飛翔昆虫量の割合は，河畔林がつける葉の量とそれによって遮蔽される日射量の変化に伴い，季節間で変化する(Nakano

表7.1 各月における河川上を飛翔する昆虫目(個体数と乾重量)の割合

昆虫目	割合(%)							
	6月		7月		8月		9月	
	個体数	乾重量	個体数	乾重量	個体数	乾重量	個体数	乾重量
羽化水生昆虫								
水生のハエ目	72.5	20.9	77.4	10.1	57.7	5.8	88.1	3.9
カゲロウ目	0.5	0.2	5.4	13.8	0.9	0.6	0.4	1.4
トビケラ目	1.9	16.1	1.7	10.1	10.7	26.3	5.8	38.9
カワゲラ目	1.7	1.9	0.9	2.1	0.3	0.2	0.3	0.6
ほかの羽化水生昆虫	0.0	0.2	0.0	0.0	0.0	0.9	0.0	0.3
陸生飛翔昆虫								
陸生のハエ目	20.7	44.8	11.4	39.7	23.0	29.1	4.2	21.2
カメムシ目	0.6	0.2	1.4	4.7	2.2	7.3	0.5	3.8
ハチ目	1.3	4.9	1.0	4.1	2.7	4.5	0.4	5.7
チョウ目	0.5	8.9	0.6	11.7	2.1	23.1	0.3	22.5
甲虫目	0.2	1.7	0.2	3.8	0.3	2.2	0.0	1.9
ほかの陸生飛翔昆虫	0.0	0.0	0.0	0.0	0.0	0.0	0.0	0.0

and Murakami, 2001)．水生昆虫の羽化は，樹木が葉をつけず，高い日射量によって付着藻類が豊富になる春にピークを迎える．反対に，陸生昆虫が最も多くなるのは，河畔林の葉が十分展開し，陸生植物が旺盛に光合成を行う夏である．そのため，羽化水生昆虫は春に，そして陸生飛翔昆虫は夏に川の上空を優占する(Nakano and Murakami, 2001)．コウモリ類もまた，この発生起源の異なる昆虫量の変化に応答するように餌昆虫を変化させるといわれている(Fukui et al., 2006)．

　一方，沖積低地大河川においては，河畔林の樹冠による水面上の被覆割合は，一部に限られており，ほとんどの水面上空が解放水面となる．その結果，季節を通じて河床まで十分な日射量が到達し，非常に高い付着藻類の生産を支えている(Allan, 1995)．また，すべての季節で常に高い付着藻類の生産量が維持されることによって，大量の水生昆虫が生息できると考えられる．一

方で，解放空間における陸生昆虫量は森林内と比べ著しく減少するため(Gruebler et al.,2008)，低地大河川上に存在する陸生昆虫量は非常に少なくなる．本研究において，羽化水生昆虫の個体数は，全調査期間を通して陸生飛翔昆虫よりも著しく多かった．また，陸生昆虫の個体当たりの重量が大きく，生物量で比べると羽化水生昆虫よりも多かったものの，羽化水生昆虫は安定した量を季節を通じて保ち，陸生飛翔昆虫との間で季節的な入れ替わりも示さなかった．したがって，沖積低地の大きな蛇行河川においては，季節に左右されない高い日射量の下で，水生昆虫は十分に安定した発生量を維持できるのだろう．これらのことから，低地大河川の生態系において羽化水生昆虫は，少なくとも6〜9月の間，ドーベントンコウモリの餌資源として非常に重要な役割を果たすと結論づけられる．

(2) ドーベントンコウモリは蛇行試験地であまり餌を採っていなかったのはなぜか？

ドーベントンコウモリは，6月を除くすべての月において，蛇行試験区よりも直線区で，活発に採餌していた(図 7.11)．また，ドーベントンコウモリの採餌活動は，羽化水生昆虫の季節的な分布と同調していた(図 7.12)．このことからドーベントンコウモリの採餌活動が直線区で高い値を示したのは，羽化した水生昆虫の個体数が直線区で多かったことが影響していたと考えられる．先にも述べたように，羽化する前の水生昆虫の幼虫は，蛇行河川の寄州部分で非常に多く生息しており，直線区より蛇行試験地のほうが圧倒的に多かった(図 7.1, Nakano and Nakamura, 2008)．

なぜ，直線区と蛇行試験地における水生昆虫の幼虫と成虫では，分布パターンが入れ替わるのだろうか？ 原因として考えられるのは，水生昆虫の幼虫が要求する生息環境と羽化後に飛翔する成虫が要求する生息環境が異なっている可能性である．飛翔昆虫は，河畔林がない河川区間に比べ河畔林を有する河川区間で多く分布することが知られている(Warren et al., 2000)．また，本研究において優占していた水生ハエ目に属し，ヨーロッパ産ドーベントンコウモリの重要な餌資源の1つとされるユスリカ科の個体数や種数は，植生構造などの陸域環境に左右されるといわれている(Delettre and Morvan, 2000)．

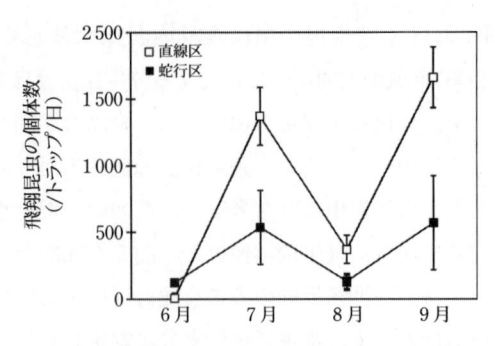

図7.11　蛇行区と直線区における各月の羽化水生昆虫の個体数

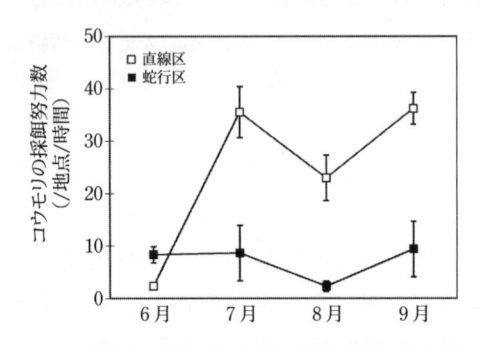

図7.12　蛇行区と直線区における各月のコウモリの採餌努力数

　本調査地において，直線区は改修後30年の年月が過ぎており，河畔林は成熟しつつある．このため，河畔林の樹冠が川に覆いかぶさるように生育している．一方，蛇行試験地は，先に述べたように，人為的に掘削した箇所もあり，いまだ澪筋が安定しておらず，寄州近辺では河畔林は稚幼樹しか見られない．このため，安定した沖積低地河川のように，河畔林が覆いかぶさるように発達しておらず，開放的な景観を呈している．本研究では，幼虫が羽化し，群れをなして飛ぶまでの過程を追跡できておらず，水生昆虫の幼虫と成虫で，分布パターンが入れ替わる理由は明らかにできなかった．しかし，河畔林の質的な違いが羽化した水生昆虫の分布に影響を与えた可能性は高いと思われる．また，幾つかのコウモリ種は，餌場として河畔林の林縁部を好むことが知られており(e.g., LaVal et al., 1977)，成熟した水辺植生がないことも，ドーベントンコウモリにとって採餌活動を妨げる重要な要因になっているのかも

しれない.

　標津川における流路の再蛇行化実験は，ドーベントンコウモリの餌場の質を向上させているようには見えなかった．しかしながら，季節を通じて安定して大量の水生昆虫が羽化することは，沖積低地大河川におけるドーベントンコウモリの採餌量を保証する意味からも重要である．このため，蛇行試験による水生昆虫の幼虫期における個体数の増加は，この地域においてドーベントンの個体群を維持するうえで間接的に貢献するだろう．人間活動による河川環境のさらなる悪化とそれに伴う水生昆虫量の減少は，コウモリ類だけでなく，低地河川および氾濫原において昆虫を餌資源とするほかの動物にとっても深刻な問題となることが予想される．また，これら昆虫捕食者の餌場の保全または向上のためには，河川内だけでなく，河川から供給される水生昆虫の成虫を誘導する河畔林などの陸域環境を考慮した対策が必要となるであろう．その際，河道からの距離や，オーバーハングした植生の有無など，河畔林の空間分布や質が，コウモリ類の餌場に影響を及ぼす因子として重要である．本研究の結果は，蛇行復元実験の初期段階(河川および水辺環境が安定していない)で得られたものである．そのため，蛇行試験地における水辺植生はまだ，実生か稚樹の状態であった．再蛇行復元の価値について，より強い一般性を持たせるためにはさらなる継続調査が求められる．

《引用文献》
1) Abbe, T. B. and Montgomery, D. R. (1996): Large woody debris jams, channel hydraulics and habitat formation in large rivers, Regulated Rivers: Research and Management 12 (2–3), pp.201–221.
2) 阿部俊夫，中村太士(1996)：北海道北部の緩勾配小河川における倒流木による淵およびカバーの形成，日本林学会誌 78(1)，pp.36–42.
3) 阿部俊夫，中村太士(1999)：倒流木の除去が河川地形および魚類生息場所におよぼす影響，応用生態工学 2(2)，pp.179–190.
4) Akasaka, T., Nakano, D. and Nakamura, F. (2009): Influence of prey variables, food supply, and river restoration on the foraging activity of Daubenton's bat (*Myotis daubentonii*) in the Shibetsu River, a large lowland river in Japan, Biological Conservation 142 (7), pp.1302–1310.
5) Allan, J. D. (1995): Stream Ecology: Structure and Function of Running Waters London, Chapman & Hall.

6) Anderson, R. V. and Day, D. M. (1986): Predictive Quality of Macroinvertebrate Habitat Associations in Lower Navigation Pools of the Mississippi River, Hydrobiologia 136, pp.101–112.
7) Beechie, T. J., Liermann, M., Beamer, E. M. and Henderson, R. (2005): A classification of habitat types in a large river and their use by juvenile salmonids, Transactions of the American Fisheries Society 134 (3), pp.717–729.
8) Benke, A.C., Van Arsdall, T. C. Jr, Gillespie, D. M. and Parrish, F. K. (1984): Invertebrate productivity in a subtropical blackwater river: the importance of habitat and life history, Ecological Monographs 54, pp.25–63.
9) Delettre, Y. R. and Morvan, N. (2000): Dispersal of adult aquatic Chironomidae (Diptera) in agricultural landscapes, Freshwater Biology 44 (3), pp.399–411.
10) Dolloff, C.A. and Warren, M.L., Jr. (2003) : Fish relationships with large wood in small streams, In: The ecology and management of wood in world rivers, S. V. Gregory, K. L. Boyer and A. M. Gurnell (eds.), Maryland, American Fisheries Society, Symposium 37, Bethesda, pp.179–193.
11) Fausch, K. D. (1993): Experimental analysis of microhabitat selection by juvenile steelhead (*Oncorhynchus mykiss*) and coho salmon (*O. kisutch*) in a British Columbia stream, Canadian Journal of Fisheries and Aquatic Sciences 50 (6) , pp.1198–1207.
12) Fukui, D., Murakami, M., Nakano, S. and Aoi, T. (2006): Effect of emergent aquatic insects on bat foraging in a riparian forest, Journal of Animal Ecology 75 (6), pp.1252–1258.
13) Gruebler, M. U., Morand, M. and Naef-Daenzer, B. (2008): A predictive model of the density of airborne insects in agricultural environments, Agriculture Ecosystems & Environment 123 (1–3) , pp.75–80.
14) Gullefors, B. and Petersson, E. (1993): Sexual Dimorphism in Relation to Swarming and Pair Formation Patterns in Leptocerid Caddisflies (Trichoptera, Leptoceridae), Journal of Insect Behavior 6 (5), pp.563–577.
15) Inoue, M. and Nakano, S. (1998): Effects of woody debris on the habitat of juvenile masu salmon (*Oncorhynchus masou*) in northern Japanese streams, Freshwater Biology 40 (1), pp.1–16.
16) Jones, G., Jacobs, D. S., Kunz, T., Willig, M. R. and P.A., R. (2009): Carpe noctem: the importance of bats as bioindicators, Endangered species research 8, pp.93–115.
17) 河口洋一，中村太士，萱場祐一(2005)：標津川下流域で行った試験的な川の再蛇行化に伴う魚類と生息環境の変化，応用生態工学7(2), pp.187–199.
18) 河井大輔，川崎康弘，島田明秀(2003)：北海道野鳥図鑑，亜璃西社．
19) Kalko, E. and Braun, M. (1991): Foraging areas as an important factor in bat conservation: estimated capture attempts and success rate of *Myotis daubentoni,* Myotis 29, pp.55–60.
20) Kalko, E. K. V. and Schnitzler, H. U. (1989): The Echolocation and Hunting Behavior of Daubenton Bat, *Myotis-Daubentoni,* Behavioral Ecology and Sociobiology 24 (4), pp.225–238.
21) 高津文人，河口洋一，布川雅典，中村太士(2005)：炭素，窒素安定同位体自然存在比

による河川環境の評価,応用生態工学 7(2), pp.201-213.
22) Kriska, G., Bernath, B. and Horvath, G. (2007): Positive polarotaxis in a mayfly that never leaves the water surface: polarotactic water detection in *Palingenia longicauda* (Ephemeroptera), Naturwissenschaften 94 (2), pp.148-154.
23) LaVal, R. K., Clawson, R. L., LaVa, M. L. and Caire, W. (1977) : Foraging Behavior and Nocturnal Activity Patterns of Missouri Bats, with Emphasis on the Endangered Species *Myotis grisescens* and *Myotis sodalist,* Journal of Mammalogy 58, pp.592-599.
24) Matveev, V. A., Kruskop, S. V., and Kramerov, D. A. (2005): Revalidation of *Myotis petax* Hollister, 1912, and its new status in connection with *M. daubentonii* (Kuhl, 1817) (Vespertilionidae, Chiroptera), Acta Chiropterologica 7(1). pp.23-37.
25) Miyake, Y. and Nakano, S. (2002): Effects of substratum stability on diversity of stream invertebrates during baseflow at two spatial scales, Freshwater Biology 47 (2), pp.219-230.
26) Murphy, M. L., Heifetz, J., Thedinga, J. F., Johnson, S. W. and Koski, K. V. (1989): Habitat utilization by juvenile Pacific salmon (*Oncorhynchus*) in the glacial Taku River, Southeast Alaska, Canadian Journal of Fisheries and Aquatic Sciences 46 (10), pp.1677-1685.
27) 永田俊,宮島利宏(2008):流域環境評価と安定同位体―水循環から生態系まで―,京都大学学術出版会.
28) Nagayama, S., Kawaguchi, Y., Nakano, D. and Nakamura, F. (2008): Methods for and fish responses to channel remeandering and large wood structure placement in the Shibetsu River Restoration Project in northern Japan, Landscape and Ecological Engineering 4 (1), pp.69-74.
29) 永山滋也,河口洋一,中野大助,中村太士(2008):サケ科魚類の生息に及ぼす倒木の効果,水利科学 299(第51巻第6号), pp.60-77.
30) Nagayama, S., Kawaguchi, Y., Nakano, D. and Nakamura, F. (2009): Summer microhabitat partitioning by different size classes of masu salmon (*Oncorhynchus masou*) in habitats formed by installed large wood in a large lowland river, Canadian Journal of Fisheries and Aquatic Sciences 66 (1), pp.42-51.
31) Nagayama, S. and Nakamura, F. (2010): Fish habitat rehabilitation using wood in the world, Landscape and Ecological Engineering 6 (2), pp.289-305.
32) Nakamura, F. and Swanson, F. J. (1993): Effects of coarse woody debris on morphology and sediment storage of a mountain stream system in western Oregon, Earth Surface Processes and Landforms 18 (1), pp.43-61.
33) Nakano, D., Akasaka, T., Kohzu, A. and Nakamura, F. (2007): Food sources of Sand Martins *Riparia riparia* during their breeding season: insights from stable-isotope analysis, Bird Study 54, pp.142-144.
34) Nakano, D., Nagayama, S., Kawaguchi, Y. and Nakamura, F. (2008): River restoration for macroinvertebrate communities in lowland rivers: insights from restorations of the Shibetsu River, north Japan, Landscape and Ecological Engineering 4 (1), pp.63-68.
35) Nakano, D. and Nakamura, F. (2008): The significance of meandering channel morphology on the diversity and abundance of macroinvertebrates in a lowland river in Japan,

Aquatic Conservation-Marine and Freshwater Ecosystems 18 (5), pp.780-798.
36) 中野大助，布川雅典，中村太士(2005)：再蛇行化に伴う底生動物群集の組成と分布の変化，応用生態工学 7(2), pp.173-186.
37) Nakano, S. and Murakami, M. (2001): Reciprocal subsidies: Dynamic interdependence between terrestrial and aquatic food webs, Proceedings of the National Academy of Sciences of the United States of America 98 (1), pp.166-170.
38) Ogawa, K. (1992): Field trapping of male midges *Rheotanytarsus kyotoensis* (Diptera: Chironomidae) by sounds, The Japan Society of Medical Entomology and Zoology 43, pp.77-80.
39) Rempel, L. L., Richardson, J. S. and Healey, M. C. (1999): Flow refugia for benthic macroinvertebrates during flooding of a large river, Journal of the North American Benthological Society 18 (1), pp.34-48.
40) Riley, S. C. and Fausch, K. D. (1995): Trout population response to habitat enhancement in six northern Colorado streams, Canadian Journal of Fisheries and Aquatic Sciences 52 (1), pp.34-53.
41) Spanhoff, B., Alecke, C. and Meyer, E. I. (2000): Colonization of submerged twigs and branches of different wood genera by aquatic macroinvertebrates, International Review of Hydrobiology 85 (1), pp.49-66.
42) Todd, V. L. G. and Waters, D. A. (2007): Strategy-switching in the gaffing bat, Journal of Zoology 273 (1), pp.106-113.
43) Urabe, H. and Nakano, S. (1998): Contribution of woody debris to trout habitat modification in small streams in secondary deciduous forest, northern Japan, Ecological Research 13 (3), pp.335-345.
44) Warren, R. D., Waters, D. A., Altringham, J. D. and Bullock, D. J. (2000): The distribution of Daubenton's bats (*Myotis daubentonii*) and pipistrelle bats (*Pipistrellus pipistrellus*) (Vespertilionidae) in relation to small-scale variation in riverine habitat, Biological Conservation 92 (1), pp.85-91.
45) Yoshii, K., Melnik, N.G., Timoshkin, O.A., Bondarenko, N.A., Anoshko, P.N., Yoshioka, T., and Wada, E. (1999): Stable isotope analysis of the pelagic food web of Lake Baikal, Limnology and Oceanography 44, pp. 502-511.
46) Zalewski. M, Lapinska. M and Bayley, P. B. (2003): Fish relationships with wood in large rivers. In: The ecology and management of wood in world rivers, Gregory, S. V., Boyer, K.L., Gurnell, A.M. (eds), American Fisheries Society, Symposium 37, Bethesda, Maryland, pp.195-211.

第8章
蛇行復元によって得るもの，失うもの

8.1 蛇行復元による植物への影響を予測する

　標津川の旧川の蛇行部は，現在，河跡湖（河川の直線化によって人為的に形成された湖ではあるが，ここでは河跡湖と呼ぶ）として直線河川の特に左岸側に多く残されている（図 2.11 参照）．河川の洪水による運搬作用や侵食作用などを直接受けなくなった河跡湖とその周辺には，止水域ならではの生態系が成立している．一方，標津川本川では河床が洗掘され，旧川の湖底は旧川 H で約 0.4 m，旧川 J で約 2.5 m も本川河床より高くなっている．これらを連結して再蛇行化するためには，旧川の湖底の掘り下げが必要である．蛇行復元が実施されると，新たな蛇行河川は現在の湖面よりもずっと低い位置を流れ，周辺の河畔林の地下水位は 1 m 以上低下すると予測されている（北海道開発局釧路開発建設部，2005）．また，河跡湖に繁茂する水草類も大方失われるであろう．蛇行復元によって，生態系はどのように変化するのであろうか？

8.1.1　蛇行復元によって変わる生態系の予測とそのケアー

　蛇行復元による旧川とその周辺の生態系の変化を予測するためには，まず蛇行復元予定地域の生態系の現状を詳細に把握することが必要である．次に，蛇行復元に伴う立地環境の変化予測と照らし合わせ，復元後の生態系がどの

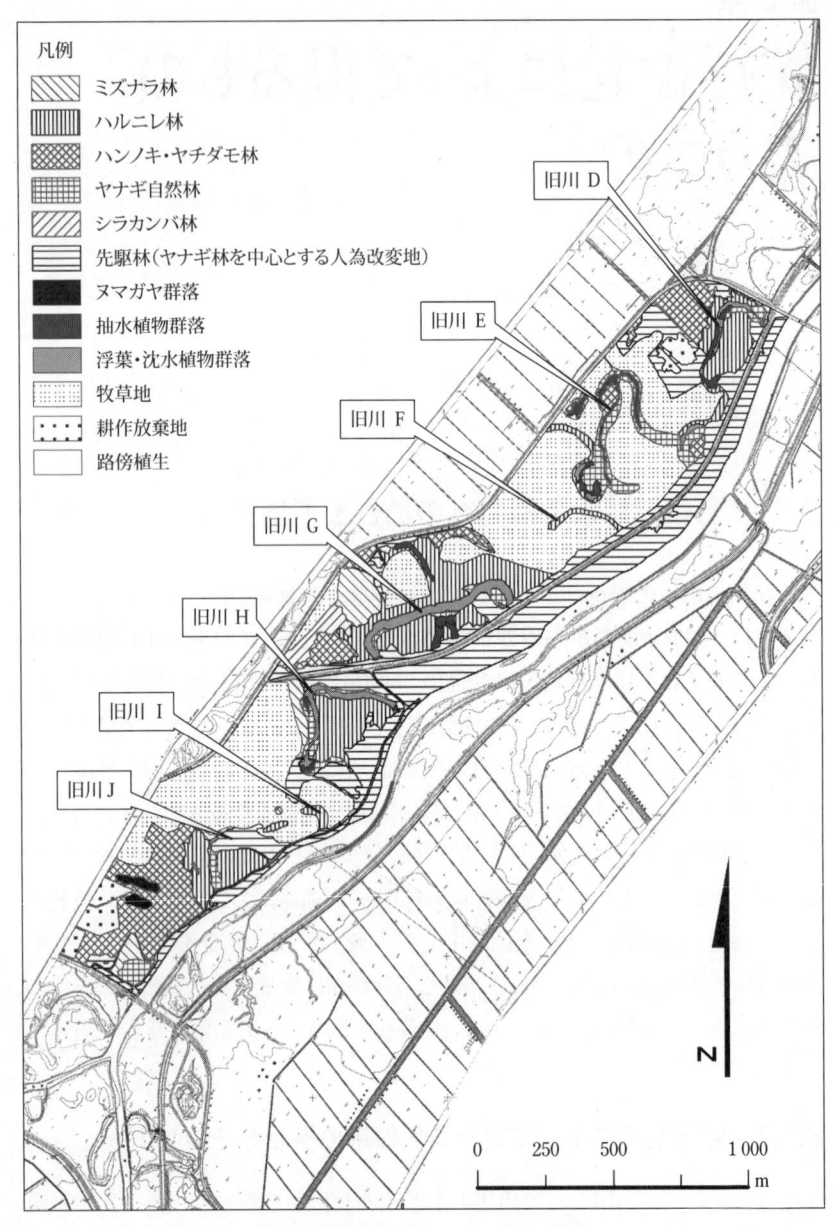

図 8.1 標津川蛇行復元予定区域の植生図
旧川 A〜C はこの区域より下流

ように変化するのかを推定する必要がある．標津川の蛇行復元予定区では，残存する6個の旧川とその周辺に図8.1に示したような林や植物群落が広がっている．そこで現状把握のため，各旧川とその周りに出現する複数の植物群落をまとめて1つのユニットと考え，さらにユニットを構成する植物群落ごとにフロラ（植物相：対象地に生育している全植物種のリスト）および植生の調査を実施した．どの旧川を蛇行化のために本川に連結するかによって，そのユニットがどのような影響を受け，影響が負の場合（生態系の劣化や変化，生物多様性の低下，絶滅危惧種の消滅など），それを残ったユニットでカバーできるかどうかを判断する必要がある．通常のアセスメント調査などでは，蛇行復元予定地域全体のフロラを調査し，どのような植物あるいはどのような絶滅危惧種が存在したかを評価するのみであるが，それでは蛇行復元による影響予測とケアーはできない．なぜならば，各植物がどのユニット内のどの群落に生育しているのかがわからなければ，移植や保護手法を考えることができないからである．さらに，絶滅危惧植物のみが重要なわけではなく，出現植物のセットが各群落の健全性を示すことから，どのような状況の群落から各ユニットが構成されているのかといった情報の提示が，蛇行復元地域全体の評価には欠かせない．

表8.1は蛇行復元予定区域の各旧川（ユニット）を構成する植物群落別に出

表8.1 標津川蛇行復元予定区域の各旧川の群落ごとの出現植物の分類群数

	旧川 G	旧川 H	旧川 I	旧川 J	旧川 D	旧川 E
ミズナラ林	107	87				
ハルニレ林	165	119	79	74		
ハンノキ・ヤチダモ林	109			108		
ヤナギ自然林	63			87		
シラカンバ林	80					
先駆林	109	137		76		
ヌマガヤ群落				22		
抽水植物群落	48	25			13	28
浮葉・沈水植物群落	30					
計（分類群数）	245	210	79	233	13	28
植生区分数	8	4	1	5	1	1

現した植物種(植物分類群)の数を示したものである．この表から旧川Gの周辺には，最も多くの植物群落タイプが存在し，旧川の中で最も多くの植物が出現していることがわかる．一方，真っ先に蛇行復元を実施するとされる旧川HとJは旧川G周辺と比較して，群落タイプ数も種数も少なく，蛇行復元によって現状が変化しても旧川Gにより補償されるので一見問題がないように思える．しかしながら，各ユニットの植生タイプごとのフロラ調査や植生調査結果から，以下の対策の必要性が指摘できる．旧川Hでは，湖底の掘削工事や通水後の水流の影響が，水草類や水辺の植生，先駆林に強く現れる可能性がある．これらの群落には，ほかのユニットで補償されない種(ほかの場所での生育が確認されない)が6種，希少種は12種存在する．一方，接続後に地下水位が大きく低下することは，湿性林であるハルニレ林に影響を与え，ここにも他地点で補償されない2種と希少種1種が生育している．同様に旧川Jでも調査結果の検討により，生育が危惧される種をあげることができる．さらにJの場合は，蛇行復元区域のほかのユニットには存在しないヌマガヤ群落が残存し，それに隣接するハンノキ・ヤチダモ林の種多様性や健全性が高いことが調査から明らかになっている．これらの群落にはほかで補償されない種が多数あることも鑑みると，蛇行復元後に地下水位が低下するのを食い止める，もしくは最小限に抑える何らかの方策が必要となる．

8.1.2　蛇行復元によって新たに形成される立地と植生

　蛇行復元に伴う土木工事と通水後のH, I, J付近での地下水位の大幅な低下は，生物多様性の向上，河畔林の健全性回復などの点で，負の影響が懸念される．一方，蛇行復元は，流路付近に新たな河辺立地を形成する正の効果を生む可能性がある．

　蛇行復元予定区の上流側では，2002年3月に旧川と標津川本川を接続し通水する蛇行試験が行われた．蛇行試験区では，流速や流量，河道内の瀬や淵の形成など，河川そのものに関する調査が重点的に行なわれた．その中で，本川と旧川の流量調節が行なわれ，それは本川に設けられた堰の高さの調整によってなされた．写真8.1(A)は，2002年6月の空中写真で，接続から約3か月で，蛇行部への流入口付近や最初の蛇行部の内側に砂州が形成されてい

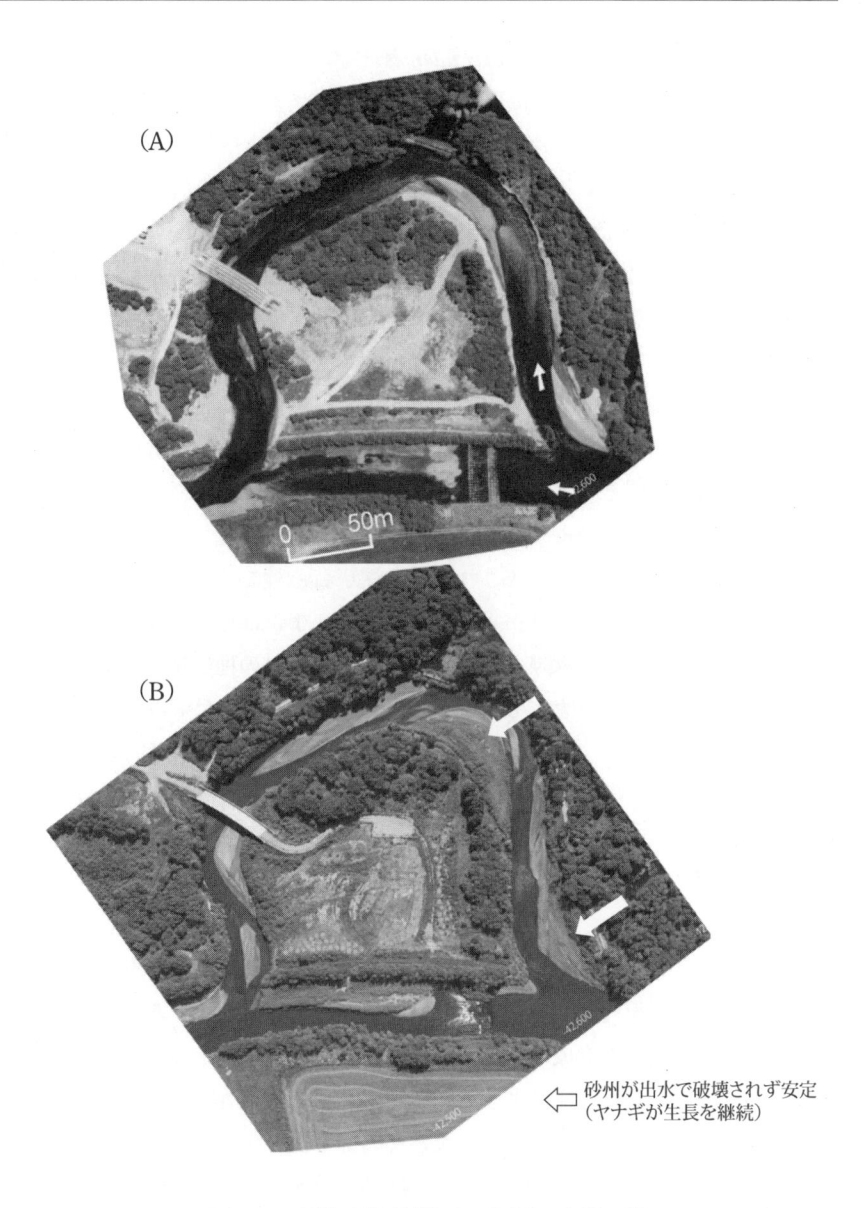

8.1 蛇行復元による植物への影響を予測する

(A)

(B)

砂州が出水で破壊されず安定
(ヤナギが生長を継続)

写真 8.1 標津川蛇行試験区で形成された州の様子
A：2002年6月撮影(2002年3月接続通水から約3か月後)
B：2007年8月撮影，写真右側の2つの砂州上では，出水による破壊をまぬがれたヤナギが生長を継続．

る．砂州上ではオノエヤナギ(*Sarix udensis*)やエゾノキヌヤナギ(*Sarix schwerinii*)などのヤナギ類が一斉に発芽し，高密度のヤナギ稚樹群落が形成される．しかし，砂州上の植生は，一般には大雨による出水や翌年の融雪出水により破壊され，再度，あるいは新たな砂州上にヤナギ稚樹群落が形成される．だが，蛇行試験区では堰高の調整によって，2006年4月21日の出水(213 m^3/s，合流点)で，2004年や2005年に侵入したヤナギで形成される稚樹群落は完全に破壊されなかった．さらに2006年10月まで大規模な出水が起こらなかったため，2006年に新たに侵入したヤナギも一部生き残り成長を続け，2007年には**写真8.1**(B)(2007年8月撮影)にように藪状になった．このような砂州の形成と植物の発芽定着が蛇行復元予定区でも起こり，出水の状況に応じて，群落の形成と安定あるいは破壊が繰り返されると予想される．

また水際には，砂州のような砂質や礫質の立地のほかに，細粒のシルトや粘土からなる湿潤な立地が形成される可能性が高い．このようなところには，スゲ属植物の群落や，拠水林が成立するかもしれない．蛇行試験区では，試験地中島部分の高水敷を水際まで掘削し人工的にワンド型の裸地が造られた(**写真8.2**)．この裸地のほとんどの部分は，帰化植物とヤナギ類やケヤマハンノキ(*Alnus hirsuta*)といった先駆樹木が侵入した荒地となっているが，先端部の湛水しやすい部分には，ほかとはまったく異なる植物が定着・消滅を繰り返している(**写真8.3**)．ここには，ホソバドジョウツナギ(*Torreyochloa natans*)，オオヌマハリイ(*Eleocharis mamillata* var. *cyclocarpa*)，オオカサスゲ(*Carex rhynchophysa*)，ヘラオモダカ(*Alisma canaliculatum*)，ガマ(*Typha latifolia*)などの草本植物が優占する群落が見られ，優占種は経年的に移り変わっている．蛇行復元によって，止水域では見られなかったこのような水辺の草本群落が，新たに形成される可能性は高い．

以上のように，蛇行復元によって，自然堤防や後背湿地に広がるハルニレ林やハンノキ・ヤチダモ林といった湿性林の健全性が高まり，河川本来の機能(洪水による攪乱，特有の微地形や立地の形成)を取り戻すことが理想ではあるが，地下水位の低下が予想される標津川の場合には，①現在の植物多様性を損なわない，②河辺に新たな立地が形成されるのを期待するという点が重要になると考えられる．

写真 8.2　蛇行試験区の人エワンドの様子
2003年10月8日撮影．試験地の中島部分の高水敷を水際まで掘削し人工的にワンド型の裸地が造られた

写真 8.3　蛇行試験区人エワンド下部の過湿な立地の様子
オオカサスゲやヘラオモダカなどが生育している(2008年7月撮影)．

8.2 底生動物の変化

　河跡湖を本川に連結する方式で実施される蛇行復元は，止水環境を流水環境に変化させることになる．止水域である湖沼生態系と流水域である河川生態系では，同じ陸水生態系とはいえ物理化学的な環境が大きく異なる(沖野

第8章 蛇行復元によって得るもの, 失うもの

表8.2 蛇行復元前後の直線流路と河跡湖および蛇行復元流路で確認された底生動物のリスト(中野ら, 2005を改変)

目	学名	生息場所	蛇行復元前 (2001年7月) 直線流路	河跡湖	蛇行復元後 (2002年7月) 直線流路	蛇行復元流路	河跡湖
Ephemeroptera (カゲロウ目)	*Isonychia japonica*	流水	○		○	○	
	Epeorus sp.	流水	○		○	○	
	Baetis sp.	流水	○		○	○	
	Rhithrogena sp.	流水	○		○	○	
	Cinygmula sp.	流水	○		○	○	
	Paraleptophlebia sp.	流水	○		○	○	
	Drunella cryptomeria	流水				○	
	Drunella trispina	流水				○	
	Ephemerella setigera	流水	○		○	○	
Odonata (トンボ目)	*Caenis* sp.	止水		●			●
	Cercion calamorum calamorum	止水		●			●
	Coenagrion ecornutum	止水		●			
	Lestes sponsa	止水		●			●
	Aechna juncea	止水		●			●
	Anax parthenope julius	止水		●			
	Somatochlora viridiaenea	止水					
	Somatochlora graeseri aureola	止水		●			
Plecoptera (カワゲラ目)	*Nemoura* sp.	流水	○			○	
	Amphinemura sp.	流水				○	
	Protonemura sp.	流水				○	
	Stavsolus sp.	流水	○			○	

8.2 底生動物の変化

	種名		21	14	22	23	9
(カメムシ目)	*Kanatra chinensis*	止水	●	●			●
	Notonecta sp.	止水		●			
	Gerris latiabdominis	止水		●			
Trichoptera (トビケラ目)	*Stenopsyche* sp.	流水	○		○	○	
	Arctopsyche sp.	流水	○		○	○	
	Cheumatopsyche sp.	流水			○	○	
	Glossosoma sp.	流水	○		○	○	
	Brachycentrus americanus	流水	○		○	○	
	Hydatophylax sp.	流水	○		○	○	
	Dicosmoecus jozankeanus	流水			○	○	
	Apatania sp.	流水			○		
	Goerodes sp.	流水			○		
	Plectrocnemia sp.	—		●			
	Ecnomidae sp.	止水	○	●	○	○	
	Molanna sp.	止水		●			
Coleoptera (コウチュウ目)	*Oreodytes* sp.	—	○		○	○	
	Potamonectes sp.	—	○				
	Rhantus pulverosus	—					
Diptera (ハエ目)	*Antocha* sp.	流水	○		○	○	
	Eriocera sp.	流水	○			○	
	Prionocera sp.	—	○				
	Simulium sp.	流水	○		○	○	
	Chironomidae spp.	—	○	●	○	○	
	総タクサ数		21	14	22	23	9

2002).そのため,蛇行復元に伴い底生動物相は大きく変化することが予想される.今回の標津川蛇行復元実験では,定性的ではあるが,蛇行復元の前後において,各水域に生息する底生動物の調査を行いその影響を調べた.また,蛇行復元後に5か月にわたり飛翔昆虫を河跡湖と本川で採集し,トビケラ目(Trichoptera)のみではあるが種まで同定して比較を行った.これらのデータから推定される連結方式の蛇行復元に伴う底生動物の変化について論じたい.

蛇行復元前には,連結する河跡湖とそのまま残す河跡湖および直線流路から,蛇行復元後には,残した河跡湖と蛇行復元流路および直線流路から底生動物の採集を行った.これは,Dフレームネット(25×25 cm,255μmメッシュ)を用いて河床や湖底,植物群落(河跡湖のみ)から採集する定性的なものであった.蛇行復元前の2つの河跡湖では合計14タクサが見られ,直線流路では,21タクサが確認された(表8.2).一方,蛇行復元後に残った河跡湖では9タクサ,直線流路では22タクサ,蛇行復元流路では23タクサが確認された(表8.2).蛇行復元前の河跡湖で出現したほとんどのタクサは,止水域を主な生息場所とする水生昆虫であったが,これら止水性のタクサは,蛇行復元流路においてまったく採集されなかった.一方,蛇行復元流路で採集されたタクサは,流水域を主な生息場所とするタクサであり,蛇行復元前後において直線流路から採集されたタクサとほぼ同様の組成であった.つまり,蛇行復元により,河跡湖に生息していた止水性の底生動物は,ほとんど消失し,流水性の底生動物と入れ替わった(表8.2).同様の変化は,キシミー川における蛇行復元事業においても報告されている(Toth, 1993).止水域である湖沼生態系と流水域である河川生態系では,その底生動物相が異なる(Merritt et al., 2008;Schneider and Winemiller, 2008).実際,標津川の蛇行復元事例においても底生動物相の主体は,河跡湖ではトンボ目(Odonata)とカメムシ目(Hemiptera)であり,直線流路および蛇行復元流路ではカゲロウ目(Ephemeroptera)とカワゲラ目(Plecoptera),トビケラ目であった.このように,河跡湖の連結を伴う蛇行復元により,河跡湖という止水域特有の底生動物群集は消失し,蛇行復元流路という流水域特有の群集が形成されることが明らかになった.

蛇行復元後の2004年に河跡湖と直線流路の飛翔昆虫の採集を行った.採

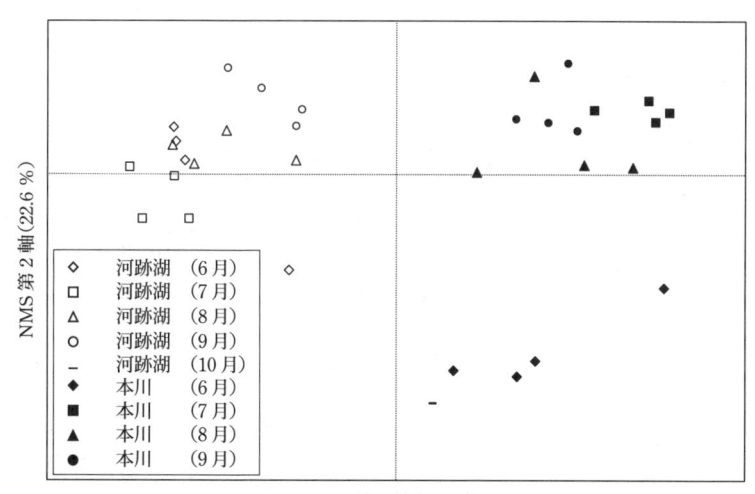

図 8.2　非計量多次元尺度法(NMS)で示した各月の河跡湖と本川のトビケラ成虫の種組成

集のため 6 月から 10 月まで各月に 1 週間ずつマレーゼトラップ (7.4.2 項を参照) を河跡湖の湖岸と直線流路の河岸にそれぞれ 4 つずつ設置した．採集した飛翔昆虫からトビケラ目の個体を分離し種まで同定した．その結果，直線流路では 44 種，河跡湖では 17 種，全体で 48 種のトビケラが確認された (中野ら，2007)．水域から底生動物を採集した結果と同様，トビケラ目に属する種の数は，止水環境である河跡湖より流水環境である本川で多かった．非計量多次元尺度法 (NMS：non-metric multidimensional scaling, コラム参照) によりトビケラの種組成の違いを比較すると，本川と河跡湖は，NMS 1 軸によって明瞭に区別された (図 8.2)．このことは，トビケラ目においても本川と河跡湖では，種組成がはっきりと異なることを示している．

　蛇行復元により河跡湖のトビケラ相も大きく変化したと考えられる．標津地域において上流域の小河川や池沼を対象に調査した研究では，82 種のトビケラが確認されている (伊藤ら，1998)．これと比較して，下流域の沖積低地河川の本川や河跡湖を調査対象とした本調査でのみ確認されたのは，ムネカクトビケラ (*Ecnomus tenellus*)，ウスバキトビケラ (*Limnephilus correptus*)，キ

タコヤマトビケラ(*Agapetus inaequispinosus*)，エゾケシヤマトビケラ(*Padunia forcipata*)，クロシマトビケラ(*Hydropsyche isip*)，ヤマナカナガレトビケラ(*Rhyacophila yamanakensis*)の6種であった．ムネカクトビケラとウスバキトビケラは，止水域を主な生息場所とするトビケラとされ(野崎，2005；谷田，2005)，本調査でもほぼすべての個体が河跡湖で採集されていた．これらの種は，高山帯の池沼では確認されていないことから，低地の止水域が主要な生息場所であると考えられる．このような種にとって河跡湖の消失は，種の存続を脅かす危険を生むかもしれない．

　また，河跡湖の底生動物の主体を成していたトンボ目やカメムシ目などには，河跡湖なしには存続できない種が多く存在する可能性がある．しかし，河跡湖の底生動物を調べた研究は限られており，底生動物の個体群動態に対する河跡湖の意義を判断するのに十分な情報がないのが現実である．そのため，今後，さまざまな流域の河跡湖において研究を実施し，生活史全体を念頭においた底生動物の河跡湖利用の実態に関する知見を蓄積していく必要があると思われる．

　低地の陸水環境として主要な止水域である河跡湖は，流水域である本川とはまったく異なる底生動物相を持つとともに，低地以外の止水域には見られない種の生息場所として機能している．そのため，河跡湖の存在は，流域全体の底生動物の生物多様性を高めていると考えられる．本実験によって連結した河跡湖は，河道の直線化によって人為的に形成されたものではあるが，30～40年の時間を経て，湖沼生態系として発達していた．本川と河跡湖を連結する蛇行復元事業は，こうした湖沼生態系を改変する可能性があることを認識する必要がある．どの河跡湖を残してどの河跡湖をつなげるかという蛇行復元事業の計画は，標津川流域全体を視野に入れて十分な議論を行い，自然再生の目標像を明確にしたうえで決定しなければならない．この場合，各河跡湖に生息する生物群集が有する固有性，希少性，多様性が，計画の基準となると考えられる．

> **コラム** 非計量多次元尺度法
> （Non-metrical Multi-Dimensional Scaling）
>
> 　生物群集のサンプルには，多様な種がさまざまな割合で含まれており，多数のサンプル間で種組成を比較し，その傾向を理解するのは容易ではない．そのため，サンプル間の種組成の差異の程度をできるだけ少数の座標軸にとって配列することにより，視覚的に種組成の傾向を理解しやすくする序列化（ordination）と呼ばれる解析方法がよく用いられる．非計量多次元尺度法は，序列化の一手法であり，正規性が仮定できない場合や不連続値データを扱う場合であっても解析が可能であるため，群集生態学の分野でよく用いられる．詳細は専門書を見てほしいが，その大まかな考え方は，類似度（similarity）という指標を用いてサンプル間の種組成の距離（離れ具合）をすべて計算し，互いの距離を可能な限り満足させるように多次元ユークリッド空間に配置する．これにより種組成の似ているサンプル同士はより近くに，似てないサンプル同士はより遠くにプロットされることになる．このような配置をよく説明できる少数の軸（通常，2軸か3軸）によって各サンプルに新たな座標値を与えて，2次元または3次元で表示する．これにより種組成の差異を視覚的に把握できる．（中野大助）

8.3 魚類相の変化

　再蛇行前の河跡湖と標津川本川である直線区の魚類相は大きく異なっていた（**表8.3**）．しかし，再蛇行化に伴い，連結された河跡湖（蛇行試験区）の魚類相は劇的に変化し，魚類・甲殻類相は直線区とほぼ等しくなった．川の再蛇行化に伴うこうした変化はどのようにして起きたのであろうか？
　再蛇行以前の2001年の夏期には，河跡湖と標津川本川（直線区）の物理環

表8.3 再蛇行前(2001年)と再蛇行後(2002年)の夏に直線区と蛇行試験区で定置網・刺し網・サデ網を用いて採捕した魚類と甲殻類のリスト．●の大きさは採捕量を表している（河口ら，2005を改変して引用）．

和名	学名	再蛇行前		再蛇行後	
		直線区	蛇行試験区	直線区	蛇行試験区
カワヤツメ	*Lethenteron japonicum*	●	·	●	·
オショロコマ	*Salvelinus malma malma*	·		·	·
アメマス	*S. leucomaenis*			·	·
ニジマス	*Oncorhynchus mykiss*	·			
サクラマス	*O. masou*	●		●	●
ウグイ	*Tribolodon hakonensis*	●	●	●	
ヤチウグイ	*Phoxinus percnurus sachalinensis*		●		·
フナ属	*Carassius* spp.		●		
ドジョウ	*Misgurnus anguillicaudatus*	·	·		
フクドジョウ	*Noemacheilus barbatulus toni*	●		●	●
イトヨ太平洋型	*Gasterosteus aculeatus* (Pacific Ocean form)	·	●		
エゾトミヨ	*Pungitius tymensis*			·	·
トミヨ属淡水型	*Pungitius sp.* (Freshwter type)	·	●		
ウキゴリ	*Chaenogobius urotaenia*		●		
シマウキゴリ	*C. sp. 1*	●		●	·
エゾハナカジカ	*Cottus amblystomopsis*				·
スジエビ	*Palaemon paucidens*	·	●	·	·
ウチダザリガニ	*Pacifastacus trowbridgii*	●	●	●	●
モクズガニ	*Eriocheir japonica*	·			

円サイズと採捕した個体数の関係
· • ● ● ● ● ●
1+ 5+ 10+ 25+ 50+ 150+ 500+

境は大きく異なっていた．河跡湖は流れのない止水域で，直線区の平均水深が 49 cm だったのに対し河跡湖では 111 cm と水深が大きく，河床は細かいシルトで覆われていた．また，抽水植物や沈水植物といった水生植物が水深

8.3 魚類相の変化

の浅い場所に多く繁茂していた．この河跡湖には，ヤチウグイ(*Phoxinus percnurus sachalinensis*, 写真 8.4(A))，イトヨ太平洋型(*Gasterosteus aculeatus* (Pacific Ocean form)，写真 8.4(B))，トミヨ属淡水型(*Pungitius* sp.(Freshwater type)，写真 8.4(C))，ウキゴリ(*Chaenogobius urotaenia*, 写真 8.4(D))，そしてフナ属(*Carassius* spp.)が多く生息していたが(表 8.3)，これらの魚類は，湿地帯や沼地といった止水域，もしくは流れの緩い環境を好むことが知られている(石野，1989；髙田，1989；後藤，1991a，b；小宮山，2003)．また，魚類以外では，スジエビ(*Palaemon paucidens*)やウチダザリガニ(*Pacifastacus trowbridgii*)といった甲殻類も多数確認されたが，ウチダザリガニは外来種で，釧路湿原をはじめ北海道の道東域全体に分布が拡大し，近年問題視されている(斉藤，2002)．再蛇行以前の河跡湖で確認した魚類は，流域における人為的改変が進む前，蛇行を繰り返しながら流れていた標津川に生息していた魚類で，河道の直線化に伴い河跡湖に取り残され，止水環境

写真 8.4 (A)ヤチウグイ, (B)イトヨ太平洋型, (C)トミヨ属淡水型, (D)ウキゴリの生態写真(撮影：桑原禎知)

写真8.5　(A)オショロコマ，(B)フクドジョウの生態写真(撮影：桑原禎知)

に適応した魚類が今日まで生き延びたと考えられる．

　一方，標津川本川(直線区)には，シマウキゴリ(*Chaenogobius* sp.1)，カワヤツメ(*Lethenteron japonicum*)，サクラマス(*Oncorhynchus masou*)，オショロコマ(*Salvelinus malma malma*, 写真8.5(A))，フクドジョウ(*Noemacheilus barbatulus toni*, 写真8.5(B))といった流水性の魚類や，カワヤツメのアンモシーテス幼生が生息していた．河跡湖で採捕されたウキゴリが止水域で見られるのに対し，シマウキゴリは平瀬のような流水域で見られることが報告されている(石野，1989)．また，フクドジョウについては，河川改修に伴う環境変化の影響を受けにくいことが指摘されており，直線化された標津川で確認された結果と一致する(井上・中野，1994；豊島ら，1996；渡辺ら，2001)．河跡湖に多く生息していたイトヨ太平洋型やトミヨ属淡水型は，標津川本川に設置した約400mの直線区全体で数個体しか採捕されず，また，ヤチウグイやフナ属は確認されなかった．このように，再蛇行前の河跡湖と標津川本川(直線区)の物理環境と魚類相は大きく異なっていた．

　ところが再蛇行後，矢板によって再蛇行前の河跡湖(蛇行試験区)の環境が一部保全された区間を除き，蛇行試験区では止水性の魚類が大きく減少した．また，甲殻類についても，ウチダザリガニやスジエビがわずかに確認される程度になった．連結された河跡湖(蛇行試験区)の物理環境も著しく変化した．再蛇行の6か月後には，蛇行試験区内の湾曲部で外岸側に深掘れが生じ内岸側には砂州が形成され，標津川本川(直線区)の横断形状と比較すると非常に

多様な形状となっていた(図8.3).さらに,外岸側への洗掘に伴い河床の洗掘もすすみ,直線区には認められなかった縦断形状の変化も見られたが,明瞭な瀬淵構造が見られるほどではなかった.しかし,蛇行試験区の水深や流速そして河床材料といった物理環境要素を標津川本川と比較すると,ほぼ同じ傾向を示した(図8.4).これは,再蛇行によって標津川の流路延長は約2倍になったにもかかわらず,蛇行試験区と直線河道である本川の水面勾配に大きな違いはなかったことに起因する.再蛇行前,標津川本川の水位は河跡湖(蛇行試験区)の水位より低く,その水位差を解消するため,連結流入部でせき上げ工事が実施された(渡邊ら,2005).このせき上げによって蛇行試験

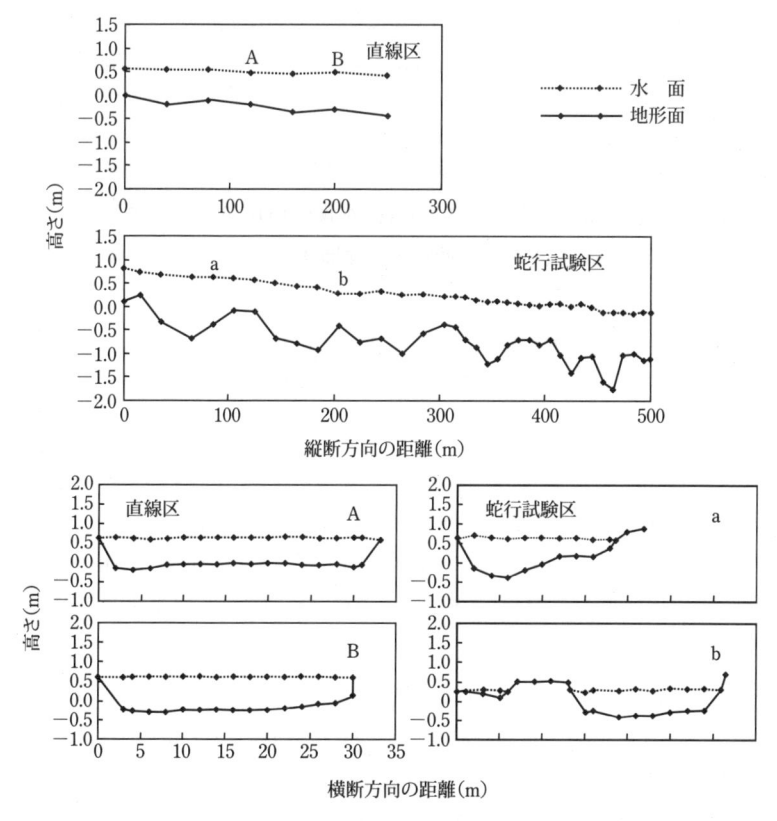

図8.3 再蛇行後の標津川本川(直線区)と蛇行試験区における縦断図(上)と横断図(下)
縦断図中のアルファベットは横断測線の地点を示す(河口ら,2005を改変して引用).

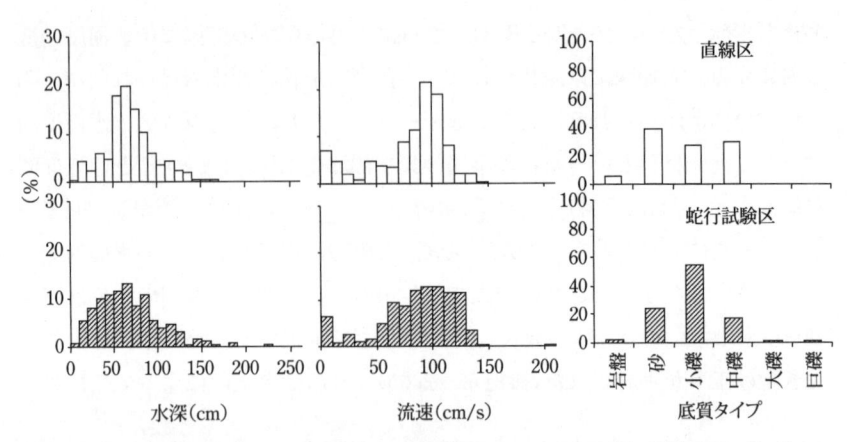

図8.4 再蛇行後の標津川本川(直線区)と蛇行試験区における水深,流速のヒストグラムと,底質タイプの分布.底質タイプは岩盤またはコンクリート,砂(礫径＜2mm),小礫(2～16 mm),中礫(17～64 mm),大礫(65～256 mm),巨礫(＞256 mm)に分けた.（河口ら,2005を改変して引用）

区の勾配が大きくなり,蛇行しているにもかかわらず直線区の勾配と同程度となってしまった.そのため,蛇行河道でありながら,流速が速い区間になったわけである.

再蛇行後の蛇行試験区そして標津川本川の直線区の流速分布は,流速の小さい範囲が少ないのが特徴だった(図8.4).既存研究では,サクラマスやイトウ(*Hucho perryi*)といった河川性サケ科魚類の成魚は,夏期に流れの緩やかな環境を利用することが報告されている(佐川ら,2002；Edo and Suzuki,2003).また,トミヨは流速20 cm/s以下で生息個体数が増加傾向にあること(田中・長井1993),営巣には水生植物が用いられ,営巣場所の流速は小さいことが報告されている(Mori 1994；神宮司ほか2003).標津川と川の規模は異なるが,北海道北部の三面張護岸の直線河川で行われた調査では,標津川の直線区と同じように流速の小さい範囲(20 cm/s以下)が少なかった(豊島ら,1996).さらに,同時に行なわれた自然の蛇行区間の調査では,流速の緩い範囲が多く,サクラマスやハナカジカ(*Cottus nozawae*)といった魚類の生息密度も直線区間より高かった.このように流速の小さい環境は,遊泳魚であるサケ科魚類のみならず,ほかの河川性魚類にとっても重要な生息場と考えられ

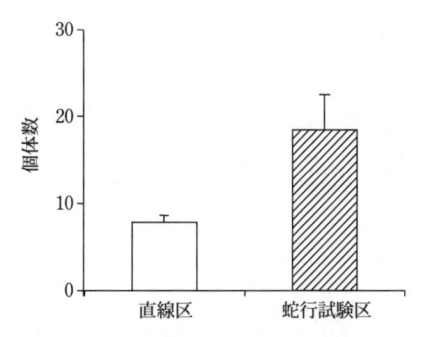

図 8.5　再蛇行後の標津川本川(直線区)と蛇行試験区で投網と潜水観察で確認した魚類の合計個体数(河口ら, 2005 を改変して引用)

る. しかし，直線化された標津川本川そして蛇行試験区では，流速の小さい環境はほとんど見られず，平均流速が大きいことからも，流水性のみならず止水性魚類にとっても生息に適さない環境だと推測された.

蛇行試験区で，投網と潜水観察で確認した魚類の個体数は，直線区よりも多かった(図 8.5). この調査で確認した魚類の多くはサクラマスで，そのサイズからほとんどが 0 歳魚であると考えられた. しかし，蛇行試験区では標津川本川で確認されなかった全長 300(mm)以上の大型のサケ科魚類が潜水観察で確認され，これらはアメマス(*Salvelinus leucomaenis*, 写真 8.6(A))やニジマス(*Oncorhynchus mykiss*)，そして海から遡上したサクラマス(写真 8.6(B))やカラフトマス(*Oncorhynchus gorbuscha*, 写真 8.6(C))だった(図 8.6). 大型のサケ科魚類そしてサクラマス幼魚は，蛇行試験区の湾曲部で河岸の側方侵食がすすみ，侵食によって水際の河畔林が水中に倒れ込んだ倒流木周辺で確認された. また，魚類が定位していた倒流木周辺の流速は局所的に緩やかだった. 春に海から遡上して，秋の産卵期まで河川に生息するサクラマスにとって，夏期に利用する生息場の有無は重要である(Edo and Suzuki, 2003). Edo and Suzuki (2003)は，夏期，海から遡上したサクラマス成魚が，水深が深く，倒流木によるカバー面積が大きく，そして流速が小さい環境を選択すると報告している. また，サクラマス幼魚にとっても，倒流木によって造られる水中カバーは重要な生息場であることが指摘されている(Inoue and Nakano, 1998; Urabe and Nakano, 1998; 阿部・中村, 1999).

一方，直線区では，小型のサクラマスは確認されたがその個体数は少なく，大型のサケ科魚類は確認されなかった. これは，蛇行試験区で見られた河岸侵食による倒流木の供給が，直線区ではなかったことによると思われる. 蛇行試験区でサクラマスが多く確認されたことは，再蛇行に伴い本種の選好す

● 第 8 章 ● 蛇行復元によって得るもの，失うもの

写真 8.6 （A）アメマス，（B）サクラマス，（C）カラフトマスの生態写真
（撮影：桑原禎知）

図 8.6 再蛇行後の標津川本川（直線区）と蛇行試験区において潜水観察で確認したサケ科魚類の全長ヒストグラム（河口ら，2005を改変して引用）

る環境が倒流木周辺に局所的に形成された結果であると考えられる．しかし，蛇行試験区の平均流速は標津川本川と変わらないほど速く，水衝部の侵食も激しい．このため，倒流木によって造られた水中カバーも出水によって消失することが確認されており，長期にわたり魚類が利用できる環境になってい

ないと推測された.

再蛇行前後における魚類相の調査から,蛇行前の河跡湖では非常に多くの魚類や甲殻類が確認された.現在の標津川周辺の河跡湖には,直線化される前の標津川に生息し,現在の標津川本川で見られない水生動植物が多く残っていると考えられる.しかしながら,現在の河跡湖の多くは,過去に行われた河道の直線化により,旧河道の湾曲部が取り残されて形成されたものである.そのため,数多くの河跡湖が存在する現状は,直線化前の標津川の河川環境とは大きく異なっている.また,直線化された標津川の河道は,物理環境構造が単純で平均流速が大きいことから,止水性の魚類はほとんど見られず,流水性の魚類に関しても生息量は小さい.河道が直線である限り,この問題は解決されないと思われる.直線化以前,蛇行して流れていた標津川の下流環境は,河床勾配が約1/2 000と現在の直線区間より緩かった(標津川技術検討委員会事務局,2000).そのため,現在の標津川より平均流速は小さく,流速の小さい部分がところどころに形成され,止水環境も部分的に存在していたと推測される.このように,自然蛇行して流れていた標津川では,現在の直線区間のような速い流水環境,河跡湖のような止水環境,そして中間的な遅い流水環境など,さまざまな生息場が形成され,多様な水生生物が生息していたと推察される.

これらの結果から考えるべきことは,流水そして止水環境に見られる両方の水生生物が生息できる環境の保全と復元であり,そのためには,例えば現在の蛇行試験区の勾配(約1/500)を直線化以前の蛇行河川の勾配(約1/2 000)に近づけるような改良を検討することも必要であろう.このような改良が実施できれば,蛇行試験区全体の流速も遅くなり,多様な物理環境を形成し,流水性,そして止水性の魚類が生息することも可能だと思われる.今回の再蛇行化では河道の平面形状を変えるにとどまったが,本来蛇行復元は氾濫原復元の一手法であることからも,蛇行の復元にとどまらず氾濫原の復元を視野に入れて,本川と河跡湖の連結方法について十分に検討する必要がある.

《引用文献》
1) 阿部俊夫, 中村太士(1999)：倒流木の除去が河川地形および魚類生息場に及ぼす影響, 応用生態工学会 2, pp.179-190.
2) Edo K. and Suzuki K. (2003): Preferable summering habitat of returning adult masu salmon in the natal stream, Ecological Research 18, pp.783-791.
3) 後藤 晃(1991a)：フナの分布, 北海道自然環境図譜(前田一歩園財団 編)前田一歩園財団, p.288.
4) 後藤 晃(1991b)：イトヨの分布. 北海道自然環境図譜(前田一歩園財団編)前田一歩園財団, p.291.
5) 北海道開発局釧路開発建設部(2005)：資料3 標津川技術検討委員会ワーキング地下水位解析結果, p.3.
6) 井上幹生, 中野 繁(1994)：小河川の物理的環境構造と魚類の微生息場所, 日本生態学会誌 44, pp.151-160.
7) Inoue M. and Nakano S. (1998): Effects of woody debris on the habitat of juvenile masu salmon (*Oncorhynchus masou*) in northern Japanese streams, Freshwater Biology 40, pp.1-16.
8) 石野健吾(1989)：ウキゴリ, 日本の淡水魚(川那部浩哉, 水野信彦 編)山と渓谷社, pp.618-621.
9) 伊藤富子, 亀井秀之, 大川あゆ子, 久原直利(1998)：北海道東部, 標津地方と知床峠のトビケラ相, 陸水生物学報 13, pp.1-17.
10) 神宮司寛, 森 誠一, 柴田直子(2003)：維持管理作業がイバラトミヨの営巣環境に与える影響, 応用生態工学会 5(2), pp.169-177.
11) 河口洋一, 中村太士, 萱場祐一(2005)：標津川下流域で行った試験的な川の再蛇行化に伴う魚類と生息環境の変化, 応用生態工学会 7(2), pp.187-200.
12) 小宮山英重(2003)：ヤチウグイ, 知床の魚類(斜里町立知床博物館 編)北海道新聞社, pp.93-94.
13) Merritt R.W., Cummins K.W. and Berg M.B. (2008): An Introduction to the Aquatic Insects of North America, 4th edition, Kendall.
14) Mori S. (1994): Nest site choice by the three-spined stickleback, *Gasterosteus aculeatus* (form Leiurus), in spring-fed waters, Journal of Fish Biology 45, pp.279-289.
15) 中野大助, 布川雅典, 中村太士(2005)：再蛇行化に伴う底生動物群集の組成と分布の変化, 応用生態工学 7-2, pp.173-186.
16) 中野大助, 久原直利, 赤坂卓美, 中村太士(2007)：北海道標津川の本流と河跡湖におけるトビケラ相, 陸水生物学報 22, pp.37-45.
17) 野崎隆夫(2005)：エグリトビケラ科, 日本産水生昆虫—科・属・種への検索(川合禎次, 谷田一三 共編)東海大学出版会, pp.517-528.
18) 沖野外輝夫(2002)：河川の生態学, 共立出版.
19) 佐川志朗, 山下茂明, 中村太士(2002)：北海道天塩川水系一支流におけるイトウ成魚の夏季生息場所利用—イトウ生息地保全事項の提示—, 日本生態学会誌 52, pp.167-176.
20) 斉藤和範(2002)：ウチダザリガニ, 外来種ハンドブック(日本生態学会 編)地人書館,

p.168.
21) Schneider, K.N. and Winemiller, K.O.（2008）: Structural complexity of woody debris patches influences fish and macroinvertebrate species richness in a temperate floodplain-river system, Hydrobiologia 610, pp.235-244.
22) 標津川技術検討委員会事務局 (2000)： 標津川技術検討委員会資料.
23) 髙田啓介(1989)：イバラトミヨ，日本の淡水魚(川那部浩哉，水野信彦 編)山と渓谷社, pp.445-447.
24) 田中 晋，長井宗路(1993)：黒部川扇状地におけるトミヨ(トゲウオ科)の分布，富山大学教育学部紀要 43, pp.5-12.
25) 谷田一三(2005)：ムネカクトビケラ科，日本産水生昆虫—科・属・種への検索(川合禎次，谷田一三 共編)東海大学出版会，pp.517-528.
26) Toth, L.A. (1993): The ecological basis for the Kissimmee River restoration plan, Florida Scientist 56, pp.25?51.
27) 豊島照雄，中野 繁，井上幹生，小野有五，倉茂好匡(1996)：コンクリート化された河川流路における生息場所の再造成に対する魚類個体群の反応，日本生態学会誌 46, pp.9-20.
28) Urabe H. and Nakano S. (1998): Contribution of woody debris to trout habitat modification in small streams in secondary deciduous forest, northern Japan, Ecological Research 13, pp.335-345.
29) 渡辺恵三，中村太士，加村邦茂，山田浩之，渡邊康玄，土屋 進(2001)：河川改修が底生魚類の分布と生息環境におよぼす影響，応用生態工学会 4(2), pp.133-146.
30) 渡邊康玄，長谷川和義，森 明巨，鈴木優一(2005)：標津川蛇行復元における 2way河道の流況と河道変化，応用生態工学会 7(2), pp.151-164.

おわりに

　2001(平成13)年に標津川技術検討委員会が始まってから，はや10年が過ぎた．この委員会ならびにその後の河川生態学術研究会標津川研究グループとして実施してきた研究の一部をここにまとめることができたことは，リバーフロント整備センターの内藤正彦主席研究員，小川豪司研究員をはじめとする関係者各位，河川生態学術研究会委員長の谷田一三先生をはじめとする委員各位，そして技報堂出版の石井洋平さんなど，多くの方々のご協力のおかげである．ここに著者を代表して心から御礼申し上げる．

　この研究会を通じて，蛇行河川の再生という，日本で初めての試みに加わる機会を得たことは，編者の研究者人生にとっても得難い経験であった．このプロジェクトを通して，さまざまなことを学ばせていただいた．研究成果の多くは新たな発見であり，また驚きであった．参加研究者は蛇行河川とその氾濫原の持つダイナミズムと生物多様性の関係，さらに生態系機能の幾つかを明らかにした．まだまだ未解明な点は多いが，これまでどこにも語られることがなかった「曲がった川の持つ意味」を，物理・化学・生物の視点から総合的に明らかにできたことは，今後の河川生態学，河川工学，そして応用生態工学，自然再生事業に対して，新たな視座を提示できたと自負している．

　自然再生事業は，地域づくりの中に位置づけられなければならない．これらの成果が，標津川流域の地域づくり，生物多様性の保全に活かされ，蛇行した川に鬱蒼とした河畔林が茂り，多くの魚の群れが見られる日が来ることを望みたい．

中村太士

索　引

【あ行】

亜酸化窒素 ················· 166
亜硝酸態窒素 ··············· 166
アトランティックサーモン ········· 13
アメマス ············· 128, 201, 249
アンモニア ················· 169
EPTタクサ ················· 213
移行帯 ···················· 200
移植実験 ··················· 134
遺存種 ····················· 18
遺伝子流動 ·················· 127
イトウ ······················ 19
イトヨ太平洋型 ··············· 245
ウォッシュロード ·············· 45
羽化水生昆虫 ················ 222
ウキゴリ ··················· 245
ウチダザリガニ ··············· 245
運動量 ····················· 57
栄養塩 ····················· 12
エコトーン ·················· 200
エコロケーション ············· 220
Si/Nモル比 ················· 181
エネルギー消費 ··············· 157
エバーグレイズ ················ 4
応用生態工学 ················ iii
オショロコマ ··········· 128, 246

【か行】

化学肥料 ··················· 171
河岸侵食 ···················· 74
カサスゲ ···················· 87
河床安定度 ·················· 133
河床せん断力 ················· 65
過剰流速 ···················· 77
河跡湖 ················ 231, 240
河川地形 ·················· 5, 12
河畔林 ················ vi, 98, 226
カラフトマス ·········· 141, 201, 249
カワシンジュガイ ··········· vi, 123
カワラノギク ················· 89
冠水頻度 ···················· 89
完全越流 ···················· 58
キシミー川 ···················· 1
キタサンショウウオ ············ 21
共生 ····················· 128
強制渦型 ···················· 75
魚類 ················ 6, 17, 22
筋電位 ···················· 142
釧路川 ····················· 18
釧路湿原 ···················· 18
クシロハナシノブ ············· 18
グロキディウム幼生 ··········· 125
嫌気環境 ··················· 183

高位氾濫原	89
交互砂州	200
高水工事	i
高層湿原	19, 85
後背湿地帯	v
高頻度冠水域	115
コウモリ	220
合流部	68
護岸	34

【さ行】

サクラマス	128, 201, 249
サケ科魚類	vi, 126, 136, 248
三角州	v
酸素欠乏症	166
酸素消費量	158
止水環境	251
止水性	240, 251
自然再生推進法	iii
自然堤防	iv
自然復元川づくり	vi, 36
湿原景観	25
湿原植生	23
湿性林	236
湿地植生	14
湿地林	98
標津川	29
自由渦型	76
集団営巣地	215
修復事業	202
宿主-寄生	126
宿主魚類	126

受動的再生	11
純窒素投入量	167
順応的管理	7
小規模河床波	46
硝酸態窒素	166
捷水路工事	ii, 34
冗長性分析	192
ショウドウツバメ	214
植生	6
食物連鎖段階	216
シロザケ	141
水質	5
水生昆虫	221
水生植物	13, 17
水生ハエ目	223
水生無脊椎動物	6
水中カバー	201, 204
水文環境	5
水溶性有機炭素	186
水理学的特性	vi
スキャーン川	9
スゲ群落	87
生活環	124
正準対応分析	95, 97
生態学的混播・混植法	117
生態系のつながり	vii
成長錐	109
生物多様性	234, 242
瀬淵構造	48
掃流砂	45
掃流力	45, 199
遡上経路	146

【た行】

- 代謝量 …………………………… 158
- 多自然型川づくり ………………… ii
- 脱窒 ……………………………… 183
- 脱窒能 ………………………… vii, 183
- 炭素・窒素安定同位体比 …… 215, 218
- タンチョウ ………………………… 19
- 単列砂州 ………………………… 47
- 地下水位 ………………………… 92
- 築堤 ……………………………… 34
- 治水安全度 ……………………… 36
- 治水事業 ………………………… 33
- 窒素 …………………………… 165
- 窒素降下物 ………………… 168, 171
- 窒素固定 ……………………… 171
- 窒素収支 ……………………… 166
- 窒素循環 …………………… vii, 166
- 窒素フロー …………………… 169
- 中間湿原 ………………………… 85
- 中規模河床波 …………………… 46
- 沖積低地 ………………………… 98
- 沖積平野 ………………………… 84
- 超音波 ………………………… 220
- 鳥類 …………………………… 6, 14
- 2way方式 ……………………… 56
- DOC/DON ……………………… 180
- 定位行動 ……………………… 148
- 低位氾濫原 ……………………… 88
- 底質 …………………………… 209
- 低水工事 …………………………… i
- 底生動物 ……………………… 197
- 底生動物群集 …………………… 13
- 底生無脊椎動物 ………………… 17
- 低層湿原 ………………………… 19
- 低頻度冠水域 ………………… 115
- 動物プランクトン ……………… 17
- 倒木 …………………………… 201
- 倒流木 …………………… 202, 204
- ドーベントンコウモリ ………… 221
- トミヨ属淡水型 ………………… 245

【な行】

- 中州 …………………………… 200
- ニジマス ………………… 201, 249
- 2次流 …………………………… 44
- ニセアカシア ……………… 89, 115
- ヌマガヤ ………………………… 85
- ヌマガヤ群落 ………………… 234
- 濃縮率 ………………………… 216

【は行】

- ハーバー・ボッシュ法 ………… 165
- バイオテレメトリー手法 …… vii, 142
- 排水工事 ………………………… 34
- パイロットファーム …………… 33
- ハシドイ ……………………… 105
- は虫類 …………………………… 6
- バットディテクター …………… 222
- 早瀬 ……………………………… 48
- ハルニレ …………………… 85, 101
- ハルニレ林 ………………… 92, 234
- 反応性窒素 …………………… 165
- ハンノキ …………………… 21, 105
- ハンノキ・ヤチダモ林 ………… 234

ハンノキ林	92	【や行】	
氾濫原	ii, 83	ヤチウグイ	245
氾濫原湿地	3	ヤチダモ	85, 101
氾濫原植生	vi	ヤチダモ林	92
非計量多次元尺度法	241, 243	ヤツメウナギ類	211
比高	89	遊泳効率の指標	148
飛翔昆虫	215, 222	遊泳速度	142
平瀬	48	有機炭素	187
フィヨルド	9	溶存有機物	184
不完全越流	58	ヨシ	87
フクドジョウ	246	余剰窒素量	166
複列砂州	47	寄州	50, 197
淵	48, 197		
付着藻類	224	【ら行】	
浮遊砂	25, 45	らせん流	44
フルード数	58	ラムサール条約	19
フロラ	233	陸生昆虫	217
分岐部	63	陸生飛翔昆虫	222
分流堰	40, 56	リクルート	131
ポテンシャル流れ	63	リファレンス	197
		リファレンスサイト	5, 22
【ま行】		流下能力	40
摩擦速度	134, 199	流水環境	251
マニングの式	43	流水性	240, 251
マレーゼトラップ	221	流量配分	57
水際領域	134, 198	両生類	6, 14
ミズゴケ	85	臨界遊泳速度	152, 156
ミズナラ	85, 101	濾過食者	124
ミッシング窒素	179		
無次元掃流力	46		
網状流路	iv		
モラバ川	15		

執筆者一覧（五十音順）

赤坂卓美（あかさか・たくみ）	北海道大学	【第7章】
石川幸男（いしかわ・ゆきお）	専修大学	【4.2】
上田　宏（うえだ・ひろし）	北海道大学	【5.2】
岡村俊邦（おかむら・としくに）	北海道工業大学	【4.2】
萱場祐一（かやば・ゆういち）	(独)土木研究所	【8.3】
河口洋一（かわぐち・よういち）	徳島大学	【第7章, 8.3】
栗原善宏（くりはら・よしひろ）	元・北海道大学	【5.1】
高津文人（こうず・あやと）	(独)国立環境研究所	【第7章】
後藤　晃（ごとう・あきら）	北海道大学	【5.1】
桜庭良輔（さくらば・りょうすけ）	北海道工業大学	【4.2】
佐々木祐司（ささき・ゆうじ）	北海道工業大学	【4.2】
杉山　裕（すぎやま・ゆたか）	(株)森林環境リアライズ	【4.2】
高田和典（たかだ・かずのり）	福井県農林水産部	【4.1】
高橋康夫（たかはし・やすお）	JICA	【4.1】
傳甫潤也（でんぽ・じゅんや）	(株)ドーコン	【4.2】
中尾勝哉（なかお・かつや）	(社)北海道栽培漁業振興公社	【5.2】
中野大助（なかの・だいすけ）	(財)電力中央研究所	【第7章, 8.2】
中村太士（なかむら・ふとし）	北海道大学	【はじめに, 第1章, 第7章, 8.2, 8.3, おわりに】
永山滋也（ながやま・しげや）	(独)土木研究所	【第7章】
新居久也（にい・ひさや）	(社)北海道栽培漁業振興公社	【5.2】
布川雅典（ぬのかわ・まさのり）	専修大学	【第7章, 8.2】
長谷川和義（はせがわ・かずよし）	元・北海道大学	【第3章】
波多野隆介（はたの・りゅうすけ）	北海道大学	【第6章】
早川　敦（はやかわ・あつし）	秋田県立大学	【第6章】
冨士田裕子（ふじた・ひろこ）	北海道大学	【4.1, 8.1】
藤村善安（ふじむら・よしやす）	北海道大学	【4.1】
堀端純平（ほりばた・じゅんぺい）	JR東海	【4.1, 8.1】
牧口祐也（まきぐち・ゆうや）	日本大学	【5.2】
宮川　翼（みやかわ・つばさ）	北海道工業大学	【4.2】
森　明巨（もり・あきお）	元・北海道大学	【第3章】
渡邊康玄（わたなべ・やすはる）	北見工業大学	【第3章】
北海道開発局		【第2章】

[編者略歴]

中村 太士（なかむら・ふとし）

北海道大学大学院農学研究院森林生態系管理学研究室教授．
1958年愛知県名古屋市生まれ．北海道大学大学院農学研究科終了．農学博士．
1990年～92年まで米国森林局北太平洋森林科学研究所に留学．2000年より現職．
森林と川のつながりを土地利用も含めて流域の視点から研究している．再生事業では，釧路湿原，標津川で中心的な役割を果たし，知床世界自然遺産科学委員会の河川工作物ワーキング座長としても活躍している．学会および社会的活動も幅広く，林学，応用生態工学など応用分野のみならず，地形学，生態学といった基礎分野でも活躍している．Geomorphology, Earth Surface Processes and Landforms, Landscape and Ecological Engineering などの国際誌編集委員，中央環境審議会臨時委員，応用生態工学会理事などを務める．
2005年日本森林学会賞，2009年生態学琵琶湖賞受賞．
主な著書は『川の環境目標を考える―川の健康診断』（共著，技報堂出版）『森林のはたらきを評価する―市民による森づくりに向けて』（共著，北海道大学図書刊行会）『森林の科学―森林生態系科学入門』（共著，朝倉書店）『流域一貫―森と川と人のつながりを求めて』（単著，築地書院）など多数．

川の蛇行復元
水理・物質循環・生態系からの評価

定価はカバーに表示してあります．

2011年3月25日　1版1刷発行　　　　　ISBN978-4-7655-3446-8 C3051

編　　者　　中　村　太　士
発行者　　長　　　滋　彦
発行所　　技報堂出版株式会社

日本書籍出版協会会員
自然科学書協会会員
工学書協会会員
土木・建築協会会員

〒101-0051　東京都千代田区神田神保町1-2-5
電　　話　　営　業　(03) (5217) 0885
　　　　　　編　集　(03) (5217) 0881
F A X　　　　　　(03) (5217) 0886
振替口座　　00140-4-10
http://gihodobooks.jp/

Printed in Japan

©Futoshi Nakamura, 2011　　装幀・組版　ジンキッズ　　印刷・製本　三美印刷

落丁・乱丁はお取り替えいたします．
本書の無断複写は，著作権法上での例外を除き，禁じられています．

◆小社刊行図書のご案内◆

定価につきましては小社ホームページ(http://gihodobooks.jp/)をご確認ください。

川の環境目標を考える
—川の健康診断—

中村太士・辻本哲郎・天野邦彦 監修
河川環境目標検討委員会 編
B5・136頁

【内容紹介】河川環境について,その目標を具体化し,提示しながら環境保全に取り組む書.目標設定の流れや分析・評価といった用語をイメージしやすくするために,人の健康診断の類推表現を適宜用いている.その上で,河川環境の目標設定の流れの概要や留意事項,目標設定の流れの全体像や段階ごとの内容,現状の把握から保全・再生の必要性の評価までの段階で利用できると思われる手法を示した.また,適宜概念的な項目については解説を加えるとともに,今後さらに議論が必要な論点を整理した.

沖積河川
—構造と動態—

山本晃一 著
(財)河川環境管理財団 企画
A5・600頁

【内容紹介】本書は沖積層を流れる河川の構造特性とその動態について説明したものである.第Ⅰ部で説明に必要となる移動床の水理について記したうえで,第Ⅱ部で中規模河川スケール,第Ⅲ部で大規模河川スケールの構造を規定する要因と発達プロセスを説明し,第Ⅳ部では事例をあげ,その理論の適応性を検証した.河川計画・設計の基礎理論の底本となる書籍.

河川汽水域
—その環境特性と生態系の保全・再生—

楠田哲也・山本晃一 監修
河川環境管理財団 編
A5・366頁

【内容紹介】「河川法」,「海岸法」の環境条項の追加,「自然再生法」の施行等,法制度の整備は進みつつある.だが,汽水感潮域や沿岸域では,環境保持,生態系保全が本格的に扱われるには至っていないのが実情である.法制度の不十分さと,自然科学現象解明の不十分さがその理由といえよう.しかし,河川汽水域は,生物多様性の確保,食糧の保障の点でも重要な空間であり,この生物生産の場の保全・再生は緊喫の課題である.本書は,河川生態学,水環境学,応用生態学,河川工学に関わる学生,実務者,技術者,研究者,行政官の格好の参考書である.

自然的攪乱・人為的インパクトと河川生態系

小倉紀雄・山本晃一 編著
A5・374頁

【内容紹介】河川とその周辺は,流水・流送土砂により侵食堆積等の攪乱を受ける特異な場所であり,その攪乱の形態・規模・頻度が生息する植物・動物等の生態系の構造と変動を規制し,その特異性と生物多様性を形成する.自然的攪乱と人間活動に伴う人為的インパクトが河川生態系の構造と変動形態に及ぼす影響に関する知見を集約し,要因間の関連性を含めて詳述.

技報堂出版
TEL 営業 03(5217)0885 編集 03(5217)0881
FAX 03(5217)0886